Diagnose in mechatronischen Fahrzeugsystemen IX

Bernard Bäker, Andreas Unger (Hrsg.)
und 36 Mitautoren

TUDpress

Diagnose in mechatronischen Fahrzeugsystemen IX

Neue Verfahren für Test, Prüfung und Diagnose von E/E-Systemen im Kfz

Prof. Dr.-Ing. Bernard Bäker
Dipl.-Ing. Andreas Unger (Hrsg.)
und 36 Mitautoren

TUD*press*
2015

Bibliografische Information der Deutschen Nationalbibliothek
Die Deutsche Nationalbibliothek verzeichnet diese Publikation in der Deutschen Nationalbibliografie; detaillierte bibliografische Daten sind im Internet über http://dnb.d-nb.de abrufbar.

Bibliographic information published by the Deutsche Nationalbibliothek
The Deutsche Nationalbibliothek lists this publication in the Deutsche Nationalbibliografie; detailed bibliographic data are available in the Internet at http://dnb.d-nb.de.

ISBN 978-3-95908-006-4

Verlag der Wissenschaften GmbH
Bergstr. 70 | D-01069 Dresden
Tel.: 0351/47 96 97 20 | Fax: 0351/47 96 08 19
http://www.tudpress.de

Vorwort

Die heutige E/E-Architektur und Funktionslandschaft der Fahrzeuge steht vor einem Paradigmenwechsel. Der Wechsel von der diagnostischen Betrachtung des Fahrzeugs als eigenständige Einheit hin zum Fahrzeug als Bestandteil einer funktionalen Umgebung bringt eine Vielzahl von neuen Herausforderungen im Bereich der produktübergreifenden Funktionalitäten für die Technologien der Diagnose mit sich.

Zum einen bedeutet dies für die Hersteller, dass wichtige Bestandteile der Funktionalitäten unterschiedlichen Produktzyklen unterliegen, vgl. hierzu Smartphone, Infrastruktur und Fahrzeuglebenszyklen. Zum anderen erreichen diese Funktionalitäten schon heute einen Umfang und eine Komplexität bei denen das Testen, Prüfen und Diagnostizieren neue Dimensionen erreicht. Zur Diagnose dieser übergreifenden Systeme sind neue Technologien notwendig, die zum Teil in anderen Bereichen der Industrie bereits vorhanden sind und ggf. angewendet werden können.

Eine Schlüsseltechnologie ist die Aggregation und Auswertung umfangreicher Daten der miteinander vernetzten Quellen zu SmartData. In Kombination mit neuen Remotediagnoseansätzen, „End to End“-Diagnosemethoden bei domänenübergreifenden Systemen, neuen Standardisierungen wie OTX, ODX, WWH-OBD, wissensbasierten Diagnoseverfahren und neuen Fehlererkennungsmechanismen in Steuergeräten wird diese Technologie die Zukunft der Fahrzeugdiagnose prägen.

Anhand aktueller Entwicklungsberichte, Systemvorstellungen und Praxisbeiträgen werden auf der 9. Tagung „Diagnose in mechatronischen Fahrzeugsystemen“ der aktuelle Stand und die Trends für F&E im Themenfeld Diagnose, Test und Prüfung vorgestellt. Beschreibungen zu neuen innovativen Technologien und Konzepte von zukünftigen denkbaren Systemlösungen runden die Darstellungen ab.

Dieses Buch entstand anlässlich der 9. Tagung „Diagnose in mechatronischen Fahrzeugsystemen“ in Dresden und wendet sich gleichermaßen an Entwickler, Konstrukteure und Personen aus den Bereichen: Forschung, Entwicklung, Produktvalidierung, Qualitätsmanagement, Produktion und After Sales.

Ein besonderer Dank gilt allen Autoren und Referenten, die mit ihren aktuellen und interessanten Beiträgen dieses Buch ermöglicht haben. Ein weiterer Dank geht an Frau Bock und Frau Wrenczycki von der CMD Congress Management GmbH in Dresden und Frau Schüßler vom TUDpress Verlag in Dresden für die gute Zusammenarbeit.

Dresden, im Mai 2015

Andreas Unger

Bernard Bäker

Inhaltsverzeichnis

Diagnoseentwicklung

Standardisierung

Neue Technologien und Methoden

Keynote

1 Fahrzeug Diagnose next generation – eine Technologie erfindet sich neu

Dr.-Ing. **Robert Tappe**, AUDI AG, Ingolstadt

Abstract

The vehicle is changing in a big way. The importance of driving in an autonomous way, the digital integration of the car into the environment and to other road users and the increasing sense of electric vehicles are some of the big trends which means a big challenge for the automobile industry.
The diagnosis plays hereby an important rule because none of the innovations would be possible without a powerful diagnosis. Together with new technologies in diagnosis and new ways of utilization these technologies, the automobile industry is able to offer these innovations to the market. This includes to ensure that the cars could be produced efficient and could be managed in the service.
Starting with the new Q7, Audi brings the Ethernet technology combined with diagnosis over internet protocol (DoIP) into the car. Therewith it is possible to communicate to a car in the network with the same mechanism the computer industry uses today. With this form of networking it is possible to go new ways in the efficient manufacturing and customer-focused services.
The portfolio of diagnosis which is visible for the customer will be forceful enlarged by Audi with the online services like Audi service request and online roadside assistance. In this connection, the background is built up for further new ways of diagnosis.
Also from the legal provisions there's additional need for diagnostic functions. The request for diagnosis like OBD is increasing and even the electronic way for the general inspection makes demand on new functions.
The last years have been effected by diagnosis innovations inside of the car. In the future the diagnosis will go more and more the way to a combination of on- and off board systems or even the way of machine learning.

Kurzfassung

Das Fahrzeug befindet sich in einem starken Wandel. Die Bedeutung von eigenständig fahrenden Automobilen, die Vernetzung mit der Umwelt und anderen Verkehrsteilnehmern und die zunehmende Elektrifizierung sind nur einige Megatrends, welche die Automobilindustrie vor eine große Herausforderung stellen.
Die Diagnose nimmt hierbei eine wichtige Rolle ein, denn keine Innovation ist ohne eine leistungsfähige Diagnose möglich. Mit neuen Diagnosetechnologien und Prozessen ist es möglich, die Innovationen in neuen Fahrzeugmodellen anzubieten und

diese weltweit in den Produktionsstätten zu produzieren und in den Servicecentren zu betreuen.
Beginnend mit dem neuen Q7 setzt bei Audi erstmalig die Ethernet Technologie ein, welche eine Fahrzeug Betreuung über den Diagnose Zugang ermöglicht, analog einem PC im Netzwerk. Damit wird es möglich, schlankere und flexiblere Prozesse in der Produktion und im Kundendienst umzusetzen.
Das Portfolio der Kunden erlebbaren Diagnose wird bei Audi mit der Erweiterung der Online Services wie Servicetermin Online und Online Pannenruf konsequent ausgebaut. Hierbei werden die Grundlagen für weitere neue Diagnoseansätze gelegt.
Auch gesetzlich steigen die Anforderungen an die Diagnose durch die zunehmende Bedeutung von OBD Gesetzgebungen und auch im Hinblick auf die elektronische Hauptuntersuchung (HU) durch §29.
Waren die letzten Jahre der Entwicklung in dem Diagnoseumfeld noch stark durch Diagnose Innovationen im Fahrzeug geprägt, wird sich in Zukunft die Diagnose weiter in on-und offboard Systeme bis hin zu machine learning entwickeln.

1. Einführung

Wurden in der Vergangenheit neue Fahrzeugmodelle durch einzelne Technikhighlights geprägt, so beeinflussen aktuell gleich mehrere Megatrends die Automobilindustrie und auch darüber hinaus. Hinter jeder technisch neuen Funktion steckt auch eine entsprechende Diagnose, um die Funktion permanent während der Fahrzeugnutzung abzusichern. Wird ein Fehlverhalten oder eine defektes Bauteil erkannt, so ist die Eigendiagnose verantwortlich für den Auslöser, das Fahrzeug in einen sicheren Zustand zu versetzen und gegeben falls einzelne Funktionen zu deaktivieren. Mit einer exakten Diagnose kann in Verbindung mit einem leistungsfähigen Kundendiensttester die defekte Komponente schnell und präzise identifiziert werden. Durch die Zunahme und Verschärfung von Gesetzen sind darüber hinaus noch zusätzliche Diagnosefunktionen zu entwickeln, damit eine weltweite und abgesicherte Gesetzeserfüllung gewährleistet werden kann. Die bekannteste gesetzlich geforderte und zunehmend schärfer werdende Diagnose ist die OBD. Um die strenger werdenden Abgasgesetzgebungen erfüllen zu können werden zunehmend mehr Steuergeräte im Fahrzeug zu (aktive/ passive) OBD Teilnehmer. War zu Beginn der OBD Gesetzgebung meist ein Steuergerät davon betroffen (Motorsteuergerät) so hat OBD inzwischen Einfluss auf die gesamte Fahrzeugarchitektur. Weitere Anforderungen werden z.B. beginnend in Deutschland mit der elektronischen Hauptuntersuchung an die Fahrzeugentwicklung gestellt.

2. Einblicke in die Diagnose im neuen Audi Q7

Mit dem Nachfolger des Audi Q7 startet die neueste Generation des modularen Längsbaukasten (MLB) und löst damit den erfolgreichen Q7 der ersten Generation ab. Aus Sicht der Diagnose ist der Einsatz der neuen Plattform auch ein wichtiger Meilenstein, da mit dieser Plattform eine neue Ära an Diagnose Innovationen startet und viele Möglichkeiten zur Erweiterung der Diagnose Strategie bietet.

2.1 Der neue Audi Q7

Mit dem neuen Q7 zeigt Audi deutlich die technologische Innovationskraft. Mit diesem Fahrzeug setzen viele neue Funktionen aus den Bereichen Licht, Fahrerassistenzsysteme, Audi connect, Bedien- und Anzeigekonzepte ein, sowie neue Technologien aus dem Bereich der Elektrifizierung.
Die ersten Innovationen aus dem Bereich Diagnose auf der neuen Plattform des MLB sind in dem Bild 1 zu sehen.

Bild 1: *Diagnose Technologie Highlights im neuen Audi Q7*

Mit dem neuen Q7 setzt Audi einen Diagnosezugang mit Diagnose over IP (DoIP) ein, mit dem alle Potentiale der Ethernet Diagnose genutzt werden. Neben der hohen Bandbreite von 100MBit/s ist vor allem auch die Remote Diagnose und der Mirror Mode (Übermittlung aller internen Bussignale auf den Diagnosezugang) ein weiterer Baustein in Richtung zukünftiger Diagnosekonzepte.

2.2 Diagnose over IP (DoIP) in der neuen Audi Plattform

Durch die Nutzung der Vorteile von Ethernet im Fahrzeug mittels der DoIP Technologie ist es möglich, das komplette Potenzial dieser Technologie zu nutzen. Durch die deutliche geringere Flashzeiten mittels verschiedener Mechanismen, die parallel eingesetzt werden ist es möglich, die Zeiten für SW-Updates deutlich zu verringern und damit Kosten zu reduzieren.
Durch den Einsatz von DoIP ist es zudem möglich geworden, eine weltweit verfügbare Fern- bzw. Remote Diagnose umzusetzen. Das Fahrzeug kann dabei über eine IP Adresse im Netz wie ein PC angesprochen werden. Bei Audi wird dies z.B. aktuell im Entwicklungszentrum von Audi China in Peking genutzt. Nach den Testfahrten können Erprobungsfahrzeuge, die eine spezielle und tiefergende

Analyse von Experten benötigen, über den DoIP Prüfplatz in Peking mit der Technischen Entwicklung von Audi in Ingolstadt verbunden und vollständig analysiert werden. Wie in Bild 2 zu sehen kann der Sachbearbeiter in Ingolstadt das Fahrzeug mit allen Funktionen in China analysieren als befinde er sich mit dem Tester direkt daneben.
Mittels des Mirror Mode im Gateway ist es zusätzlich möglich, mehrere Fahrzeugbusse parallel auf den Ethernetzugang zu routen. Damit können im Bedarfsfall rasch Traces erstellt und die Buskommunikation analysiert werden, ohne den langwierigen und aufwändigen Einbau von teurer Messtechnik.

***Bild 2:** DoIP als Grundstein für neue Analysemethoden*

Der aktuelle Einsatz der DoIP Technologie ist dabei erst der erste Schritt und bildet die Grundlage von neuen Diagnose Prozessen für die Zukunft.

2.2 Online Services als neues Themenfeld der Diagnoseinnovationen

Mit dem Einsatz der inzwischen dritten Generation des Service Key wird der Erfolg dieser seit Jahren bewährten Technologie weiter ausgebaut. Durch die Erweiterung der über den Schlüssel verfügbaren Diagnosedaten sind die Annahme- und Beratungsprozesse des Kunden durch den Servicemitarbeiter beim Händler noch effizienter möglich.
Mit Einsatz der Funktion Servicetermin Online erkennt das Fahrzeug selbständig einen nahenden Servicetermin und sendet vorab alle erforderlichen Diagnosedaten zur Terminvorbereitung an den Servicehändler des Kunden. Dieser setzt sich mit dem Kunden in Verbindung und kann anhand der von den Fahrzeugdaten abgeleiteten Serviceumfängen einen passenden Termin anbieten. Durch die genauere Kenntnis über Serviceumfang und –dauer kann dem Kunden ggf. ein Ersatzfahrzeug entsprechend bereit gestellt und die zu erwartenden Servicedauer und -kosten zuverlässiger genannt werden.

3. Die Fahrzeugdiagnose der nächste Generation

Die neuesten Innovationen im Bereich Diagnose sind ein wichtiger Schritt in Richtung Zukunftsfähigkeit einer Marke. Jedoch nehmen die Anforderungen in einem Maße zu, dass herkömmliche Diagnosekonzepte an ihre Grenzen kommen werden und grundlegend neue Diagnosetechnologien entwickelt werden müssen. Allein mit Ereignisspeicher und Messwerte Blöcken wird die Diagnose nicht mehr zukunftsfähig sein. Neben den reinen Technologiethemen ist der Umfang der Diagnose auch zunehmend durch Diagnosedaten geprägt, die maßgeblichen Einfluss auf die Ausführung der Kundenfunktionen haben. Die Beherrschung der Korrektheit der Dateninhalte ist zudem, neben der richtigen Steuerung der Daten vor dem Hintergrund der umfangreichen Variantenvielfalt ein Kerngeschäft, welches über Erfolg oder im worst case über eine Rückrufaktionen entscheidet.

3.1 Die Diagnose der nächsten Generation startet mit der Digitalisierung des Fahrzeuges

Zu Beginn der Einführung der Diagnose war das Fahrzeug noch im Wesentlichen durch Elektrik geprägt. Die Blink Code Diagnose diente dabei zur Unterstützung bei der Fehlersuche.

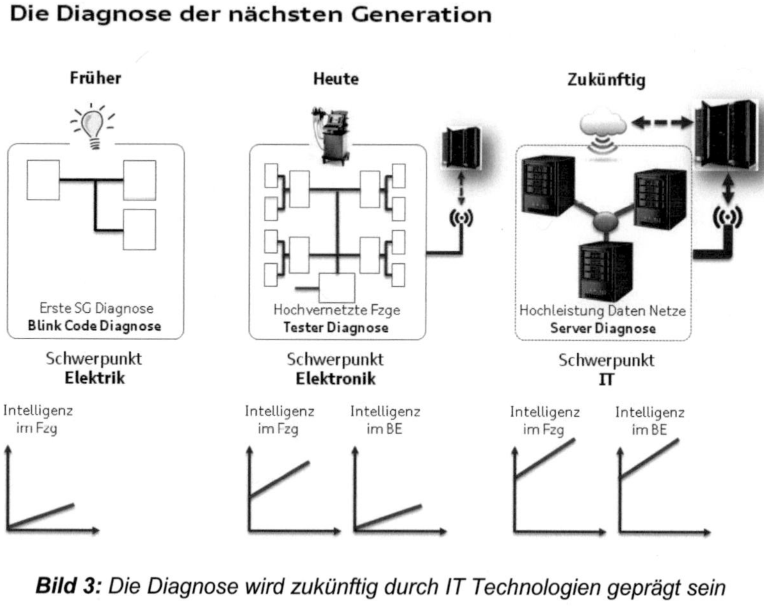

Bild 3: *Die Diagnose wird zukünftig durch IT Technologien geprägt sein*

Inzwischen ist das Fahrzeug in sich hoch vernetzt. Leistungsfähige Steuergeräte verteilen Sensorinformationen und steuern hochgradig vernetzte Systeme und Subnetzwerke. Das Fahrzeug ist durch die Elektronik geprägt, die 90% aller Innovationen überhaupt erst ermöglicht. Die Diagnose hat inzwischen eine so wesentliche tragende Rolle eingenommen, dass die Diagnose inzwischen das Rückgrat für die Fahrzeugelektronik geworden ist. Je nach Anwendungsbereich entscheidet heute die Diagnose darüber ob ein Fahrzeug in der Entwicklungsphase effizient getestet, in der Produktion kostengünstig gefertigt und im Kundendienst zuverlässig gewartet werden kann.
Die Vernetzung hat bei den bunten Diensten in den letzten Jahren auch außerhalb des Fahrzeuges deutlich zugenommen.

Die Vernetzung der Diagnose aus dem Fahrzeug heraus zu den offboard Systemen hat mit ersten Funktionen gestartet. Dies kann in Bezug auf Umfang und Potential analog zu dem Beginn der Diagnose im Fahrzeug gesehen werden. Das Bild 3 zeigt deutlich, dass sich die heutige leistungsfähige Diagnose im Fahrzeug noch deutlich weiterentwickeln wird während die Fahrzeug Diagnose in Verbindung mit Back-End Systemen erst noch am Anfang steht. Bei diesem Bild wird bereits deutlich, dass es zukünftig in Summe eine Diagnoseentwicklung (bestehend aus on- und offboard Vernetzung) geben wird, die in kurzer Zeit eine deutliche Zunahme an Leistungsfähigkeit realisierbar macht.
Die Diagnose der nächsten Generation wird erst allerdings mit Phase 3 durch die Digitalisierung des Fahrzeuges erfolgen. Das Bild 3 zeigt die Trends, in welche Richtung sich die Fahrzeugvernetzung verändern wird. Durch die Verschmelzung der internen Fahrzeugnetzwerke mit den Netzwerken der urbanen Umgebung wird das Fahrzeug im Wesentlichen durch die IT geprägt sein. Durch den geschlossenen Kreislauf von Daten, die aus dem Fahrzeug an das Back-End übertragen, dort weiterverarbeitet werden und dann entweder wieder direkt oder über die Beteiligung von weiteren Systemen in das Fahrzeug wieder eingespielt werden, sind zukünftig vollständig neue Diagnosemethoden möglich. Dabei kann die hohe und kostengünstige Leistungsfähigkeit der Backend Systeme für z.B. Analysen genutzt werden, die innerhalb des Fahrzeuges oder aufgrund der nicht kostengünstig verfügbaren hochgradigen Vernetzung des Fahrzeuges mit der Umwelt in Bezug auf Diagnose aktuell nicht denkbar sind.
Spätestens bei dieser Darstellung des Zukunftsszenarios wird deutlich, dass eine neue Generation der Diagnose starten muss, die Analysemethoden nutzen wird wie sie heute in Computernetzwerken im Verbund von stationären und mobilen Netzwerkteilnehmern erfolgt. Die Diagnose wird zukünftig durch IT Technologien geprägt sein.

3.2 Prädiktive Diagnose wird nur mit Big Data möglich

Mit der Digitalisierung des Fahrzeuges in Verbindung mit der urbanen Umgebung werden die Voraussetzungen geschaffen, prädiktive Diagnosetechnologien zu entwickeln. Die prädiktive Diagnose ist ein Geschäftsfeld welches heute im Automobilsektor noch nicht erschlossen ist bzw. werden konnte. Es gab in der Vergangenheit verschiedene Ansätze über Rechenmodelle und Simulationen welche allerdings auch vor dem Hintergrund des Kosten-/Nutzen Verhältnisses und aufgrund einer permanenten Aktualisierung den Serieneinsatz im größeren Umfang nicht erreicht haben. Die prädiktive Diagnose besitzt ein enormes Potential zur Kundenbegeisterung und Kostenreduzierung. Was wäre, wenn das Fahrzeug von Morgen den Fahrer darüber informiert, dass ein Kühlschlauch (z.B. durch einen Marderbiss) beschädigt wurde aber die nächst gelegene Servicewerkstatt noch erreicht werden kann. Der Servicepartner tauscht den beschädigten Schlauch schnell und kostengünstig aus. Dieser Fall hätte sonst mit Sicherheit zum Liegenbleiben des Fahrzeuges und zusammen mit den Abschleppkosten zu einer hohen finanziellen sowie auch emotionalen Belastung des Kunden geführt.
Die prädiktive Diagnose wird erst mit der Online Analyse von Daten ermöglicht werden. Die Echtzeitanforderung an Daten wird abhängig von dem zu überwachenden Komponenten sein aber mit Sicherheit nicht zu den Grundanforderungen gehören. Durch das permanente Überwachen bestimmter Signale und Daten kann ein Fehlerbild oder ein sich entwickelndes Fehlverhalten (z.B. Verschleiß) erkannt werden. Für

einfache Algorithmen, die eine geringe Rechenleistung benötigen ist das on board möglich, komplexere Analysen werden außerhalb des Fahrzeuges erfolgen müssen. Ein positives Beispiel für diesen Weg ist die Technologie zur Überwachung des Reifendrucks.
Zu Beginn der Einführung der Technologie Reifendrucküberwachung wurden noch Sensoren eingesetzt, die aufwändig in die jeweiligen Räder integriert werden mussten und daher kostenintensiv waren. Durch die Umstellung auf die on board Analyse der Raddrehzahlen sind inzwischen indirekte Druckmessungen möglich geworden und die Sensoren konnten wieder entfallen. Bei dieser Technologie besteht zwar noch keine online Verbindung zu einem Back-End, die grundsätzliche Systematik von einer direkt messenden zu einer indirekt aus den Daten abgeleiteten Analyse wurde umgesetzt.

3.3 Der Wandel der Diagnose

Bis zu dem Einsatz von IT Technologien und –Netzwerken und damit dem Einsatz einer neuen Generation der Diagnose wie in Kapitel 3.1 beschrieben wird es noch einige Jahre dauern. Dennoch wird sich die Relevanz und der Einfluss der Diagnose bereits in den nächsten Jahren deutlich wandeln.

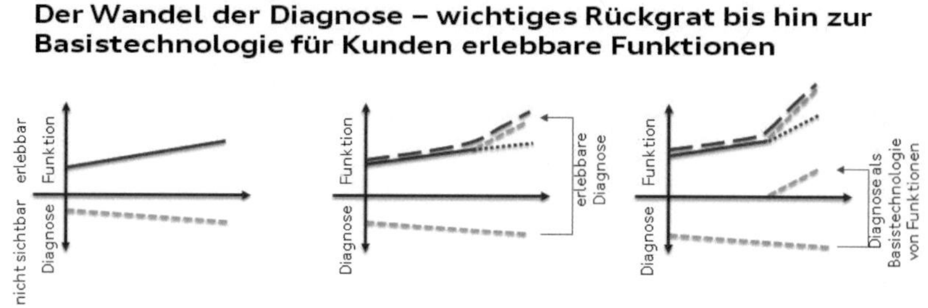

Bild 4: *Der Wandel der Diagnose stellt diese vor neue Herausforderungen*

In Bild 4 ist diese Entwicklung anschaulich dargestellt. Die linke Grafik beschreibt dabei die „klassische" Rolle der Diagnose in vergangenen Generationen. In aktuellen Fahrzeuggenerationen werden bereits dem Kunden durch die Diagnose neue Funktionen wie z.B. Online Services zur Verfügung gestellt, wie sie in Kapitel 2.2 beschrieben sind. Dazu ist im mittleren Bild auch deutlich zu sehen, dass sich die „klassische" Rolle dabei auch weiter entwickelt und inzwischen die Bedeutung analog eines Rückgrat für Fahrzeugfunktionen einnimmt.
Die rechte Grafik zeigt ein weiteres Themenfeld welches sich für die Diagnose in Form einer Basistechnologie für neue Kundenfunktionen erschließt. Die Diagnose ermöglicht quasi als Enabler, die Erweiterung des bestehenden Funktionsportfolios eines Fahrzeugsystems. Der Bedarf an Daten aus dem Fahrzeug wird immer größer. Mit entsprechenden Diagnosemechanismen können diese Daten den Funktionen zur Weiterverarbeitung zur Verfügung gestellt werden.
Ein weiterer großer Trend in Verbindung mit der Diagnose als Enabler Technologie ist im Bereich Software Update over the air zu erleben. Damit können zukünftig Funktionen völlig neu gestaltet werden und damit dem Kunden angeboten werden.

Die Bedeutung und die Herausforderungen der Diagnose entwickelt sich dabei nicht nur an einer Stelle sondern findet parallel an mehreren Stellen und Ebenen statt. Der Wandel der Diagnose ist aufgrund der zukünftigen Dimension eine große Herausforderung für ein Automobilunternehmen. Die Einflüsse dieser Entwicklung erstrecken sich von der Technischen Entwicklung über die Produktion und Kundendienst über die Qualitätssicherung bis hin zu den Vertriebsbereichen.

4. Eine Technologie erfindet sich neu – Herausforderung für die Automobilindustrie und Dienstleister

Anhand der in den vorangegangen Kapiteln dargestellten Situation und Trends der Diagnose wird deutlich, dass aktuell große Veränderungen stattfinden und auch zukünftig noch erfolgen werden. Dies wird die Automobilindustrie vor große Herausforderungen stellen, denn es müssen nicht nur neue Diagnosemethoden für den on board Einsatz entwickelt sondern auch entsprechend funktional leistungsfähige Systeme für das Back-End inklusive neuer Prozesse zur Verbindung aller Datenquellen und –senken definiert werden.

4.1 Die Veränderung der Diagnose als große Herausforderung für Lieferanten und Dienstleister

Mit dem Einsatz der Diagnose der nächsten Generation wird sich allerdings auch das Diagnoseumfeld verändern. Mit Sicherheit sind dabei auch größere Änderungen auf das Portfolio, Rolle und Geschäftsmodelle der heutigen Lieferanten und Dienstleister auf diesem Gebiet zu erwarten. Bis dato waren z.B. Diagnose VCIs ein sicheres Geschäftsfeld. Mit dem Einsatz von Ethernet oder Online Zugängen sind diese zukünftig in dieser Form nicht mehr erforderlich. Die zukünftige Integration von Back-End Systemen in die Fahrzeugdiagnose eröffnet dagegen ein sehr umfangreiches Geschäftsfeld, bei dem sich mit intelligenten Lösungen oder Services neue business cases erschließen lassen.
Eine große Herausforderung stellt dabei auch die Absicherung der neuen Diagnosetechnologien dar. Die „klassische“ Diagnose-Toolwelt ist dabei stark auf Diagnosekommunikation und – dienste von Steuergeräten ausgerichtet. Zukünftig werden neue und effiziente Prüf- und Analysemethoden für End-2-End Tests benötigt.

4.2 Neue Geschäftsfelder durch Apps für prädiktive Diagnose

Die Diagnose der Steuergeräte-internen Überwachung sichert die Systemfunktionalität ab. Je nach System ist diese sogar Teil des Homologationsumfangs und damit Teil des Kern know how eines OEM. Der Markt für die prädiktive Diagnose wird dagegen offener sein und viel Potential für den Einstieg neuer Unternehmen bieten.

Es ist denkbar, dass zukünftig prädiktive Diagnosefunktionen in Form von Apps zur Integration in die Back-End Systeme der OEMs auf dem Markt angeboten werden können. Dabei ist die Bezeichnung App als Analogie im Sinne von Anwendung zu verstehen und es ist damit nicht die heute auf dem Markt erhältliche Diagnose in Form von Apps für das Smartphone gemeint. Der Vergleich ist aufgrund der Parallelität von Apps zu dem hier vorgeschlagenen Vorgehen machbar. In beiden Fällen kann eine Anwendung als abgeschlossene App(likation) erworben werden, die aufgrund von Eingangssignalen ein Resultat erzielt. Diese Anwendung kann auf dem Markt erworben und in die Systemlandschaft des OEM integriert werden.

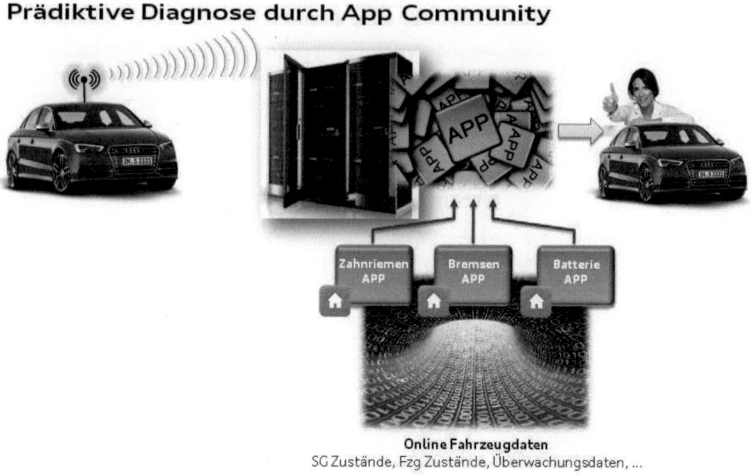

Bild 5: *Prädiktive Diagnose durch App Funktionen auf Basis von Big Data*

Zur Bereitstellung von prädiktiven Diagnosefunktionen werden ein Mindestmaß an Daten in für den jeweiligen Fall notwendigen Umfang, Häufigkeit und Zeitpunkt benötigt. Die Daten werden durch entsprechende Algorithmen miteinander verrechnet. Es ist durch die Berechnung im Back-End Bereich auch denkbar, diese mit anderen Daten von Simulationen, Modellen oder auch anderen Fahrzeugen zu verknüpfen. Das Ergebnis der prädiktiven Diagnose wird dem Fahrer oder auch bei Bedarf gleich dem Servicepartner zur Verfügung gestellt. In Bild 5 ist ein mögliches Systembild für das Zusammenspiel der Daten und Funktionen in der Big Data Welt zu sehen. Die Apps für die prädiktive Diagnose können dabei von unterschiedlichen Unternehmen für verschiedene Systeme auf dem freien Markt angeboten und von den OEMs eingesetzt werden.

Die große Herausforderung und auch Chance für die Unternehmen, die sich auf die Umsetzung von Apps spezialisieren wollen besteht darin, mit einem Minimum an Anforderungen an die Daten aus dem Fahrzeug möglichst viele und genaue prädiktive Diagnosen zu erstellen. Die Algorithmen in Form von Apps können auf dem Markt zum Erwerb angeboten und von den OEMs in ihre Backendsysteme integriert werden. Diese Dienstleistung wird dadurch möglich, da der OEM sicherstellen muss, dass die benötigten Daten für eine prädiktive Diagnose auf dem Back-End zur Verfügung stehen – aus welchen Steuergeräten, Busbotschaften oder sonstigen Daten-

quellen stammen muss der App Ersteller nicht kennen. Dies sicherzustellen wird Aufgabe des OEM sein. Mit dieser Methodik wird auch der OEM übergreifende Einsatz solcher prädiktiven Diagnosen ermöglicht. Die zukünftige Herausforderung des OEM in diesem Umfeld wird sein, entsprechende Informationen für den Kunden bereit zu stellen oder präventive Maßnahmen zu ergreifen.
Die prädiktive Diagnose ist nicht Wettbewerb differenzierend sondern bietet aufgrund des möglichen Community Charakters das Potential für einen sich rasch verbreitendes Einsatz und ein lukratives Geschäftsfeld.

5. Zusammenfassung

Das Potential der Diagnose ist erheblich und notwendig zu den Megatrends, die zukünftig unsere Fahrzeugentwicklung prägen. Es werden große Veränderungen in diesem Bereich, bei den Geschäftspartnern und auch in der Rolle der Diagnose zukünftig zu erwarten sein. Neben den technologischen Herausforderung wird es auch eine monetäre Herausforderung sein, diese neue Entwicklungen im Bereich der Diagnose anzugehen. Zusammen mit den Megatrends, die Entwicklungen rund um Big Data mit deren neuartigen Geschäftsmodelle und den Einstieg von IT Unternehmen in den Automotiv Bereich zeigen deutlich, dass die Attraktivität des Automobils und die bedeutende Wirtschaftskraft in diesem Industriezweig bedeutender sind denn je.

Abkürzungsverzeichnis

App	Applikation (englischer Begriff für Anwendungssoftware)
DoIP	Diagnose over internet protocol
OBD	On Board Diagnose
OEM	Original equipment manufacturer
SW	Software

2 Mobile Anwendungen in der Fahrzeugdiagnose

Dr. **Peter Biermann**, **Markus Steffelbauer**, Softing Automotive Electronics GmbH, München

Abstract

Smartphones and tablets take hold in all areas of our life. Softing has created a base for a variety of mobile solutions - mainly related to ODX, which allows carmakers as well as workshops to also benefit from mobile solutions. The following text shows the basic structure of the system and gives some examples of possible applications.

Kurzfassung

Smartphones und Tablets halten Einzug in alle Bereiche unseres Lebens. Um auch bei den Automobilherstellern sowie den Werkstätten von den mobilen Lösungen zu profitieren, hat Softing ein Basis geschaffen, mit der eine Vielzahl von mobilen Anwendungen – primär mit ODX-Bezug – möglich werden. Der nachfolgende Text zeigt den grundsätzlichen Aufbau des Systems und gibt einige Beispiele zu möglichen Anwendungen.

1. Die smarte Welt

Heutzutage ist das Leben ohne die kleinen Helfer kaum noch vorstellbar. In allen Bereichen des Lebens werden mobile Helfer eingesetzt. Im privaten Bereich ersetzen Navigations-Apps die fest eingebauten Navigationsgeräte, e-Book-Reader machen es den klassischen Zeitungen schwer und Musik-CDs werden durch MP3s ersetzt.

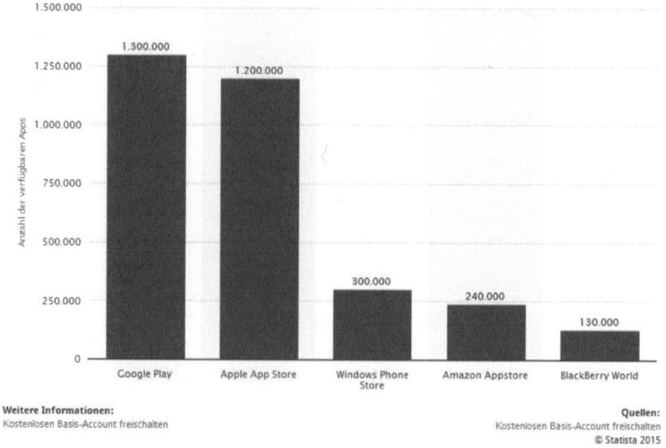

Bild 1: *Anzahl der angebotenen Apps in den Top App-Stroes im Jahr 2014 (Statista 2015)*

Eine Vielzahl von nützlichen und auch weniger nützlichen Apps (Google Play ca. 1.300.000 Apps, Apple App Store 1.200.000 Apps; siehe auch Abbildung 1) sind in den App Stores zu finden. Im Business-Bereich ergänzen diverse Apps das mobile Büro und erleichtern die Zusammenarbeit und die Anbindung an Unternehmensprozesse und –systeme

Neben den allgemeinen PIM-Funktionen (Personal Information Management; z.B. Kalender, Adressdaten, Notizen) und der Mailfunktion finden auch immer mehr mobile Anwendungen für die tägliche Arbeit ihren Weg auf die Android, iOS oder Windows Mobile-Welten. Gerade die Betriebssysteme spielen hierbei eine wichtige Rolle, da Unternehmen oft nur bestimmte Betriebssysteme über ihre IT-Abteilung freigegeben haben. Die nachfolgende Abbildung 2 zeigt die Verbreitung der wichtigsten Betriebssysteme im Markt.

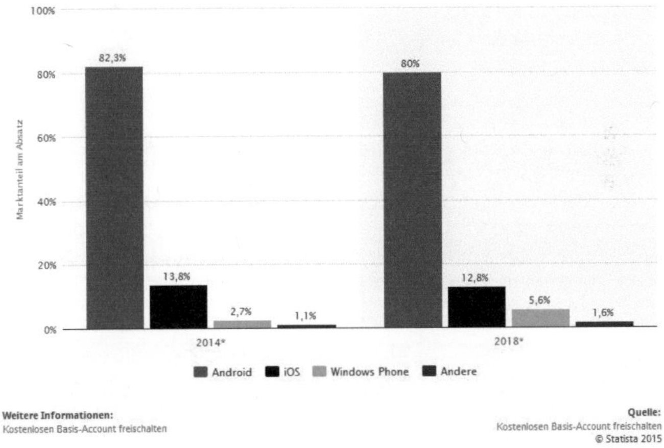

Bild 2: *Weltweiter Marktanteil der Smartphone-Betriebssysteme bis 2018 (Statista 2015)*

Smartphones bieten eine Reihe meist hardwareunterstützer Funktionen, die geeignet sind zahlreiche andere Geräte zu ersetzen. So ist in einem Smartphone eine Kamera zum Fotografieren und Filmen bereits integriert, alle vorstellbaren Uhrfunktionen (z.B. Zeitmessung, Weckfunktion, Countdown) stehen zur Verfügung, GPS & Navigation ist serienmäßig vorhanden und reine MP3-Player gehören zur Grundausstattung.
Im mobilen Markt werden eine große Stückzahl an Smartphones jährlich verkauft. Dies hat zur Folge, dass neben einem harten Preiskampf auch eine hohe Innovationskraft der Herstellerfirmen notwendig ist, um Marktanteile halten bzw. ausbauen zu können.
Neben den genannten günstigen HW-Kosten ist gerade die einfache Distribution der Software über einen ausgereiften App-Store (hier sind nur die App-Stores der namhaften Hersteller gemeint) zu nennen. Diese ermöglichen eine einfache weltweite Distribution, eine einfache Abrechnung, gepaart mit einem hohen Sicherheitsstandard und einer hohen Verfügbarkeit.

2. Technologische Herausforderungen

2.1. Mobiltelefone

1969: Die Astronauten Armstrong, Aldrin und Collins hatten bei der Mondlandung mit Apollo 11 bereits einen Computer an Bord. Dieser Rechner war ausgestattet mit einem Prozessor mit einer Taktfrequenz von 1,024MHz, einem Arbeitsspeicher von 4 KByte und 74 KByte Speicherplatz. Diese geballte Rechenpower wog ganze 30 Kilogramm.

Ein Vielfaches dieser Rechenleistung hat man heute jederzeit in der Tasche: das Mobiltelefon mit 145 Gramm.
Gängige Leistungsdaten sind:

- Prozessor Qualcomm Snapdragon (vier Kerne, Systemtakt 2,5 GHz)
- Arbeitsspeicher 2 GByte
- Interner Speicher 32 GByte
- Gewicht: 145 Gramm

Viel erstaunlicher als die reinen Leistungsdaten – die Literatur spricht hier typischerweise von einem Vielfachen der gesamten Mondmission – sind die verbauten Schnittstellen aller Art.
Es finden sich drahtlose und mechanisch verbundene Datenschnittstellen, reine Anwenderschnittstellen, eine Vielzahl von Sensoren und einige Sonderfunktionen.
Die folgende Abbildung 3 gibt einen Überblick, welche Schnittstellen in heutigen Smartphones regelmäßig verbaut sind:

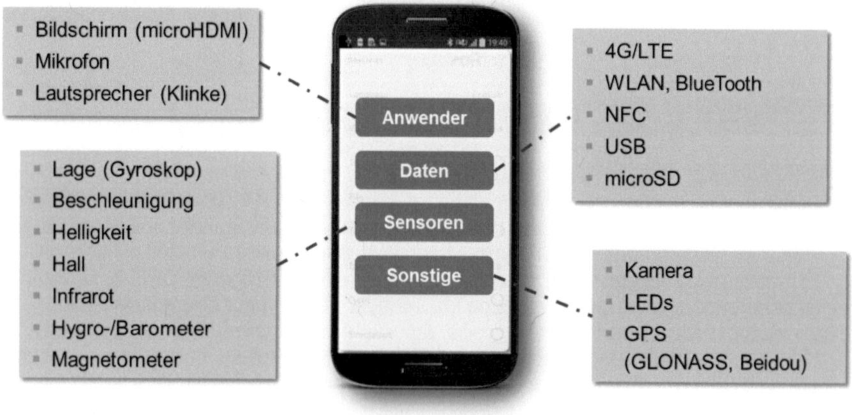

Bild 3: *Schnittstellen eines Smartphones.*

Anwenderschnittstellen
Anwenderschnittstellen sind sicher die offensichtlichsten Schnittstellen eines Smartphones. Der Bildschirm nimmt dabei nicht nur größenmäßig eine herausragende Stellung ein, dient er doch neben der Grafikdarstellung auch der Eingabe mit Finger (in der Regel kapazitiv) bzw. einem Stift (in der Regel induktiv). Für Anwendungsfälle, in denen die Bildschirmgröße nicht ausreicht, kann (manchmal) über eine microHDMI-Buchse ein Monitor angeschlossen oder durch Mirroring direkt auf einen Monitor gespiegelt werden. Darüber hinaus werden zum Telefonieren ein Mikrofon und mehrere Lautsprecher benötigt, zumindest für das Telefonieren am Ohr und zum Freisprechen. Kopfhörer oder ein Headset können über eine Klinkenbuchse angeschlossen werden.

Datenschnittstellen
Datenschnittstellen dienen der Übertragung von Informationen auf das Handy oder vom Handy zu anderen Geräten. Eine Sonderform der Datenübertragung stellt die Sprachübertragung beim Telefonieren dar. Als Schnittstellen stehen in der Regel heute BlueTooth, WLAN und 4G/LTE zur Verfügung. Eine Nischenfunktion bildet darüber hinaus NFC (Near Field Communication), das heute z.B. für Bezahlfunktionen eingesetzt wird. Darüber hinaus können Daten auf microSD-Cards gespeichert und über ein USB-Kabel an einen PC übertragen werden.

Sensoren
Moderne Smartphones verfügen über eine bemerkenswerte Anzahl an Sensoren, die meist über das Betriebssystem angesprochen werden können und somit unterschiedlichsten Apps zur Verfüg stehen. Dadurch ergeben sich neben dem eigentlichen Anwendungsbereich viele darüber hinaus gehende Möglichkeiten.
Zunächst sei der Lagesensor (Gyroskop) genannt. Dieser dient dazu, die Bildschirmdarstellung daran anzupassen, wie das Telefon gehalten wird (Hochformat oder Querformat). Dieser Sensor wurde von Entwicklern schnell für Geschicklichkeitsspiele adaptiert. Der Beschleunigungssensor wird z.B. in Seniorenhandys verwendet, um Stürze zu erkennen und automatisch einen Alarm auszulösen. Daneben kommt er in vielen Gesundheits-Apps zum Einsatz (Schrittzähler). Er kann aber auch für Positionsbestimmungen verwendet werden, wenn in Gebäuden oder in Tunnels das GPS-Signal verloren gegangen ist. Der Helligkeitssensor dient der automatischen Anpassung der Bildschirmhelligkeit an das Umgebungslicht. Man könnte damit aber zum Beispiel auch eine Babyphone-Funktionalität automatisieren, indem diese immer bei Dunkelheit angeschaltet wird. Der Hall-Sensor im Handy wird eingesetzt, um das Schließen des Covers zu erkennen und den Bildschirm dann auszuschalten. Der Infrarotsensor dient einem ähnlichen Zweck, er erlaubt den Bildschirm bei Annäherung an das Gesicht auszuschalten, damit nicht versehentlich „Knöpfe“ gedrückt werden. Darüber hinaus wird er für Gestensteuerungen („Wischen“) ohne Bildschirmberührung verwendet, beispielsweise mit Handschuhen.
Eine weitere Gruppe der Sensoren bilden Magnetometer, Barometer und Hygrometer. Das Magnetometer misst die Stärke des Magnetfelds der Erde und ermöglicht dadurch zahlreiche Kompassfunktionen, zum Beispiel die Anzeige der Fahrtrichtung in einer Navigations-App. Mit dem Barometer wird der Luftdruck gemessen, mit dem Hygrometer die Luftfeuchtigkeit. Beide kommen in Gesundheits-Apps zum Einsatz, etwa für Höhenmessung.

Sonstige
Darüber hinaus haben Smartphones weitere häufig verwendete Funktionen. Hier sind besonders Kameras zu nennen, die LEDs als Fotolicht (und für die Taschenlampenfunktion) verwenden. Zusätzlich existiert ein GPS-Sensor (Global Positioning System), der eine genaue Positionsbestimmung erlaubt. Der GPS-Sensor ist in aktuellen Handys meist als Kombisensor ausgeführt und enthält parallel dazu eine GLONASS und Beidou Erkennung. Durch die Unterstützung der russischen und chinesischen GPS-Wettbewerber kann dasselbe Smartphone problemlos weltweit vertrieben und verwendet werden.

2.2. Erweiterter V-Zyklus

Die Fahrzeugentwicklung wird, allen agilen Ansätzen zum Trotz, auch heute noch im Wesentlichen durch das V-Modell beschrieben: Es werden Fahrzeuganforderungen spezifiziert und in mehreren Schritten, z.B. über Funktionen und Systeme, bis auf ECU-Ebene verfeinert (linker Ast des „V"). Anschließend an die Implementierung erfolgt eine Prüfung entlang des rechten Asts des „V" anhand der jeweiligen Anforderungen. Am rechten oberen Ende des „V" ist das Fahrzeug „ready for production". Für die Funktion „Diagnose" ist diese Betrachtung allerdings nicht ausreichend, da die Wertschöpfungskette für den OEM hiermit keineswegs zu Ende ist. Schließlich kann heute ohne eine vernünftige Diagnose kein Fahrzeug gefertigt und ebenso kein Fahrzeug repariert werden. Eine Erweiterung des klassischen „V" zum erweiterten V-Zyklus ist somit notwendig.

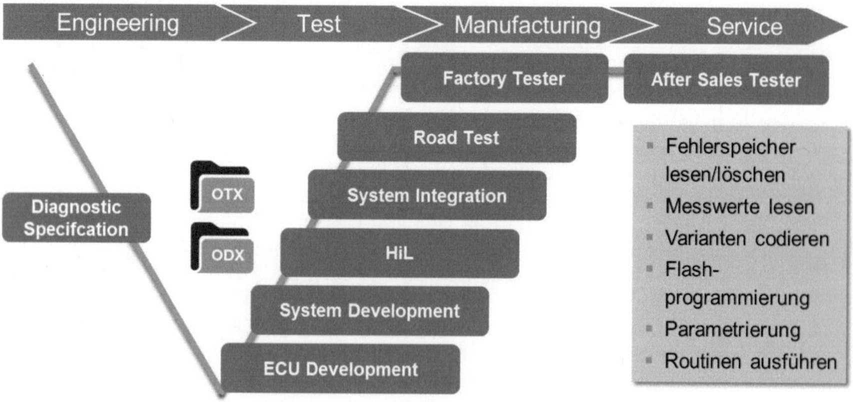

Bild 4: *Der erweiterte V-Zyklus*

Diagnose beschreibt heute bei weitem nicht mehr das reine Fehlerspeicherlesen und -löschen. Steuergeräte programmieren, Parametrierungen anpassen, Variantencodieren, Steuergeräteroutinen ansteuern, Messwerte auslesen – all diese Funktionen kommen heute in verschiedenen Phasen des erweiterten V-Zyklus zum Einsatz. Dabei werden verschiedenste Rechnerplattformen verwendet, um die sehr unterschiedlichen Anforderungen zu erfüllen. Neben klassischen Desktop-PCs und Laptops können dies beispielsweise industrietaugliche Mikro-PCs sein, die auch für anspruchvolle Fahrversuche ausgelegt sind, oder spezielle Industrie-PCs für den Einsatz in 19"-Schränken. Bei letzteren findet man auch regelmäßig als Betriebssystem, statt Windows, eines der unzähligen Linux-Derivate. Im Service haben sich robuste Laptops als Ersatz für die früher üblichen integrierten Lösungen aus PC, VCI und Messtechnik weitestgehend durchgesetzt.

2.3. Ein standardisiertes Diagnosesystem

Alle Diagnosegrundfunktionen sind heute standardisiert. Dies betrifft sowohl Protokolle als auch Datenformate und Programmierschnittstellen. Aufbauend auf diesen Schnittstellen ist es heute relativ einfach Diagnosesysteme für unterschiedliche Anwendungsfälle zu erstellen oder – allgemein gesprochen – Diagnose in Prüfaufgaben zu integrieren. Die folgende Abbildung gibt einen Überblick über ein standardisiertes Diagnosesystem:

Bild 5: *Standardisiertes Diagnosesystem*

Als Datenformate sind heute ODX und OTX im Einsatz. ODX beschreibt die für ein Fahrzeug in den jeweiligen Steuergeräten umgesetzten Diagnosefunktionen (Diagnosekommunikation). Als Ergänzung dazu werden mithilfe von OTX Diagnoseabläufe bestehend aus mehreren Diagnosediensten definiert. Beide Formate sind XML-basiert und dienen der Spezifikation, dem Datenaustausch und der Parametrierung von Diagnosewerkzeugen.

ODX-Daten werden in realen Systemen durch den D-Server verarbeitet. Dieser besitzt zwei standardisierte Schnittstellen: die D-PDU API ermöglicht die Integration unterschiedlicher VCI (Vehicle Communication Interfaces), sodass je nach Einsatzfall der passende Formfaktor verwendet werden kann (z.B. USB-VCI in der Entwicklung, PCI in der Produktion und WLAN im After Sales). Der Zugriff auf den D-Server erfolgt über die ASAM MCD-3D Schnittstelle. Diese wird auch von einem OTX-Interpreter verwendet (OTX run time).

Business-Logic und GUI (Graphical User Interface) gestalten sich je nach Anwendungsfall unterschiedlich und müssen je nach Plattform passend entworfen werden.

3. Anwendungsbeispiele

In den Fahrzeugentwicklungen ist eine Vielzahl von Anwendungen im Einsatz. Die meisten Anwendungen laufen auf einem Windows Betriebssystem. Viele dieser Anwendungen benötigen einen großen Bildschirm und werden am PC ausgeführt. Einige dieser Anwendungen können aber auch im mobilen Einsatz gute Dienste leisten. Im Nachfolgenden werden einige mögliche Anwendungen aufgeführt, bei denen ein mobiler Einsatz als sinnvoll einzustufen ist.

3.1. Testapplikation

Die Rechenleistung und Speicherausstattung eines aktuellen Smartphones bieten fast unbegrenzte Möglichkeiten. Bringt man nun das oben beschriebene standardisierte Diagnosesystem auf ein Smartphone und entwickelt eine für die Bildschirmgröße und Bedienphilosophie angemessene Oberfläche, so kann mit der Diagnose sofort gestartet werden. Im V-Zyklus finden sich für eine derartige mobile Lösung zahlreiche Anwendungsfälle: in der Entwicklung, im Fahrversuch, an der Produktionslinie und im After Sales. Ein Smartphone gehört heute fast zur Standardausstattung eines jeden Ingenieurs.

Eine Diagnose mit dem Smartphone am Fahrzeug erlaubt unter Umständen nur eine erste Analyse des aktuellen Status. Über die Telefonfunktion ist es jetzt jedoch einfach möglich, einen Experten in der Zentrale für eine genauere Analyse hinzuzuziehen. Die für die Analyse nötigen Diagnosedaten können vom Anwender am Fahrzeug mit dem Handy leicht in die Cloud gestellt werden. Benötigt der Experte in der Zentrale mehr Informationen, so erstellt er spezifische Skripte (OTX) und stellt diese ebenfalls in die Cloud, von wo sie mit dem Handy heruntergeladen und ausgeführt werden können. Damit können schnell spezifische Tests durchgeführt werden, ohne dass aufwändige und zeitraubende Telefonate geführt werden müssen.

Das Szenario kann für den Mitarbeiter am Fahrzeug so einfach gestaltet werden, dass im Prinzip nur noch zwei Tastendrück notwendig sind. Dadurch ist ein Einsatz einer solchen Funktionalität während der Entwicklung zwischen Steuergeräteverantwortlichen und Testingenieur, bei Testfahrten als auch im Serviceumfeld einfach darstellbar.

3.2. Datenlogging

Wikipedia schreibt zum Thema Datenlogger: „Ein Datenlogger ist eine prozessorgesteuerte Speichereinheit, welche Daten in einem bestimmten Rhythmus über eine Schnittstelle aufnimmt und auf einem Speichermedium ablegt. Dies kann dann durch eine Software geschehen, wenn die zu loggenden Informationen beispielsweise innerhalb eines Computers schon in digitaler Form vorliegen und nur aufbereitet werden müssen. Sind die Informationen hingegen nur in nichtelektrischer Form vorhanden, so kann der Datenlogger aus einer speziellen mit Sensoren kombinierten Hardware bestehen, die physikalische Messdaten über eine bestimmte Zeit hinweg erfassen wie beispielsweise Temperaturen, Spannungen und Beschleunigungen.“

Die heutigen Datenlogger werden meist im Fahrzeug fest in die Busvernetzung angeschlossen. Das Datenlogging ermöglicht somit das Aufzeichnen der Bus-Kommunikation verschiedener Bus-Systeme. Um ein schnelles Datenlogging zu ermöglichen, kann der CAN-Bus auch von der OBD-Buchse abgegriffen werden. Dadurch können die angeschlossenen CAN-Busse direkt abgerufen werden. In Verbindung mit einem Smartphone und einem VCI kann somit ein Datenlogger realisiert werden, der nicht nur schnell einsetzbar ist, sondern auch viele Möglichkeiten bietet, die ein Smartphone standardmäßig mitbringt. So können die aufgezeichneten Daten zum Beispiel direkt mit den GPS-Koordinaten gekoppelt werden, das Gyroskop kann Richtungsänderungen aufzeichnen, die Kamera eine Wegestrecke filmen und andere Hardware-Optionen des Smartphones können die Informationen noch deutlich weiter anreichern.

***Bild 6:** Beispiel einer Datenlogging-Lösung*

Das Datenlogging wird mit einem Smartphone und einem VCI durchgeführt. Hierbei kann ausgewählt werden welcher CAN-Bus aufgezeichnet werden soll. Das Datenlogging kann über einen Aufnahmebutton gestartet und beendet werden. Alternativ können Aufzeichnungen auch über Trigger-Bedingungen (bestimmte Temperatur bzw. Geschwindigkeit) gesteuert werden. Sobald die Aufzeichnung abgeschlossen ist, kann die verschlüsselte und komprimierte Trace-Datei per E-Mail versendet oder z.B. über ein USB-Kabel ausgelesen werden. Parallel hierzu können die jeweiligen Messwerte aus unterschiedlichen Steuergeräten mit aufgezeichnet werden. Hierbei werden die Daten in einem standardisiertem Formatfestgehalten. Angereichert werden die Daten von weiteren Informationen, die durch das Mobiltelefon zur Verfügung gestellt werden (GPS-Position, Beschleunigung, ...).

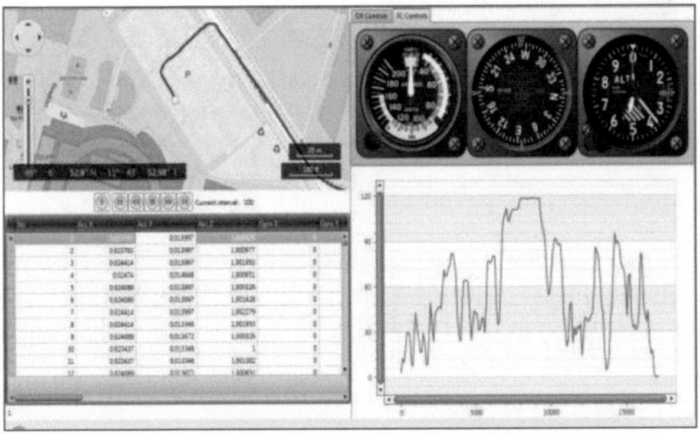

***Bild 7:** Softing Analyzer zur Datenauswertung*

Der Anwender des Datenloggers stellt die Daten dem Administrator zur Verfügung. Anschließend können die Daten mit dem Softing Analyzer durch den Administrator oder einer nachgelagerten Person ausgewertet werden (siehe hierzu Abbildung 7).

3.3. Fahrerprobung

Die Fahrerprobung stellt einen wichtigen Teil der heutigen Fahrzeugentwicklung dar. Jedes Fahrzeug, welches zur Produktion frei gegeben wird, muss eine große Anzahl von Freigaben durchlaufen. Gerade die Fahrerprobung stellt einen wichtigen Meilenstein im Freigabeprozess eines OEMs dar. Hier können eine Vielzahl von Tests durchgeführt werden, die am Testbrett oder einer Computersimulation nicht durchgeführt werden können.

Im Bereich der Fahrerprobung ist es erforderlich, dass die Testfahrzeuge mit umfangreichen technischen Messinstrumenten ausgerüstet werden. Ein Einbau ist kostenintensiv und zeitaufwendig. Auch stehen für Erprobungsfahrten die speziell ausgerüsteten Testfahrzeuge nicht immer in den jeweiligen Ländern zeitnah zur Verfügung. Meistens müssen die Messtechnik-Fahrzeuge erst durch hohe Logistikaufwendungen in den jeweiligen Ländern bereitgestellt werden. Hier sind nicht nur die wichtigen Erprobungsfahrten in Extremsituationen (z.B. Hitze in Dubai oder extreme Kälte am Nordkap) gemeint, bei denen eine hochwertige Messtechnik (siehe Abbildung 8) zwingend zum Einsatz kommt, sondern auch die Vielzahl von Erprobungsfahrten, die während einer Fahrzeugentwicklung „mal schnell" durchgeführt werden müssen.

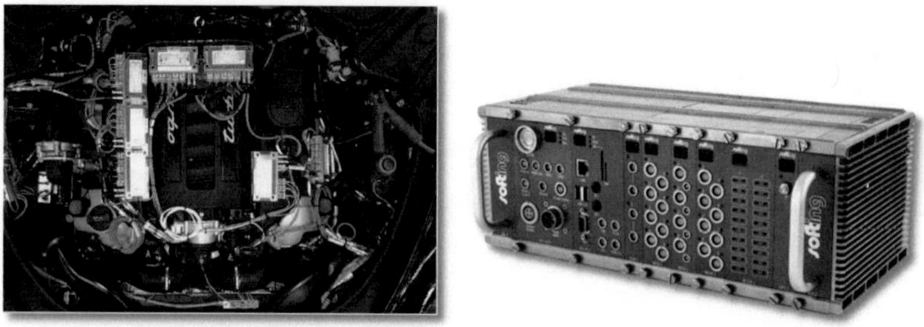

Bild 8: *Verbaute Messtechnik und SMT Messtechnik von Softing*

Meistens sind Versuchsträger weltweit unterwegs, doch sind diese nicht immer mit der vollständigen Messtechnik ausgestattet. Abhilfe schafft hierbei der Einsatz der Softing Fahrerprobungs-App. Im Nachfolgenden wird die Lösung kurz skizziert.

Ausgangsbasis bildet wieder das Smartphone, Tablet bzw. ein speziell konfiguriertes Fahrzeugterminal in einem vorkonfigurierten Koffer (im nachfolgenden Text wird diese Ausbauvariante vorausgesetzt). Dieses wird mit einem freigegebenen VCI ans Fahrzeug angekoppelt. In der Kombination mit der passenden Softing Fahrerprobungs-App steht nun ein vollwertiges und flexibles System zur Verfügung.

Zum Start der Testfahrt steckt der Testfahrer das VCI in die OBD-Buchse am jeweiligen Fahrzeug. Das spezielle ruggedized Fahrzeugterminal befestigt er entweder mit

Saugnapfhalterungen an der Scheibe oder schraubt es auf eine in Testfahrzeugen vorbereitete Spezialhalterung. Die Stromversorgung am Zigarettenanzünder oder am Festansschluss ist alternativ möglich.

Die Fahrerprobung wird in der Zentrale bzw. von einem Administrator konfiguriert. Dies erfolgt über einen speziellen Routen-Designer. Mit dem Routen-Designer wird die genaue Wegstrecke (diese könnte auch auf einem zugefrorenen See liegen) mit den Wegepunkten definiert, die der Testfahrer später abfahren und wo er welche Aktivität an welchem Wegepunkt durchführen muss (z.B. an km 25 auf 120 km/h beschleunigen). Die Wegestrecke wird auf das Fahrzeugterminal übertragen. Sobald sich der Fahrer mit seiner Kennung oder mit einer NFC-Chipkarte angemeldet hat, kann er die definierte Route einspielen und anschließend abfahren. Das Terminal hat Verbindung zum Fahrzeug über das Softing VCI. Der Fahrer sieht die vordefinierte Route auf dem Terminal und wird dann durch Sprachanweisungen entlang der Route geführt. Damit er beide Hände am Steuer halten kann, werden die durchzuführenden Aktivitäten, wie z.B.: „Auf 120 km/h beschleunigen!" per Sprachanweisungen vorgelesen. Während der gesamten Fahrt oder auch nur kurz vor bzw. nach einem Wegepunkt, zeichnet die App parallel die gesamte Route auf und nutzt oben beschriebenen Funktionen. Am Ende der Testfahrt sieht der Fahrer im Fahrtbericht, ob er alle erforderlichen Aktivitäten durchgeführt hat (grün markiert) oder nicht (rot markiert) und unterschreibt auf dem Display. Durch Betätigung des „Senden"- Button werden die Ergebnisse auf den zentralen Server geschickt und die Testfahrt ist hiermit für den Testfahrer abgeschlossen. Nun kommt wieder der Systemadministrator ins Spiel, der die Daten aus der Cloud abruft selber analysiert oder diese einem Steuergeräteverantwortlichen zur Analyse zur Verfügung stellt.

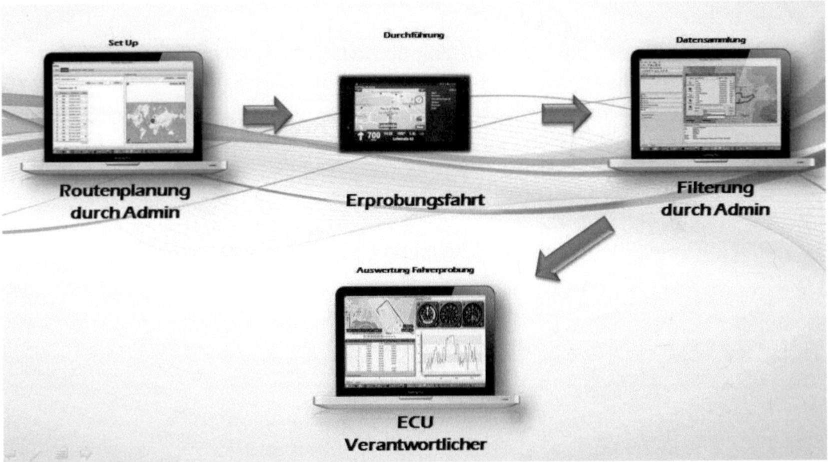

Bild 9: *Grafik zur Fahrerprobung*

Einen weiteren Nutzen für den System Administrator stellt die Oracle-Technologie und die weltweiten Karten von here/navteq dar. Durch diese kann der Administrator in der Zentrale einerseits die Standorte aller Fahrzeuge sehen, die an den unterschiedlichen Testfahrten teilnehmen, und anderseits auch verfolgen, ob die Testfahrten wie geplant abgefahren wurden bzw. welchen Status diese haben.

4. Ausblick

Basierend auf den heutigen Technologien kann auf Smartphones ein standardisiertes Diagnosesystem dargestellt werden, das zusätzliche Anwendungsfelder öffnet. Dies ist heute bereits verfügbar. Werden auf dem Smartphone verfügbare Funktionalitäten mit einbezogen, so sind völlig neue Anwendungen möglich, die heute nicht oder nur sehr aufwendig umgesetzt werden können. Die Diskussion darüber hat gerade erst begonnen.
Bei realen Implementierungen ist eine genaue Betrachtung Smartphone-spezifischer Herausforderungen nötig. Dazu gehören die Vielzahl der existierenden Betriebssysteme, Betriebssystemvarianten und der damit verbunden Updatezyklen. Es müssen aber auch Sicherheitsaspekte betrachtet werden, die bei drahtloser Übertragung und Cloud-Anwendungen generell im einzelnen Anwendungsfall individuell abgestimmt werden müssen.

Literatur

[1] C. Marscholik, P. Subke, Datenkommunikation im Automobil, 1. Auflage 2007.

[2] M. Steffelbauer, „Fahrzeugdiagnose – vom lästigen Übel zum gewollten Muss", In *AUTOMOTIVE* 05-06/2011 und 07-08/2011.

[3] ISO 22900-2: Road vehicles – Modular vehicle communication interface (MVCI) Part 2: Diagnostic protocol data unit application programming interface (D-PDU API).

[4] ISO 22900-3: Road vehicles – Modular vehicle communication interface (MVCI) Part 3: D-Server API (Diagnostic Server Application Programmer Interface).

[5] ISO 22901-1: Road vehicles – Open diagnostic data exchange (ODX) Part 1: Data model specification.

[6] ISO 13209-2:2011: Road vehicles – Open Test sequence eXchange format (OTX) Part 2: Core data model specification and requirements.

[7] ISO 13209-3:2011: Road vehicles – Open Test sequence eXchange format (OTX) Part 3: Standard extensions and requirements.

[8] Wikipedia – Datenlogger: http://de.wikipedia.org/wiki/Datenlogger

3 Die Diagnose(R)evolution: Remote Diagnose als Basis für Big Automotive Data und Remote Update – Chancen und Herausforderungen

Dipl.-Inform. **Marcel Revfi**, Dr. rer. nat. **Markus Koch**, Dr. Ing. h.c. F. Porsche AG, Weissach

Abstract

Current diagnostic toolsets with their wired tester equipment in the automotive industry are well standardized and base on established processes and protocol mechanisms. To enable them to perform over the air with a backend server and a connected car, the implementation of a comprehensive Remote Diagnostics and Remote Update solution in a safe and secure way requires new concepts. Until now, research activities in industry and science have created early approaches with solution concepts and prototypes. However, they focus on specific diagnostic functions, only fulfill restricted use cases, and, most of all, solely operate with an additional device on the OBD port of the vehicle. For generic and comprehensive approaches that consider existing architectures of vehicle electronics as well as established diagnostic protocols, one has to master further challenges in order to leverage holistic applications from Big Automotive Data to Remote Vehicle Update. First, we will conceptualize the expression of Remote Diagnostics with its system functions and use cases. Subsequent to an exploration of some problem conditions and the major challenges, we will then propose and assess feasible solutions of subsystems by taking the entire technology chain from vehicle to backend and diagnostic client into account. Based on that, we finally stimulate future work with further prototypes and emerging technologies.

Kurzfassung

Die betriebs- und informationssichere Umsetzung einer ganzheitlichen Remote-Diagnose-Lösung erfordert neuartige Methoden und Mechanismen, die sich von denjenigen der klassischen, kabelgebunden Fahrzeugdiagnose deutlich unterscheiden. Forschungsaktivitäten in Industrie und Wissenschaft brachten hierzu bereits verschiedene Konzeptbetrachtungen, Prototypen und erste Lösungsansätze hervor. Diese konzentrieren sich aktuell auf einen spezifischen Diagnose-Funktionsumfang. Für generische Ansätze, wie sie beispielsweise für fahrzeugautonome Konfigurationsvorgänge nötig sind, müssen jedoch auf Basis bestehender E/E-Architekturstandards und etablierter Diagnoseprotokolle weitere Herausforderungen bewältigt werden. Nach einer klaren Begriffsbildung arbeitet dieser Artikel die zentralen Rahmenbedingungen für eine vollumfängliche örtlich entfernte Diagnostizierbarkeit von Kraftfahrzeugen heraus und stellt mögliche Lösungskonzepte vor. So wird die Erstellung und Bewertung verschiedener Integrationskonzepte von Diagnose- und Kommunikationsmodulen aus Sicht der unterschiedlichen Anwendungsfälle in Entwicklung, Produktion und Service beleuchtet. Mit einer Betrachtung der zugehörigen Technologiekette werden neue Facetten der Remote Diagnose aufgezeigt und Anregungen für zukünftige Arbeiten gegeben.

1. Motivation und Einführung

Bereits seit vielen Jahren steigt die Anzahl softwarebasierter Fahr-, Komfort-, und Sicherheitsfunktionen eines Kraftfahrzeugs. Infotainmentsysteme der Oberklasse sind ohne aufwendige Anzeige- und Bedienelemente analog dem aktuellen Stand der Consumer-Elektronik undenkbar. Neben der wettbewerbsdifferenzierenden Komponente ist auch angesichts der aktuellen Megatrends wie nachhaltige Mobilität, Vernetzung von Kraftfahrzeugen sowohl untereinander als auch mit ihrer Umgebung oder automatisiertes Fahren eine weitere Zunahme an Umfang und Komplexität der Software im Fahrzeug klar absehbar [1]. Gleichzeitig besteht der Bedarf die unterschiedlichen Produktzyklen zwischen Fahrzeugen (ca. sieben Jahre) und der Consumer-Welt (ca. 18 bis 24 Monate) durch Software-Updates im Fahrzeug anzugleichen.

Die Kommunikation mit der Fahrzeugelektronik zu Diagnose- und Updatezwecken dieser Softwaresysteme findet in Entwicklung, Produktion und im Kundendienst eines Automobilherstellers kabelgebunden oder kabellos innerhalb lokaler Computernetzwerke statt. Analyse, Wartung und Instandsetzung oder Aktualisierung der Elektrik/Elektronik-Systeme (E/E-Systeme) kann somit beispielsweise ausschließlich während eines Werkstattaufenthalts des Kundenfahrzeugs erfolgen. Im Gegensatz zu infotainment- und fahrerassistenzbezogenen Onlinediensten, die heutige Fahrzeugkonnektivität mit dem Internet bereits ermöglicht, muss für die Prozesse im Kontext der Diagnose für autorisierte Benutzer und Applikationen in Zukunft ein allumfassender Eingriff in die Softwaresysteme der Bordelektronik „Over the Air" (OTA) möglich sein. Eine betriebs- und informationssichere Umsetzung der Remote Diagnose erfordert somit neuartige Methoden und Mechanismen, die sich von denjenigen der klassischen, kabelgebunden Fahrzeugdiagnose deutlich unterscheiden. Die Vision ist, auf Basis weltweit standardisierter Diagnose- und Vernetzungstechnologien eine informations- und betriebssichere Lösung für die örtlich entfernte Diagnostizierbarkeit, Wartbarkeit und Updatefähigkeit von vernetzten Kraftfahrzeugen ganzheitlich und fahrzeugseitig hochintegriert dem Vertriebs- und Werkstattnetz anbieten zu können. Eine Nutzung durch die Entwicklung oder die Produktion ist ebenso möglich wie die Generierung neuer Produktsubstanz vor Kunde.

1.1 Remote Diagnose und Remote Update im Spannungsfeld zwischen Connected Car und E/E-Systemen von Kraftfahrzeugen

Forschungsaktivitäten in Industrie und Wissenschaft brachten hierzu bereits verschiedene Konzeptbetrachtungen, Prototypen und erste Lösungsansätze hervor. Diese konzentrieren sich aktuell auf einen spezifischen Diagnose-Funktionsumfang. Für generische Ansätze, wie sie beispielsweise für fahrzeugautonome Konfigurationsvorgänge nötig sind, müssen jedoch auf Basis bestehender E/E-Architekturstandards und etablierter, standardisierter Kommunikationsprotokolle neuartige Herausforderungen bewältigt werden. Um möglichst viele Anwendungsfälle abzudecken, muss das System für Remote Diagnose und Remote Update (RDU) befähigt werden, eine weitestgehend vollumfängliche Flash- und Konfigurierbarkeit von Steuergeräten durchführen zu können. So wird das Kundenfahrzeug beispielsweise nur dann ein Softwareupdate seiner Digitalen Motorenelektronik (DME) örtlich entfernt durchführen können, wenn das entsprechende Steuergerät OTA flashbar ist.

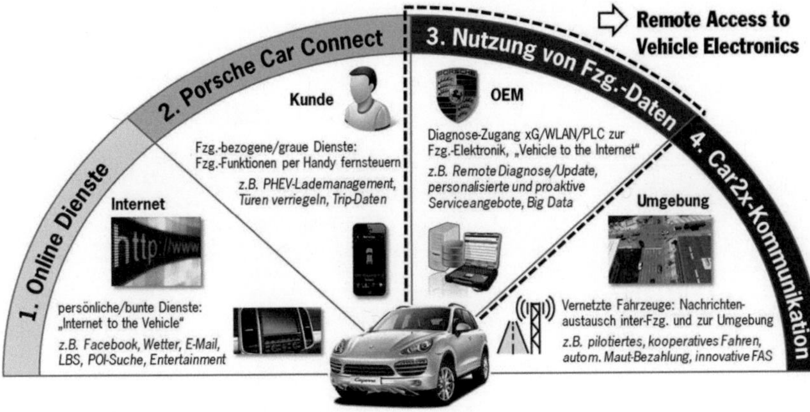

***Bild 1:** „Evolution" der Connected Car Anwendungsfälle und Funktionen*

Sofern die verbauspezifischen Codier- und Adaptionswerte nicht im Backend vor der Auslieferung im Rahmen einer fahrzeugindividuellen Softwarekommissionierung in das Flashdatenpaket integriert wurden, sind weitere Konfigurationsprozesse zur erfolgreichen Inbetriebnahme notwendig. Voraussetzung dafür ist ein hinreichend aktuelles Abbild des Fahrzeugzustandes im Backend. Bei diesem Beispiel besteht die Herausforderung nicht zuletzt darin, Updateprozesse fahrzeug- wie auch backendseitig mit Absicherungsmaßnamen robust zu gestalten, um die Fahrbereitschaft und Betriebssicherheit des Fahrzeugs nach einem Software-Update in der Garage des Kunden sicherzustellen.

Generell liegen die Herausforderungen eines Systems für die Remote Diagnose und des Remote Update von Kraftfahrzeugen im Spannungsfeld zwischen den Anforderungen aus Fahrzeugdiagnose und Fahrzeug-E/E sowie den Rahmenbedingungen der Applikationen eines Connected Car begründet. Die klassische Fahrzeugdiagnose und -E/E bringt etablierte Standards, Protokolle und Prozesse mit, die beachtet werden müssen. Themen wie Betriebssicherheit und Performanz tragen zu den nichtfunktionalen Anforderungen bei. Auf der anderen Seite ist ein RDU-System ein fester Bestandteil und eine wichtige Dienstgrundlage des Megatrends „Connected Car": Die hybride Konnektivität zu potentiell öffentlichen Netzten über WiFi, Mobilfunk oder die Ladesäule bringt das Auto ins Internet und setzt damit diverse Rahmenbedingungen, wie zum Beispiel Informationssicherheit, Privatsphäre, zentralisierte oder verteilte Systeme, Private und Public Clouds sowie Enterprise-IT. Einige von diesen werden in der vorliegenden Abhandlung tiefer betrachtet.

1.2 Remote Diagnose und Remote Update als Connected Car-Anwendungsfall

Abbildung 1 ordnet die Remote Diagnose in die „Evolution" der Connected Car-Anwendungsfälle und -Funktionen ein. Das Internet ist im Fahrzeug für diverse Applikation schon lange angekommen: Sei es für den Empfang von POI-Informationen (Point of Interest), von neuen E-Mails oder dem Streamen von Internet-Radio. Ein weiterer Schritt ist die remote Steuerung von Fahrzeugfunktionen oder die Anzeige

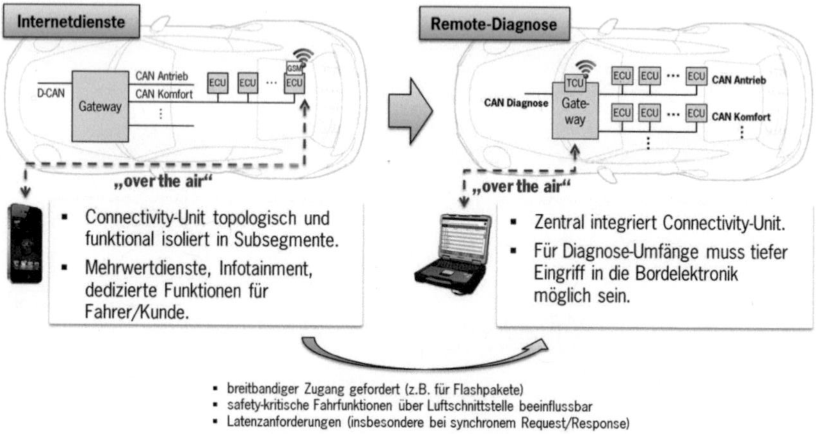

Bild 2: *Topologieintegration im Vergleich: Herkömmliche Onlinedienste über ein Subsegment-Steuergerät versus zentrale Funktionalität und Konnektivität für Remote-Diagnose-Dienste*

von Informationen zum Fahrzeugstatus auf dem Mobilfunkgerät bzw. im Browser des Kunden. Weiter lässt sich von zuhause aus der Schließstatus des Fahrzeugs überprüfen, gegebenenfalls das Fahrzeug verriegeln und die klimatische Vorkonditionierung des Innenraums für den nächsten Morgen planen. Diese Angebote sind über viele Fahrzeughersteller und Fahrzeugklassen hinweg bereits auf dem Markt verfügbar.

Im Sinne des „Fahrzeugs im Internet" ist in der dritten Stufe in Abbildung 1 dann der Fahrzeugzustand in der Cloud abgebildet und die Fahrzeugelektronik für diese Zwecke auch in einem großen Umfang über die Luftschnittstelle erreichbar, um Analysedaten zu beziehen oder Updates einzuspielen. Abbildung 2 zeigt, wie sich die für die Remote Diagnose nötige Integrationstiefe von derjenigen, wie sie für herkömmliche Internetdienste nötig ist, unterscheidet. OTA-Fahrzeugfunktionen, die in einem dedizierten Subsegment-Steuergerät implementiert sind, ermöglichen nicht einen derart kritischen Zugriff auf die Fahrzeugelektronik, wie er für die Remote Diagnose und das Remote Update vonnöten ist.

2. Begriffsabgrenzung: Remote Diagnose und Remote Update

Die Idee eines "Internet of Everything" ist allgegenwärtig. Ein ähnliches Konzept im Fall von Kraftfahrzeugen als „Connected Device" wurde bereits im Jahre 1997 von Jameel et al. formuliert [2, 3]: Die Autoren entwickelten eine Vision des „Internet Car" und beschrieben neben dem nahtlosen Zugang zu Büro und Haushalt, dem Streamen von Medien oder den personalisierten Diensten im Fahrzeug auch die Remote Diagnose als einen für Fahrer und Beifahrer nützlichen Dienst. Flottenbetreiber und Servicewerkstätten könnten damit fahrzeugdiagnostische Prozesse aus der Ferne steuern oder Software in das Fahrzeug herunterladen. Die erste dedizierte Übersicht über Systeme für Remote Diagnose und Wartung/Instandsetzung remote publizierte

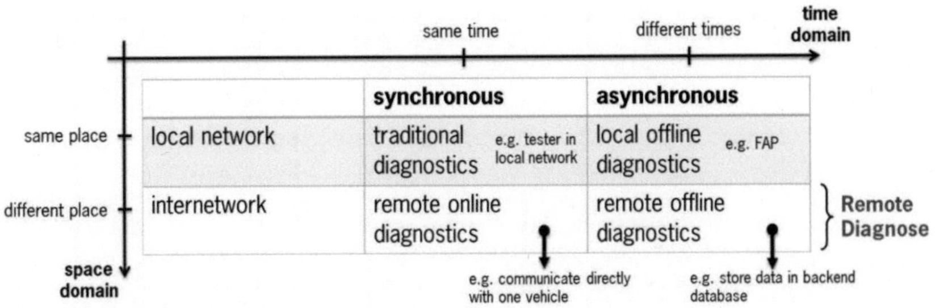

Bild 3: *Räumliche und zeitliche Einordnung von Diagnosemodi und Klassifizierung der Remote Diagnose/des Remote Updates (in Anlehnung an [12])*

You et al. in [4] im Jahre 2005. Die Autoren präsentierten eine Schichtenarchitektur mit den wichtigsten Komponenten für ein Remote-Diagnose-System. Zur selben Zeit setzte sich Carr in [5] mit einer verfeinerten Aufstellung verschiedener Funktionsklassen der praktischen Anwendung der Remote Diagnose auseinander. Er identifizierte für zukünftige Arbeiten die Tatsache, dass der Intra-Fahrzeugvernetzung und den On-Board-Mechanismen in diesem Zusammenhang mehr Beachtung geschenkt werden muss. Kapitel 4 dieses Beitrags betrachtet diesen Aspekt im Allgemeinen und Kapitel 5 im Besonderen.

Vor der detaillierten Betrachtung der Systemfunktionen und der zentralen Anwendungsfälle widmet sich dieses Kapitel der Klärung grundlegender Begriffe. So bezeichnet Remote Diagnose und Remote Update den örtlich entfernten Zugriff auf die Fahrzeugelektronik zum Zwecke derjenigen Prozesse, die auch unter den klassischen Begriff der Fahrzeugdiagnose fallen. Dazu gehört die Wartung und Instandsetzung sowie das Update der Softwaresysteme in der Werkstatt oder der Entwicklung von OEMs (Original Equipment Manufacturer). Kapitel 3.2 „Funktionsumfang eines Remote-Diagnose und Remote-Update-Systems“ gibt hierzu einen tieferen Einblick. Der örtlich entfernte Zugriff findet über das Internet statt und nicht innerhalb lokaler Netzwerke einer Werkstatt oder einer Produktionslinie, obwohl die Wirkkette der Remote Diagnose hierfür auch genutzt werden könnte. Die Remote Diagnose leitet sich aus dem Begriff der modernen Off-Board-Kraftfahrzeugdiagnose ab. Generell bedeutet dieser mehr als nur „Fehlerspeicher auslesen“: Der Eingriff in die eingebetteten Softwaresysteme eines Fahrzeugs unterstützt und ermöglicht verschiedene Aufgaben:

- Test- und Validierungsaufgaben in der Entwicklung von Kraftfahrzeugen und deren E/E-Architektur.
- Fahrzeuginbetriebnahme und Varianteninstanziierung durch Programmier- und Parametrieraufgaben der Steuergerätesoftware in der Fertigung.
- Befähigung von Werkstätten und Aftersales, mit Diagnosetestern die Fahrzeugelektronik zu analysieren, zu warten und zu reparieren.
- Befähigung von Prüforganisationen und Zulassungsbehörden (zum Beispiel TÜV, Dekra) mit Diagnosetestern den Fahrzeugzustand elektronisch zu erfassen und zu analysieren.

Abbildung 3 gibt einen Überblick über zwei wichtige Klassifizierungsmerkmale und deren Taxonomie: Das Testerequipment und das zu diagnostizierende Fahrzeug kann sich entweder am selben Ort oder an unterschiedlichen Orten befinden (vertikale Achse). Außerdem kann der Austausch diagnostischer Daten oder Diagnoseprotokoll-Anfragen/Antworten zur selben Zeit oder zu unterschiedlichen Zeiten (horizontale Achse) stattfinden [6]. In Anlehnung an die Nomenklatur der Netzwerk- und Informationstechnik kann man hier von „synchron" bzw. „asynchron" im Sinne eines blockierenden Wartens auf Applikationsebene sowie von „local networking" bzw. „internetworking" sprechen. Die traditionelle Diagnose mit einem Werkstatttester erfolgt synchron direkt am Fahrzeug oder in dessen unmittelbaren Umgebung und lässt sich als „synchron in einem lokalen Netz" klassifizieren: In der gesicherten Umgebung eines lokalen Werkstattnetzes sind die zentralen Herausforderungen der Remote Diagnose (Security, Robustheit, Performanz, Verteilung Diagnosesoftware) noch nicht dermaßen von Bedeutung wie bei der Diagnosekommunikation mit Fahrzeugen weltweit durch das Internet und über Mobilfunk. Bei Letzterem kann man wiederum zwischen synchron und asynchron unterscheiden: Die synchrone Remote Diagnose bietet eine 1:1-Verbindung *zu einem* Fahrzeug. UDS-Diagnosebotschaften gemäß ISO 14229 (Unified Diagnostic Services) werden hier über den gesamten Kommunikationskanal von Diagnoseclient über Backend bis hin zum Fahrzeug übertragen. Das Backend stellt die Verbindung zur Verfügung und nimmt lediglich eine Weiterleitungsfunktion ein. Im Gegensatz dazu findet bei der asynchronen Remote Diagnose die UDS-Kommunikation nur im Fahrzeug statt. Diagnoseaufträge können zunächst in einem bestimmten Format an das Fahrzeug übermittelt werden. Flashdatenpakete werden erst nach einem vollständigen Download verarbeitet oder Fahrzeuganalyseprotokolle (FAP) zunächst im Fahrzeug generiert und bei verfügbarer Internetverbindung auf einen Server transferiert. Letzteres kann beispielsweise auch synchron in lokalen Netzen einer Werkstatt oder der Produktion bzw. unmittelbar am Fahrzeug mit einem Diagnosetester und späterem Server-Upload stattfinden.

3. Systemfunktionen und Anwendungsfälle von Remote-Diagnose und Remote-Update

In diesem Kapitel werden auf Basis einer Darstellung der technischen Funktionen eines RDU-Systems beispielhafte Anwendungsfälle vorgestellt. Hieraus ergibt sich der Nutzen für verschiedene Unternehmensressorts, Werkstätten oder den Kunden. So werden die Anwendungsfälle unter dem abstrakten Begriff des „Big Automotive Data" erst durch lesende Diagnosedienste ermöglicht, die eine zentrale Datenbasis der Fahrzeugflotte mit Fahrzeugzustandsdaten anreichern. Auf der anderen Seite ist ein Remote Update mit im Backend fahrzeugindividuell vorkommissionierten Flashwarepaketen erst dann möglich, wenn der Fahrzeugzustand über die Luftschnittstelle synchron oder asynchron erfasst werden kann.

3.1 Funktionsumfang eines Remote Diagnose- und Remote Update-Systems

Generell können Zugriffe auf die Fahrzeugelektronik lesender oder schreibender Natur sein sowie gemäß Diagnoseprotokoll oder signalbasiert erfolgen. Das reicht vom reinen Auslesen der Fehlerspeichereinträge über Konfigurations- und Parametriervorgänge bis hin zum Flashen der Steuergeräte im Gesamtverbund. Abbildung 4

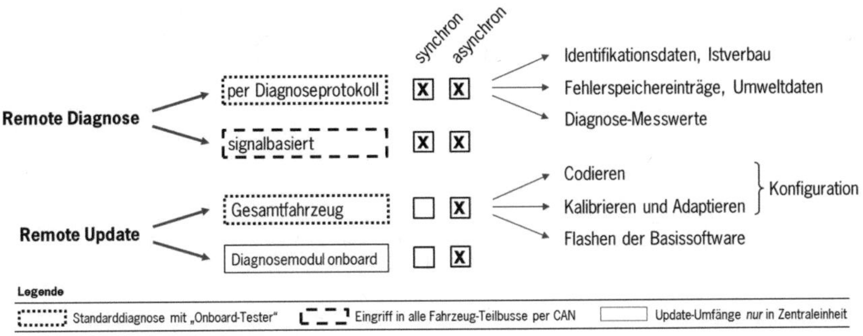

Bild 4: *Top-Level-Übersicht über die technischen Funktionen eines Remote-Diagnose und Remote-Update-Systems am Beispiel Mobilfunk*

zeigt eine Übersicht: Die Remote Diagnose bezeichnet im Wesentlichen lesende Zugriffe gemäß der Diagnosestandardisierung mit UDS-Protokollstapel und ASAM-MCD-Laufzeitkomponenten (ISO 22900, ISO 22901). So können Fahrzeuganalysedaten mit Diagnosediensten erfasst werden. Ein in einer Zentraleinheit implementierter Mechanismus, welcher zum Beispiel CAN-Botschaften (ISO 11898) liest und diese entweder zunächst speichert und aggregiert an ein Backend sendet oder in einer synchronen Livediagnose direkt an einen Werkstattclient tunnelt, kann einem Anwendungsfall der Remote Diagnose auch zweckdienlich sein. In Abbildung 4 wird dies als „signalbasiert" bezeichnet. In [7] wird hierzu eine Kapselung von CAN-Frames in TCP/IP-Pakete untersucht, um die Buskommunikation eines Fahrzeugs live und remote über IP-Netzwerke verfügbar zu machen. [8] beschäftigt sich zu einem späteren Zeitpunkt mit fahrzeugseitigen Filtermechanismen für eine bedarfsgerechte CAN-Frame-Übertragung im signalbasiertem Online-Monitoring von Kraftfahrzeugen.

Die Remote-Diagnose umfasst, insbesondere auf Basis der Diagnoseprotokolle, die Diagnoseprozesse der Fahrzeug-, Software- und Hardwareidentifikation, Messwerterfassung und Lesen von Fehlerspeichereinträgen mit Umgebungsdaten. Somit ist ein Sammeln und eine zentralisierte Verarbeitung von Fahrzeuganalysedaten im Feld möglich. Dies ist die Basis für Applikationen unter dem Begriff „Big Automotive Data" – dem Verarbeiten großer Datenmengen und anschließendem Schlussfolgern neuen Wissens. Insbesondere beim Tracen der Kommunikation bestimmter Subsegmente (z.B. Flexray) können im signalbasierten Fall große Datenmengen anfallen.

Das Remote-Update hingegen bezeichnet einen schreibenden und konfigurierenden Eingriff in die Fahrzeugelektronik. Hier kann durch neue Fahrzeugfunktionen direkt neue Produktsubstanz vor Kunde OTA ausgeliefert werden – Im Gegensatz zur der Remote-Diagnose, bei der der Kunde indirekt profitiert. Sollen potentiell alle Steuergeräte eines Fahrzeugs einem Software-Update unterzogen werden können, kommt man aufgrund der verbreiteten AUTOSAR-Komponenten kaum um ein Flashen und Konfigurieren gemäß Automotive-Diagnosestandard herum. Aufgrund von unvorhersehbaren Latenzen und möglichen Verbindungsabbrüchen einer Mobilfunkverbindung, wird ein solches Update asynchron durchgeführt werden müssen (vergleiche

Kapitel 2). Des Weiteren erweist sich der Fahrzeugabstellort über Nacht in der Garage des Kunden als geeignet für einen länger andauernden Updateprozess. Hier kann nicht von einer stabilen oder auch nur dauerhaft aufrecht erhaltenen Mobilfunkverbindung ausgegangen werden. Im Anschluss zu einem Flashvorgang sind meistens Konfigurationsvorgänge notwendig, um die Software entsprechend den vorherigen Konfigurationen, der neuen Verbauumgebung oder der neuen Funktionalität anzupassen. Hierzu gehören die Parametrier- und Adaptionsprozesse Codieren und Kalibrieren. Um die Inbetriebnahme ordnungsgemäß abzuschließen sind unter Umständen auch Sensor-/Aktoraktivitäten notwendig. Das kann mit Steuerbefehlen und Regelschleifen sogar so weit gehen, dass der Fahrer mithilfe einer Benutzerinteraktion in die Inbetriebnahme mit einbezogen wird. Es stellt sich also nicht nur die Frage, welche Steuergeräte über die Luftschnittstelle updatefähig sein sollen, sondern auch, in welchem Maße der Fahrer mit einbezogen werden soll – und zwar über die gängigen Interaktionsumfänge „Download starten", „Update starten" und „Update planen" hinaus.

Neben dieser Standarddiagnose mit „Onboard-Tester" kann von einem Remote-Update auch dann gesprochen werden, wenn die Software einer zentralen Einheit mit Installationsroutinen analog der Consumer-Elektronik Updates unterzogen wird. Hier werden zum Beispiel Sicherheitslücken eines Onboard-Betriebssystems geschlossen oder Apps aus einem App-Store bezogen. Dies erfordert keine klassische Diagnosesitzung und keinen Sprung in den Bootloader, da das Betriebssystem während des Updatevorganges aktiv bleibt und Speicherzugriffe durch das Dateisystem koordiniert. Weiterhin muss auch der Onboard-Tester aktualisiert werden können.

Die Mechanismen zur Fahrzeugindividualisierung während eines Remote Updates können generell durch zweierlei Konzepte eingegrenzt und durch beliebige Mischformen zwischen diesen Extremen umgesetzt werden. Einerseits können generische Update-Abläufe inklusive Programm- und Konfigurationsdaten im Broadcasting an eine bestimmte Auswahl von Fahrzeugen gesendet werden. Je nach Diversität der Fahrzeug- und Konfigurationsvarianten sind Daten mit einer vertretbaren Größe zu verteilen. Im Fahrzeug muss dann entschieden werden, welche Umfänge in welcher Ausprägung ausgeführt werden. Auf der anderen Seite kann ein Update-Paket im Backend dermaßen vorkonfiguriert werden, dass es für *ein* Fahrzeug gültig ist. Hier ist dann weniger Intelligenz im Fahrzeug notwendig. Dafür muss der Fahrzeugzustand im Backend hinreichend bekannt und aktuell sein. Die Basistechnologie für die Erfassung des Fahrzeugzustandes ist die Remote Diagnose. Da der Zustand des Fahrzeugs sich zwischen Start der Update-Auslieferung und Update-Ausführung auch ändern kann, muss die Gültigkeit des Update-Pakets direkt vor der Ausführung nochmals bestätigt werden. Anderenfalls muss ein neues Update angefordert werden. Kapitel 2 „Diagnosemodulverteilung zwischen Fahrzeug und Backend" geht auf diesen Aspekt weiter ein.

3.2 Benutzerklassen und Anwendungsfälle eines RDU-Systems

Die Technologie der Remote Diagnose und des Remote Updates kann Mehrwert in vielen Kernprozessen, OEM-Ressorts, Servicewerkstätten und vor Kunde schaffen. So sind in der OEM Forschung und Entwicklung aktuelle Felddaten und Daten von Entwicklungsfahrzeugen zugänglich, um daraus gewonnene Erkenntnisse in die

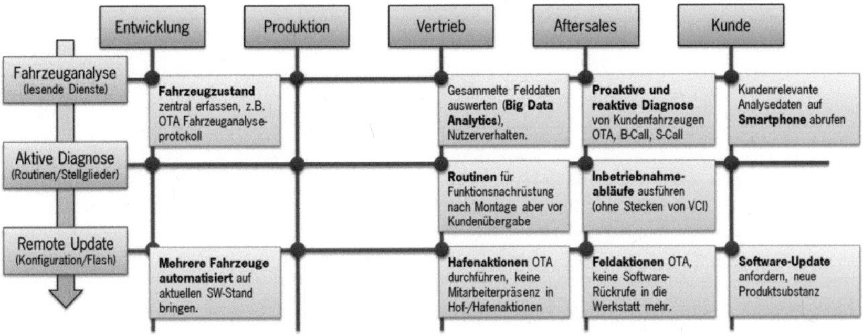

Bild 5: *Remote-Diagnose-Anwendungsfallmatrix – aufgespannt von OEM-Entwicklung bis Kunde (horizontal) über den drei wesentlichen Diagnose-Funktionsklassen (vertikal)*

Entwicklung neuer Fahrzeuge einfließen zu lassen (Feedback-Loop-Entwicklung). Informationen über den Zustand von Kundenfahrzeugen sind dann wesentlich hochfrequenter verfügbar – nicht nur, wenn der Kunde eine Werkstatt aufsucht. Solche Fahrzeuganalysedaten können dann auch vom Vertrieb oder dem Aftersales genutzt werden, um Nutzerverhalten für die Generierung attraktiver Serviceangebote heran zu ziehen oder im Service proaktiv zu handeln: Ersatzteile können bestellt werden, bevor der Kunde die Werkstatt erreicht. Der Zustand von sensoriell beobachteten Verschleißteilen kann unabhängig von Serviceintervallen erfasst werden und einer prädiktiven und auch proaktiven Servicediagnose zugeführt werden. Es kann gewissermaßen eine kontinuierliche Felddiagnose umgesetzt werden. Für Kundenlösungen, wie beispielsweise das Anzeigen von Fahrzeugstati auf dem Mobilfunkgerät oder in einem Webbrowser könnte ebenfalls eine Backend-Schnittstelle eines RDU-Systems genutzt werden.

In Abbildung 5 ist im Unterschied zu der in Kapitel 3.1 eingeführten Nomenklatur die „Aktive Diagnose“ aus der Remote Diagnose-Klasse herausgenommen und explizit ausgewiesen. Dies sind UDS-Dienste, welche überwiegend Aktoren ansteuern und einzelne Bits setzen. Über das RDU-System angesteuert können diese auch remote ausgeführt werden und beispielsweise Funktionsfreischaltungen vor Kunde oder in Werkstätten durchführen. Zusammenfassend würde sich hinsichtlich der Vielfalt an Anwendungsfällen der folgende Nutzen ergeben:

- Fahrzeug-individualisierte und präventive Serviceangebote für den Fahrzeughalter.
- Kosteneinsparungen und Steigerung der Kundenzufriedenheit durch Vermeidung von Werkstattbesuchen bei Rückrufaktionen aufgrund von Fehlfunktion, die auf Softwarefehlern basieren.
- Fahrzeugfunktionen können während des gesamten Produktlebenszyklus' für Hersteller und für Fahrzeughalter prozessoptimiert nachgerüstet und gewartet werden.
- Remote Diagnose als Basistechnologie für Big-Data-Anwendungen: Sammlung und Auswertung von Kunden- und Felddaten zur effizienteren und effektiveren Fahrzeugentwicklung der Automobilhersteller und Fahrzeugwartung in Servicewerkstätten.

Viele Anwendungsfälle der Remote Diagnose sind eng verbunden mit ontologiebasiertem Wissensmanagement und Schlussfolgern auf einem großen Pool an Diagnose- und Fahrzeugdaten (Big Automotive Data). In [9] wird der Vorteil für die Produktentwicklung herausgestellt und in [10] ein Text-Mining-System für Diagnosedaten entwickelt. Die Periode der Erfassung von Felddaten als Basis für solche Systeme wird mit der Remote Diagnose drastisch verkürzt (zum Beispiel Tage oder Stunden anstatt Jahre). Die automatisierte Datenverarbeitung derselben ist eine wichtige Grundlage für die Prozessoptimierung der sowohl prädiktiven als auch proaktiven Werkstattdiagnose im Feld. Für Instanzen von Ontologien kann die Remote Diagnose auf diese Weise eine Datenbasis liefern. In [11] wird hierfür eine „Automotive Ontology" vorgestellt, die eine offene Plattform umfassenden Wissensmanagements bietet. Die Remote Diagnose kann hier die Wissensbasis in der Middleware mit Daten anreichern. Der Informationsgewinn wird im Anschluss verschiedenen Applikationen zugänglich gemacht. Darunter fallen zum Beispiel auch diejenigen der Car-to-Car-Kommunikation: In [12], Al-Sutan et al. identifiziert die Remote Diagnose als Applikation im Bereich der Sicherheit (Safety Application) der Fahrzeug-Adhoc-Netze (VANETs, Vehicular Adhoc Networks). Die Kommunikationskanäle der VANETs können genutzt werden, um dem Fahrer auf Basis der durch die Remote Diagnose-Technologie gesammelten und ausgewerteten Daten Rückruf- und Reparaturbenachrichtigungen im Fahrzeug zukommen zu lassen.

4. Rahmenbedingungen und Konzepte für Remote Diagnose und Remote Update

Wie in Kapitel 1 motiviert muss für Prozesse im Kontext der Diagnose ein „tiefer Eingriff in die Bordelektronik" möglich sein, im Gegensatz zu fahrer- und fahrerassistenzbezogenen Diensten, welche durch die Verbindung mit dem Internet bereits heute im Fahrzeug zur Verfügung gestellt werden können. Des Weiteren erfolgt die Kommunikation nicht über einen Zugangspunkt eines in Subsegmenten und Master/Slave-Beziehungen isolierten Funktionssteuergerätes, sondern über das zentrale Gateway in der Topologie der E/E-Architektur. Ein unzureichendes IT-Sicherheitsmanagement im Zusammenspiel der Off- wie auch On-Board-Komponenten kann vor diesem Hintergrund gravierende Auswirkungen auf betriebskritische Fahrfunktionen zur Folge haben. Weitere Rahmenbedingungen sind zum Beispiel:

- *Hybride Zugangstechnologie*: Für den Internetzugriff sind neben Mobilfunk und WLAN auch kabelgebundene Wege denkbar, wie zum Beispiel über das Power Line Connection-Protokoll (PLC) im Falle der Ladeschnittstelle eines Plug-In Hybrid Electrical Vehicle (PHEV) oder eines Battery Electrical Vehicle (BEV). Die Remote-Diagnose ist streng genommen nicht durch „Over the Air" zu charakterisieren sondern durch die örtlich entfernte Verbindung über das Internet. Gegebenheiten bezüglich Performanz und Robustheit im Kommunikationskanal wirken sich insbesondere im synchronen Fall auf Prozesse der Diagnose- und Update-Module im Fahrzeug aus.

- *Vertikale Systempartitionierung und -verteilung*: Standardisierte und herstellerübergreifend etablierte Diagnoseprotokollstapel und -applikationen inklusive deren Schnittstellendefinitionen bestimmen das komplexe Zusammenwirken der

E/E-Systemdiagnose eines Kraftfahrzeugs. Je nach Remote-Diagnose-Funktion und -Konzept können Module dieser Applikationen aus einer Partitionierung derselben hervorgehen und anschließend clientseitig, backendseitig oder fahrzeugseitig verortet werden.

- *Fahrzeugseitige Architektur- und Funktionsintegration*: Typische E/E-Architekturen von Kraftfahrzeugen sehen ein zentrales Gateway vor, welches zwei Hautaufgaben übernimmt: Routing der Intra-Fahrzeug-Kommunikation zwischen den Subsegmenten und Zugangspunkt für die Kommunikation „nach außen"; beispielsweise zu Diagnosezwecken. Fahrzeugfunktionen sind über die in den Subsegmenten verorteten Steuergeräte verteilt. Ein RDU-Modul könnte in diese Architektur funktional und topologisch auf vielfältige Weise integriert werden.

- *Horizontale, fahrzeugseitige Systemmoduldefiniton und -verteilung*: Abhängig von der vertikalen Systemverteilung und der Fahrzeugarchitekturintegration sind je nach Funktionsumfang Teilsysteme im Fahrzeug zu verorten, zum Beispiel:
  - Kommunikationsschnittstellen
  - Modul zur Sicherstellung der Informationssicherheit
  - Interpreter für Diagnoseaufträge
  - Diagnose- und Flashengine
  - Datenbanken
  - Steuerung diagnoserelevanter Fahrzeugfunktionen
  - Fahrerinteraktionssteuerung

- *Kommunikationsmodi Backend–Fahrzeug*: Ein RDU-System kann voneinander verschiedene Kommunikationsmodi aufweisen und implementieren: Je nachdem, ob das Anfrage/Antwort-Verhalten zwischen Diagnose-Backend und Fahrzeug einer asynchronen oder synchronen Ausprägung unterliegt, sind zum Beispiel fahrzeugautonome Diagnose- und Updatevorgänge ohne Serververbindung möglich (vergleiche Kapitel 3.1). Eine synchrone Verbindung wäre zum Beispiel für ein Live-Monitoring der Busaktivitäten im Fahrzeug geeignet. Damit einher gehend sind 1:1- sowie 1:n-Beziehungen zwischen Diagnose-Backend und Fahrzeug möglich, um einen Broadcast oder einen Unicast durchzuführen.

- *Informationssicherheit und Betriebssicherheit*: Nicht autorisierte Eingriffe in die Fahrzeugelektronik bergen hohes Gefährdungspotential für Leib und Leben. Ein Schutz wie durch die ausschließlich kabelgebundene Zugangsmöglichkeit im Fahrzeuginneren ist durch den zukünftigen Fernzugriff nicht mehr gegeben. Betriebskritische Konfigurations- und Updatevorgänge der Steuergeräte müssen außerdem im Sinne der funktionalen Sicherheit mehr denn je abgesichert sein, da bei Problemen während eines Remote-Diagnose-Vorganges kein Servicetechniker vor Ort am Fahrzeug zur Problemlösung bereit steht. Eine Ende-zu-Ende-Verschlüsselung und -Signierung ist ebenso von zentraler Bedeutung wie der Manipulationsschutz von Hard- und Software. Da die Mechanismen der IT-Security verfahrensbedingt einem zeitlichen Wandel unterliegen, muss eine zentrale RDU-Einheit selbst auch updatefähig sein. Damit können beispielsweise neu entdeckte Sicherheitslücken geschlossen, zur Revokation ausgerufene Zertifikate ausgetauscht oder kryptographische Schlüssel einer PKI (Public-Key-Infrastruktur) aktualisiert werden. Die Übermittlung von Firmware-Updates für

Steuergeräte in Kraftfahrzeugen (Remote Update) stellt unter anderem aufgrund von Anforderungen der Betriebssicherheit eine besondere Herausforderung bezüglich Datenintegrität und -authentizität dar. Zusätzlich ist die Vertraulichkeit fahrzeugherstellerspezifischer und geheimhaltungswürdiger Diagnose- und Fahrzeugdaten wichtig. Aufgrund des Charakters eingebetteter Systeme sind außerdem ressourcenschonende Konzepte nötig. Da des Weiteren Firmware-Updates moderner Kraftfahrzeuge schon bis zu einigen 100 Mbyte groß sein können, stellt Nilsson et al. [13] ein geeignetes Protokoll zur paketierten, sicheren Übermittlung von Firmware-Updates vor. Es wird hier jedoch von konkretem automotive Firmware-Update mittels Flashen von AUTOSAR-Komponenten abstrahiert.

- *Fahrzeugertüchtigung „Remote-Diagnose“*: Heutige Kraftfahrzeuge sind in ihrem Verhalten während Diagnosevorgängen nicht auf Autonomie ausgelegt. So ist stets ein Servicetechniker am Fahrzeug, der zum Beispiel einen Zündungswechsel durchführen kann. Außerdem ist bei aufwendigeren Diagnosevorgängen eine externe Spannungsversorgung vorhanden. Es müssen neuartige Fahrzeugzustände vorgesehen werden, die eine Remote Diagnose zulassen.

Aus den zuvor dargestellten Rahmenbedingungen folgen vielfältige Herausforderungen, welche typischerweise auch Abhängigkeiten untereinander unterliegen. So können beispielsweise je nach Architekturintegrationsstufe und vertikaler Systemmodulverteilung unterschiedliche Funktionsumfänge dargestellt werden. Es bedarf einer ganzheitlichen Betrachtung, um eine möglichst vollumfängliche sowie betriebs- und informationssichere Remote Diagnose-Fähigkeit von Kraftfahrzeugen zu entwickeln. Hierzu sind Konzepte entlang der gesamten Wirkkette vom Fahrzeug über ein Backend bis hin zu einem Client-Rechner erforderlich.

5. Konzeptbetrachtung: Systemmodule und Systemverteilung off-board wie auch on-board

Um dem in diesem Beitrag vorgestellten Funktionsumfang eines zukünftigen RDU-Systems gerecht zu werden, müssen geeignete Konzepte für Softwaremodule on-board sowie off-board entwickelt werden. Im vorherigen Kapitel 4 wurden zudem gegebene Rahmenbedingungen diskutiert und erste, nötige Konzeptbetrachtungen abgeleitet, die in diesem Kapitel auszugsweise tiefer betrachtet werden. Ähnliche, ganzheitliche Ansätze mit modularen Systembestandteilen einer fahrzeugseitig architekturintegrierten Zentraleinheit für die Car-to-X-Kommunikation wurden in jüngster Zeit zum Beispiel in [14] behandelt. Die Autoren verfolgen denselben Anspruch, eine Zentraleinheit für Konnektivität und Car-to-X-Applikation geeignet in die interne Kommunikation von Kraftfahrzeugen zu verankern. So spiegelt sich beispielsweise die in der Informationssicherheit begründete Trennung zwischen Fahrzeug und Umgebung schon in der Hardwarearchitektur wider.

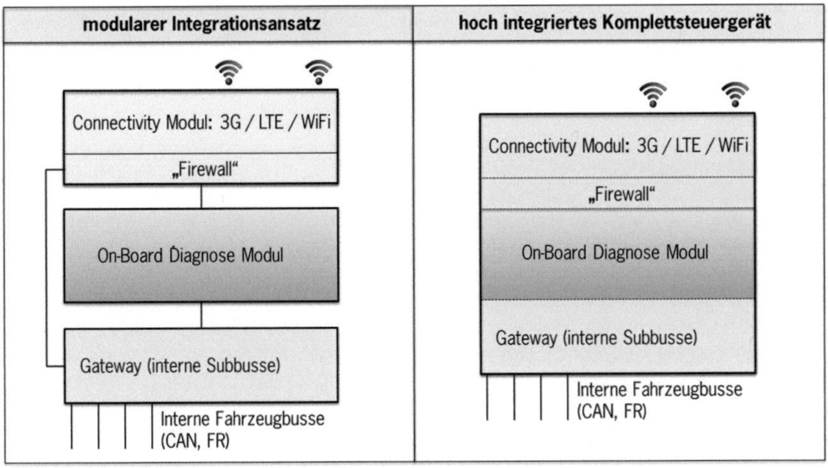

Bild 6: *Möglichkeiten der Integration eines Remote-Diagnose-Moduls mit Konnektivität und Informationssicherheit*

5.1 Softwaremodule einer Diagnose- und Konnektivitätseinheit on-board

Um eine zielgerichtete Entwicklung der Fahrzeugarchitektur und Verortung der Softwaremodule ableiten zu können, müssen zu Beginn die wesentlichen Eckpunkte der zu unterstützenden Diagnoseanwendungsfälle gemäß Kapitel 2 geklärt sein. Sollen nur eine Teilmenge der über OTA denkbaren Diagnose-Anwendungsfälle umgesetzt werden, wie

- Sammeln und zentrales Bereitstellen von Fahrzeugstatusdaten,
- Auslesen von Fehlerspeichern (ohne komplexe Umweltbedingungen),
- Software-Update in einfachen Fällen ohne Auswirkung auf die Diagnosefunktion (Variantenhandling, Konfiguration der Steuergeräte),
- Keine Unterstützung von Inbetriebnahmeroutinen, eventuell auch verteilt über mehrere Steuergeräte,

dann kann ein reduzierter Umfang von Diagnosefunktionen vom Tester in eine On-Board-Diagnose-Einheit übertragen werden (vergleiche Kapitel 5.2). Als Vorteil erweist sich die Reduktion von Komplexität bei der Auslegung von Ressourcen wie CPU-Last und Speicherbedarf und erleichtert die Zuordnung eines derartigen Diagnose- und Flashmanagers zu einer konkreten Elektronikkomponente im Fahrzeug.

Ist die Zielsetzung jedoch die Umsetzung einer flexiblen und auch zukünftig erweiterbaren OTA-Diagnosefunktion im Fahrzeug, so wird man schnell feststellen, dass Eigenschaften wie

- Erreichbarkeit aller Steuergeräte im Fahrzeug,
- Konfigurierbarkeit der zu übertragenden Fahrzeuganalysedaten je nach Anwendungsfall oder Aufgabenstellung,

- stufenweise Ausweitung von Remote Update zu Remote Konfiguration bis hin zur Durchführung einfach beherrschbarer Inbetriebnahmeroutinen vor Kunde,
- strikte Trennung der Security-Mechanismen innerhalb des Fahrzeugs und des OTA-Zugangspunktes als auch dessen Updatefähigkeit

deutliche Einflüsse auf die Festlegung der Zielarchitektur als auch der Zuordnung der Softwaremodule haben. Im Folgenden seien hierzu nur einige Beispiele genannt. Diese sind zusätzlich in Abbildung 6 illustriert. Das Softwaremodul der Fahrzeuganalyse sowie dasjenige der Fahrzeugupdates ist in dieser Abbildung im On-Board-Diagnosemodul verortet.

a. Softwaremodul für die Fahrzeuganalyse:

Die als nativer Code einer eingebetteten Plattform umgesetzten Mechanismen zur Sammlung von Fahrzeuganalysedaten inklusive der dazu dediziert vorgesehenen Kommunikation innerhalb des Fahrzeugbusses garantieren zwar eine schlanke und unter Sicherheitsaspekten schwerer angreifbare Softwarekomponente im Fahrzeug. Sie besitzt jedoch nicht die Flexibilität, um neue Aufgabenstellungen flexibel zu unterstützen. Eine Erweiterung nach SOP (Start of Production) ist praktisch unmöglich, insbesondere wenn eine Änderung in der Kommunikationsmatrix im Fahrzeug hierzu notwendig wäre. Die Darstellung neuer Produktsubstanz vor Kunde stößt bei dieser einfachen Umsetzung der Sammlung von Fahrzeuganalysedaten schnell an die Grenzen des einmalig in der Entwicklung festgelegten Remote-Diagnose-Funktionsumfangs.

b. Softwaremodul für Fahrzeugupdates:

Ähnliche Zusammenhänge ergeben sich bei der Umsetzung eines On-Board-Flashmanagers bzw. einer Konfigurationseinheit für die Steuergeräte-Software. Die Beschränkung auf Software-Download bzw. Datensatzdownload reduziert zwar die Komplexität und den Umfang der autonomen Diagnose im Fahrzeug, schränkt jedoch auf der anderen Seite die Zahl der Steuergeräte ein, die OTA im Feld mit neuer Software aktualisiert werden können. Denn die Beherrschbarkeit inklusive der Robustheitsmaßnahmen eines Fahrzeugupdates vor Kunde muss nicht unbedingt an dem technischen Umstand gekoppelt sein, zum Beispiel wann und ob Konfigurationsdaten mit Hilfe eines Datensatzes über den Bootloader oder über ein oder mehrere schreibende Zugriffe der Applikation (UDS 2E Service) in den Steuergerätespeicher geschrieben werden. Selbst ein Kalibrierlauf von Aktoren ohne direkten Einfluss bzw. die Notwendigkeit der Interaktion des Fahrers wären denkbar. Das betrifft zum Beispiel das Anlernen von Klappen einer Klimaanlage oder den Referenzlauf zur Kalibrierung adaptiver Scheinwerfer.

c. Softwaremodul für Konnektivität und Security:

Grundsätzlich muss eine On-Board-Diagnoseeinheit zentral in der Fahrzeugarchitektur platziert bzw. in eine zentrale Komponente integriert werden. Diese Position hat bisher das klassische Fahrzeuggateway eingenommen. Die Integration einer leistungsfähigen OTA-Diagnoseeinheit stellt jedoch Anforderungen in einer neuen Dimension. Sicherheitszertifikate müssen austauschbar sein, genauso wie Algorithmen für die Verschlüsselung, um den Schutz vor Angriffen als auch die Integri-

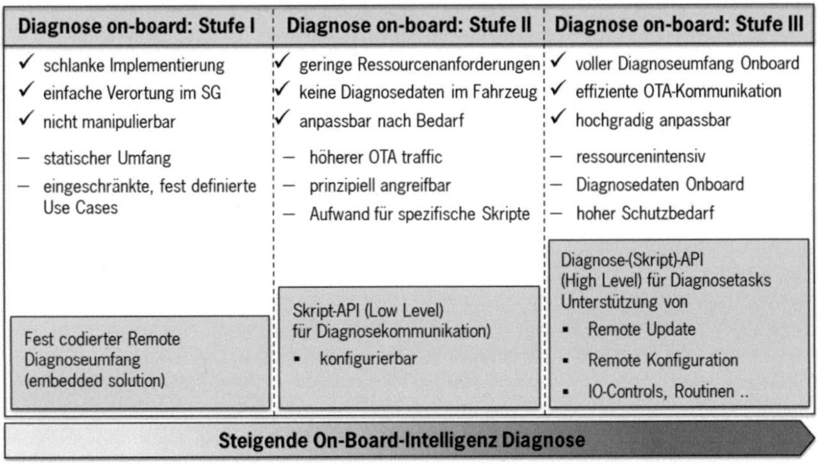

Bild 7: *Mit fortschreitender Ausbaustufe einer Remote-Diagnose-Lösung steigt die Intelligenz aber auch der Ressourcenbedarf im Fahrzeug*

tät des Datenaustauschs sicherzustellen. Gleichzeitig ändern sich drahtlose Kommunikationsstandards schneller als die typischen Nutzungszyklen von Automobilen. Will man also dem Kunden eine längerfristige, werterhaltende Remote-Diagnose-Lösung anbieten, kommt man nicht um die Frage der Separierung der klassischen Gatewayfunktionen und der drahtlosen Zugangskomponente mit Security-Mechanismen inklusive einer Firewall (wie in Abbildung 6 dargestellt) herum.

5.2 Diagnosemodulverteilung zwischen Fahrzeug und Backend

Bestandteile eines Diagnosesystems können zwischen Backend bzw. Client und Fahrzeug verteilt werden, um die Durchführung sowohl synchroner als auch asynchroner Diagnose in ihren verschiedenen Ausprägungen gemäß den Begriffen aus Kapitel 2 und der „Vertikale Systempartitionierung und Verteilung“ aus Kapitel 4 zu ermöglichen. Daraus folgen die Konzeptvarianten unterschiedlicher Ausbaustufen, Skriptsprachen und Intelligenzumfänge im Fahrzeug.

Abbildung 7 gibt einen Überblick über die wichtigsten Eigenschaften dieser Ausbaustufen zwischen schlanker OTA-Kommunikation und hoher „On-Board-Diagnose-Intelligenz“. Ein örtlich entfernt durchgeführter Diagnoseumfang teilt sich demnach grob in drei Abstraktionsebenen ein. Auf oberster Ebene muss der eigentliche Diagnosetask unter dem Einfluss seiner Randbedingungen wie Fahrzeugzustand und Kundenwunsch verwaltet werden. Der Diagnosetask selbst kann aus wenigen Messwertabfragen bis hin zu einer komplexen Flashsequenz mehrerer Steuergeräte bestehen. Jeder einzelne Diagnoseschritt benötigt dann eine Umsetzung auf die Buskommunikation inklusive Timing für das Zielsteuergerät im Fahrzeug. Je nach Intelligenz im Fahrzeug und damit Umsetzung der entsprechenden Abstraktionslevels als Software-Schnittstelle in der On-Board-Diagnoseeinheit fällt die notwendige

Bandbreite des OTA-Diagnosedatenflusses stark unterschiedlich aus. Dies hat deutliche Auswirkungen auf das notwendige Datenvolumen, die Kosten und die Wahrnehmung der Latenzen vor Kunde. Weiterhin sind die Prozesse der Distribution von aktuellen Diagnosedaten im Feld abhängig von der verwendeten Abstraktionsebene für die Beschreibung des Diagnose- und Updateauftrags.

6. Diskussion und Ausblick

Im Zuge der Vernetzung von Autos mit dem Internet über unterschiedliche Kommunikationsstandards und -pfade liegt auch eine Betrachtung der Diagnostizierbarkeit und Updatefähigkeit der Softwaresysteme von Kraftfahrzeugen über deren Internetverbindung „Car-to-Enterprise“ nahe. Dieser Artikel nahm auf Basis von Anwendungsfällen und konkreten Systemfunktionen gegenüber von Herausforderungen und Umsetzungskonzepten eine ganzheitliche Perspektive im Sinne der vollumfänglichen Diagnostizierbarkeit ein. Auf diese haben die Rahmenbedingungen E/E-Architektur, Diagnose-Standardisierung sowie Internetkommunikation entscheidenden Einfluss. Die facettenreiche und interdisziplinäre Problemstellung, die OTA-fähige Standarddiagnose intelligent, performant und sicher in die Serienreife zu bringen, wurde benannt und erste Lösungsansätze vorgestellt. Dabei hat sich herausgestellt, dass voneinander verschiedene Abstraktionsebenen für die Beschreibung des Diagnoseauftrags und damit einher gehend die Verteilung der Diagnosesoftwaremodule on- und off-board einen Einfluss auf die Umsetzbarkeit der vom Gesamtsystem angebotenen Diagnosefunktionen und damit die Darstellung von Anwendungsfällen hat. So können Big Automotive Data und Remote Update ohne die remote Diagnostizierbarkeit der betrachteten Fahrzeuge nur eingeschränkt einer Umsetzung zugeführt werden. Der E/E-Diagnose – bisher kabelgebunden in der Werkstatt und kabellos bestenfalls innerhalb lokaler Netze – steht eine Revolution bevor.

Zukünftige Arbeiten können sich zum Beispiel der Schnittstelle zu weiteren, für die Remote Diagnose unterstützenden Technologien widmen. Wenn in der Garage des Kunden kein Home-WLAN verfügbar ist, jedoch die Ladesäule für Plug-in-Hybride oder Batteriefahrzeuge mit dem Internet verbunden ist, kann auch über Power Line Connection zu Diagnose-Zwecken kommuniziert werden. Wie wird ein PLC-Controller on-board an eine Zentraleinheit angebunden und wie findet eine Steuerung desselben statt? Ist der Fahrzeugzustand „Laden“ besonders geeignet für bestimmte Flashvorgänge? Neben diesen Fragestellungen könnte es nach der Diagnose-Revolution zu einer weiteren, *Remote*-Diagnose-Revolution kommen. Nämlich dann, wenn in fernerer Zukunft jedes Steuergerät – getrieben durch das „Internet of Everything“ und ermöglicht durch IPv6-Technologien – in einer Client-Server- oder Peer-to-Peer-Beziehung mit der Außenwelt und anderen Fahrzeugen steht.

Bis dahin müssen zunächst die in diesem Artikel vorgestellten Ansätze und Konzepte einer prototypischen Umsetzung zugeführt werden, um auch empirische Konzeptbewertungen im Feld zu ermöglichen. Geeignete Evaluationen simulativ wie auch auf der Straße können neue Erkenntnisse generieren und eine der Bewertung folgende Auswahl von Konzeptalternativen erleichtern.

Danksagung

Dieser Artikel ist in enger Kooperation mit dem Forschungsinstitut für Kraftfahrwesen und Fahrzeugmotoren Stuttgart sowie dem Lehrstuhl für Dezentrale Systeme und Netzdienste am Institut für Telematik des Karlsruher Institut für Technologie (KIT) entstanden.

Literatur

[1] M. Broy; I. H. Kruger, A. Pretschner, C. Salzmann (2007): *Engineering Automotive Software*. In: Proceedings of the IEEE 95 (2), S. 356–373. DOI: 10.1109/JPROC.2006.888386.

[2] A. Jameel, A. Fuchs, M. Stuempfle (1997): *Internet multimedia on wheels: connecting cars to cyberspace*. In: Intelligent Transportation System, 1997. ITSC'97., IEEE Conference on. IEEE, S. 637–642.

[3] A. Jameel, M. Stuempfle, D. Jiang, A. Fuchs. (1998): *Web on wheels: toward Internet-enabled cars*. In: Computer 31 (1), S. 69–76. DOI: 10.1109/2.641979.

[4] S. You, M. Krage, L. Jalicsci (2005): *Overview of remote diagnosis and maintenance for automotive systems*. In: SAE World Congress.

[5] B. J. Carr (2005): *Practical application of remote diagnostics*. In: SAE Technical Paper. Online verfügbar unter doi:10.4271/2005-01-1439.

[6] M. Johanson, P. Dahle, A. Söderberg (2011): *Remote Vehicle Diagnostics over the Internet using the DoIP Protocol*. In: ICSNC 2011, The Sixth International Conference on Systems and Networks Communications. ICSNC, S. 226–231.

[7] M. Johanson, L. Karlsson, T. Risch (2009): *Relaying controller area network frames over wireless internetworks for automotive testing applications*. In: Systems and Networks Communications, 2009. ICSNC'09. Fourth International Conference on. IEEE, S. 1–5.

[8] A. Trohák, B. Illés, Z. Biró (2013): *CAN Message Filter Algorithms for Remote Diagnostics of Vehicles*. In: Applied Mechanics and Materials, Bd. 309. Trans Tech Publ, S. 213–220.

[9] M. Johanson, S. Belenki, J. Jalminger, M. Fant, M. Gjertz (2014): *Big Automotive Data: Leveraging large volumes of data for knowledge-driven product development*. In: Big Data (Big Data), 2014 IEEE International Conference on, S. 736–741.

[10] D. G. Rajpathak (2013): *An ontology based text mining system for knowledge discovery from the diagnosis data in the automotive domain*. In: Computers in Industry 64 (5), S. 565–580.

[11] M. Feld, C. Müller (2011): *The automotive ontology: managing knowledge inside the vehicle and sharing it between cars*. In: Proceedings of the 3rd International Conference on Automotive User Interfaces and Interactive Vehicular Applications. ACM, S. 79–86.

[12] S. Al-Sultan, M.M. Al-Doori, A. H. Al-Bayatti, H. Zedan (2014): *A comprehensive survey on vehicular Ad Hoc network*. In: Journal of network and computer applications 37, S. 380–392.

[13] D. K. Nilsson, U. E. Larson (2008): *Secure Firmware Updates over the Air in Intelligent Vehicles*. In: Communications Workshops, 2008. ICC Workshops '08. IEEE International Conference on, S. 380–384.

[14] B. Glas, O. Sander, K. D. Müller-Glaser, J. Becker (2014): *Echtzeitfähige Car-to-X-Kommunikationsabsicherung und E/E-Architekturintegration.* In: Wolfgang Siebenpfeiffer (Hg.): Vernetztes Automobil: Springer Fachmedien Wiesbaden (ATZ/MTZ-Fachbuch), S. 70–81.

4 Smart Data - Design datenbasierter Mehrwertdienste mit Diagnose-Standards

Dr. **Jürgen Schwarz**, **Jan Bartel**, GIGATRONIK Stuttgart GmbH, Stuttgart

Abstract

Vehicle data become precious knowledge, if combined with trade data, customer feedback to the vehicle and its equipment, as well as with social media analytics. Current trends such as the Internet of Things and Big Data promise new opportunities for automobile manufacturers to gain extensive customer and vehicle data and to integrate and analyze this data. This information promises a better understanding of their customers motivations and decisions.
In this article, architectures of cloud-based diagnostic services are discussed, linking vehicle data with workshop data on the basis of various diagnostics standards (such as UDS and ODX) and analytical applications. The use of proven automotive diagnostic standards also allows the implementation of cost-effective, high valued diagnostic systems in industries such as agricultural and construction machinery or the rapidly growing e-bike market on top of data-based online services.

Kurzfassung

Fahrzeugdaten werden zu kostbarem Wissen, wenn diese mit Händlerdaten, Kundenfeedback zum Fahrzeug und dessen Ausstattung, sowie Analysen aus Social Media kombiniert werden. Aktuelle Trendthemen wie das Internet der Dinge und Big Data versprechen den Automobilherstellern neue Möglichkeiten umfassende Kunden- und Fahrzeugdaten zu sammeln, zu integrieren und so auszuwerten, dass diese Informationen einfach genutzt werden können um ihre Kunden sowie deren Motivation für bestimmte Entscheidungen besser zu verstehen.
Im Beitrag werden Systemarchitekturen von cloud-basierten Diagnosediensten vorgestellt, die Fahrzeugdaten mit Werkstattdaten auf Grundlage verschiedenster Diagnosestandards (wie UDS und ODX) und analytischen Anwendungen verknüpfen. Die Verwendung von bewährten Automotive-Diagnose-Standards ermöglicht auch in Branchen wie der Land- und Baumaschinentechnik oder dem rasant wachsenden eBike-Markt die Umsetzung preisgünstiger Diagnosesysteme mit qualitativ hochwertigen, datenbasierten Online-Diensten.

1. Einführung

Trendscouts und Analysten wie Gardner [1] schätzen, dass bis 2020 rund 250 Millionen Fahrzeuge auf den Straßen vernetzt sein werden und zukünftig einen wesentlichen Anteil am Internet der Dinge ausmachen. Das Internet der Dinge erzeugt dann gigantische Mengen von Nutzungs- und Sensordaten. Diese Daten liegen sowohl in strukturierter wie auch in unstrukturierter Form vor, also etwa als Datenbanktabellen ebenso wie als Blogs, Logfiles oder Emails. Führt man all diese unterschiedlichen Datentypen effizient zusammen und wendet entsprechende Algorithmen aus der Mathematik und Statistik auf sie an, können diese Daten wertvolle Informationen liefern. In der Automobilbranche fasst man unter dem Begriff Diagnosedaten eine ganze Reihe unterschiedlicher Datentypen zusammen, die bislang noch weitgehend unabhängig voneinander ausgewertet werden:

- die Botschaften der Bus-Kommunikation (UDS) definiert in den Diagnosediensten (ODX-Daten) der Steuergeräte,
- Fahrzeugdaten (und -kontext) bezogen auf den aktuellen Fahrzeugzustand, z.B. Fehlercodes und Inhalte der Diagnosedienste (ODX), sowie des diagnostizierenden Diagnosesystems,
- Inbetriebnahme- oder Prüfabläufe zur geführten Fehlersuche, sowie alle in den Werkstattprozessen Wartung, Inspektion und Reparatur anfallenden Daten (Steuergeräte-Protokolle),
- sofern erhoben die Kundenbeanstandung (Symptome, Kunden-O-Ton), bzw. Befunde des Mechanikers, sowie sonstiges direktes Feedback das über das Diagnosesystem zum OEM geleitet wird, bzw. auch Fälle der Hotline.

Die kombinierte Auswertung von Werkstatt- und Fahrzeugdaten mit Hilfe von Big Data Methoden verspricht daher für die Fahrzeugentwicklung bedarfsgerechtere Fahrzeugauslegungen oder eine optimierte technische Produktgestaltung, für die Händler-Organisationen eine gezieltere Kundenbetreuung und bessere Werkstattauslastung. Neben optimierten After-Sales-Angeboten und personalisierten Onlineservices ist die Vision ein Fahrzeug, das sich selbst diagnostiziert und bedarfsorientiert Werkstatttermine vereinbart. Aber erst ein fundiertes Verständnis der Fehlerhäufigkeiten und -quellen ermöglicht Alarmsysteme mit denen sich Problemfahrzeuge gezielt identifizieren und individuell betreuen lassen. Rückrufe können so beispielsweise nach ihrer Dringlichkeit gestaffelt werden, die sich aus dem Fahrprofil ableiten lässt. Nur wenn die Daten auch möglichst schnell ausgewertet werden können, können sie gewinnbringend eingesetzt werden. Die hierfür notwendigen Technologien sind inzwischen verfügbar und werden in den nächsten Abschnitten vorgestellt.

1.1 Telematik-basierte Mehrwertdienste

Der Branchenverband der Informations- und Telekommunikationsunternehmen Bitkom e.V. definiert Mehrwertdienste in der Verkehrstelematik als *Dienste, die unter Nutzung der Telekommunikation auf einem Basisdienst beruhen und einen zusätzlichen Nutzen bieten, für den eine Zahlungsbereitschaft besteht, und die damit einhergehend eine zusätzliche Einnahmequelle darstellen [2].*
Im Mobilfunkbereich sind beispielsweise Messaging-Dienste wie SMS/MMS oder Entertainment-Dienste für Klingeltöne oder Logos prominente Beispiele. Cloud-basierte Dienste sind inzwischen zum Beispiel aus dem Smart Home Bereich bekannt: so etwa die intelligenten NEST-Thermostate von Google. Diese werden an die heimische Heizungsanlage angeschlossen und mit dem Smartphone bedient. Der Thermostat richtet sich dabei nach der Raumtemperatur, bezieht Wetterdaten aus dem Internet über das Smartphone ein und lernt mit der Zeit, wie schnell sich eine Wohnung aufheizt oder abkühlt. Durch das Smartphone erfolgt zusätzliche eine automatische An- und Abwesenheitserkennung, sowie ein umfangreiches Reporting.

Ein bekannter Dienst aus dem Automobilbereich ist die Reichweitenschätzung bei Elektrofahrzeugen. Die spezifischen Randbedingungen von Fahrzeugen mit elektrifizierten Antrieben, wie die kurze Reichweite und häufiges Laden, machen cloudbasierte Anwendungen von Diagnosedaten interessant für Autofahrer und Flottenbetreiber. Für den Fahrer können so neben Fahrzeugdaten auch Nutzungsstatistiken zur Verfügung gestellt werden. Zusätzlich zu Echtzeitdaten wie Batteriestatus und dem Energieverbrauch verschiedener Systeme kann über einen Abgleich mit den Cloud-Daten das eigene Fahrverhalten optimiert werden und Fahrweise und Verbrauch unterschiedlicher Fahrer miteinander verglichen und Optimierungspotentiale aufgezeigt werden. Flottenbetreiber profitieren ebenfalls von den Diagnosemöglichkeiten. So können die Betreiber nicht nur Einblick in Fahrzeugparameter wie Position, Betriebszustand und Batteriestatus erhalten, auch Fehlercodes können über die Cloud ausgelesen werden. Dies verbessert die Koordinierungsmöglichkeiten für Wartungstermine und Vorabdiagnosen.
Mehrwertdienste bieten aufgrund der Markendarstellung und Kundenbindung ein wichtiges Differenzierungsmerkmal in der Automobilindustrie. Softwarebasierte Mehrwertdienste lassen sich hier wie folgt in verschiedene Typen einteilen:

- sicherheits- und fahrzeugbezogene Dienste (z.B. eCall, Ferndiagnose)
- Navigationsdienste
- Nachrichten- und Informationsdienste (z.B. Verkehrsinformationen, Reiseführer)
- Multimediadienste (z.B. Video- und Musikstreaming)
- Kommunikations- und Organisationsdienste (z.B. E-Mail, Terminplanung)
- E-Commerce Dienste (z.B. Hotelbuchung, Veranstaltungstickets)

Neben Diensten, die direkt in das Fahrzeug integriert sind, werden heute zusätzlich eine ganze Reihe von Smartphone Anwendungen (Apps) angeboten, die sich mehr oder weniger tief mit dem Fahrzeug vernetzen lassen. Den technischen Möglichkeiten stehen allerdings oft noch große Unsicherheiten über die Nutzenmerkmale digitaler Dienste im Automobil aus Konsumentensicht gegenüber. Denn trotz rasanter Fortschritte in der Angebotsentwicklung, werden die Erwartungen der Konsumenten oft nur ungenügend erfüllt.

2. Smart Data

2.1 Cloud-Systemarchitekturen

Heute dient die Cloud als zentrale Plattform für Dienstleistungen aller Art. *Cloud Computing* abstrahiert und zentralisiert dabei die IT-Infrastruktur um die verschiedensten Dienste bereitzustellen, wie z.B. komplette, virtuelle Rechner, reine Rechenleistung, Streamingdienste oder Speicherplatz zur Datensicherung. Der technische Cloud-Stack besteht aus den drei Schichten Infrastruktur, Plattform und Anwendung mit deren Hilfe sich verschiedene Typen von „Clouds“ realisieren lassen:

- Infrastructure-as-a-Sevice (IaaS)
- Plattform-as-a-Sevice (PaaS)
- Anwendung-as-a-Sevice (AaaS)

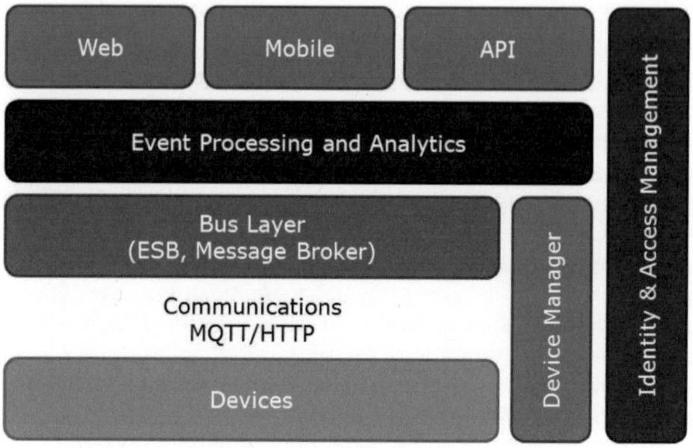

Bild 1: *Referenz-Architektur Internet-der-Dinge*

Von der reinen Hardware über Entwicklerframeworks bis hin zu ganzen Softwarepaketen lassen sich so Ressourcen aus dem Internet beziehen. Ein aktuelles Beispiel eines Analysedienstes liefert diese Tage der Computerkonzern IBM, der auf der diesjährigen Cebit ein neuartiges E-Mail-Programm vorstellt, das die Nachrichtenflut mithilfe der künstlichen Intelligenz *Watson* kanalisieren soll.
Mit dem verstärkten Einzug des Internets der Dinge wird sich auch die Cloud weiterentwickeln. Die Referenzarchitektur des Internets der Dinge in Abbildung 1 ist darauf ausgelegt, dass in einer solchen Welt Maschinen, Geräte und Objekte untereinander Informationen austauschen, analysieren und selbsttätig auf Veränderungen reagieren. Eine einheitliche Bezeichnung hat sich hier noch nicht durchgesetzt, aber Begriffe wie *Grid, Edge* oder *Fog Computing* sollen die Stellen kennzeichnen, an der das Internet mit der realen Welt verbunden wird. Im Fokus steht dann die gemeinschaftliche Nutzung gemeinsamer Ressourcen ohne zentrale Steuerung. Die Datenverarbeitung erfolgt lokal und Kommunikation findet nicht nur von und zu einem Rechenzentrum in der Cloud statt, sondern unter den Endgeräten selbst. Da lediglich ein Bruchteil der Daten tatsächlich in der Cloud benötigt wird, beispielsweise um mittels maschinellem Lernen Entscheidungsmodelle zu trainieren, die dann auf die Geräte für die Betriebsaufgaben übertragen werden, sind diese Systeme prädestiniert für zukünftige analytische Anwendungen. Eingesetzt werden die Endgeräte nicht nur als Datenkollektor oder Filter, sondern agieren dabei weitgehend autonom. Entscheidungen lokal zu treffen ist viel kosteneffizienter als die Einrichtung einer Infrastruktur in der Cloud, die mit den Rohdaten von Millionen von Geräten skalieren muss.
Basistechnologien für zukünftige Smart Data Anwendungen sind Big Data Anwendungen wie das *zentrale Logmanagement* oder *Complex Event Processing* (CEP), die im Folgenden kurz vorgestellt werden sollen.

2.2 Daten-Management für Smart Data

Die Felddatenanalyse erfasst heute strukturiert Fahrzeugdaten und Werkstattinformationen entlang der Kundendiensttermine. Neben diesen reinen Diagnosedaten können zusätzlich unstrukturierte Daten wie Aussagen in Werkstatt-Foren und Com-

munities, Blogs oder Logdaten der Werkstatt- und Backendsysteme ausgewertet werden.
Die Grundidee ist einfach: Alle Diagnosedaten und Daten weiterer Quellen fließen an einer Stelle zusammen und lassen sich so gleichzeitig strukturiert analysieren. Hierfür kann der sogenannte ELK-Stack (aus den Softwaretools *elasticsearch*, *logstash* und *kibana*) aus dem Log Management eingesetzt werden. Log Management beschreibt den Umgang mit großen Volumina an computergenerierten Logausgaben. Es umfasst das Sammeln, die zentrale Aggregation, die Langzeitspeicherung, die Analyse der Logdaten (in Echtzeit und im Batchbetrieb) sowie die Suche in den Logdaten und daraus generierte Berichte. Die Quellen für Logdaten sind vielfältig und reichen von Betriebssystemen und Applikationen über Sicherheits- und Überwachungseinrichtungen bis zu Sensordaten aus Produktion und Logistik. Die Herausforderungen eines effizienten Log Managements ergeben sich zum einen aus den großen Logvolumina, die mehrere 100 GB pro Tag betragen können und zum anderen in der Vielfalt der zu bearbeitenden Logformate, die nicht selten proprietär oder undokumentiert sind.

2.3 Analyse von Datenströmen

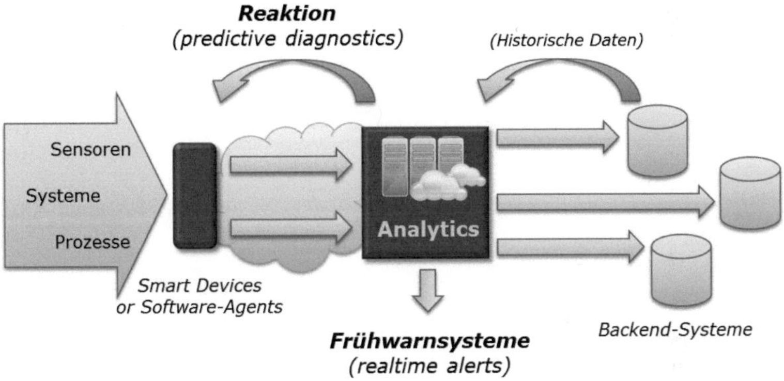

Bild 2: *Architektur eines Smart-Analytics-Systems*

Zur Analyse von Datenströmen (z.B. mittels Data Stream Mining) wird eine Softwareinfrastruktur zum kontinuierlichen Kontrollieren und Steuern zeitkritischer Prozesse in Echtzeit erforderlich. Für die effektive Prozesskontrolle müssen entsprechende Anwendungen in der Lage sein, eine große Menge einströmender Daten bezüglich fachlicher und zeitlicher Kriterien fortwährend zu analysieren. Datenbankgestützte Applikationen können das nicht. *Complex Event Processing* (CEP) ist ein Sammelbegriff für Methoden, Techniken und Werkzeuge, um Ereignisse zu verarbeiten, während sie passieren. Hauptaufgabe ist die ständige Extraktion von Informationen aus heterogenen Datenströmen. Ein CEP-System filtert Events, aggregiert und korreliert diese mit Ereignissen aus anderen Strömen. Die Ergebnisse bezeichnet man als komplexe Events. CEP setzt dabei nicht auf traditionelle Datenbanktechnik, sondern auf neuartige *In-memory* Algorithmen, die inkrementell die eintreffenden

Elemente verarbeiten. Anwendungsgebiete für CEP sind daher auch das Business Process Monitoring und die Überwachung von Sensornetzwerken.

3. Bestandteile von Daten-basierten Diensten

Die Systemübersicht in Abbildung 3 zeigt die Software-Komponenten mit denen datenbasierte Mehrwertdienste modular zusammengestellt werden können. Für die Anbindung der Hardware werden Software-Agenten (1) eingesetzt, die sowohl für klassische, lokale Werkstattdiagnose wie auch Server-basierte Diagnoseanwendungen einsetzbar sind. Die Middleware (2) enthält die bekannte Schichten-Architektur des ASAM MCD-3D Servers mit den Schnittstellen D-PDU-API, ODX-API und MCD-3D API. Um die Anwendungssysteme cloud-fähig zu gestalten wird zusätzlich ein eingebetteter Webserver (3) integriert, der als zusätzliches API RESTful Webservices für die Diagnosedaten bereitstellen kann. Die Clients funktionieren dann im Prinzip wie ein Router für UDS-Datenpakete zwischen CAN- und Ethernet-Netzwerken.

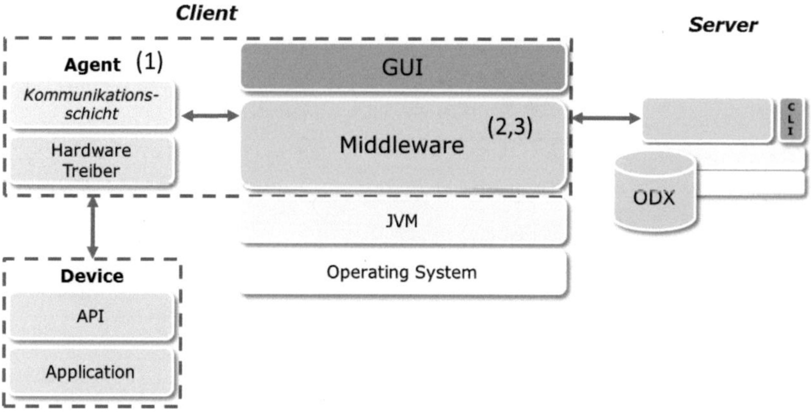

Bild 3: *Systemübersicht*

Die Softwaremodule lassen sich so für verschiedenste Anwendungsszenarien nicht nur als Clients, sondern auch als Serverkomponenten einsetzen und bilden ein hochskalierbares, verteiltes Diagnosesystem. Da lediglich ODX-Daten als Ausgangsbasis für datengetriebene Anwendungen benötigt werden, bietet dieses System vielfältige Einsatzmöglichkeiten in der Automobilbranche ebenso wie in der Land- und Baumaschinenbranche oder der Elektrofahrradbranche.

3.1 Integration und Erfassung von Fahrzeugdaten

Die Werkstattdiagnose nutzt die Fahrzeugschnittstelle nur zu bestimmen Zeiten und ist ereignisbasiert, im Extremfall z.B. werden Fahrzeuge ohne Fehler überhaupt nicht erfasst. Ein kontinuierliches Monitoring der gesamten Fahrzeugflotte ist damit nicht möglich. Wünschenswert ist daher eine Schnittstellenimplementierung, die universell einsetzbar ist, d.h. auch bezüglich der Fahrzeugintegration:

1. Einfache Lösungen sollen sich etwa über einen OBD-Dongle oder ein Nachrüst-Navigationssystem integrieren lassen und bereitgestellte Informationen sollen per Smartphone zugänglich sein.
2. Komplexe Lösungen erfordern dagegen ein Telematik-Steuergerät und die verfügbaren Dienste sind direkt ins Fahrzeug integriert. Die Schnittstelle kann sowohl im Fahrzeug, wie auch über eine rein softwarebasierte Fahrzeug-API in der Cloud angeboten werden.

Hier bietet der agentenbasierte Ansatzes mehrere Vorteile: zum Einen die dezentrale Organisationsstruktur, die lediglich lokale Daten benötigt und damit die heutige Werkstattdiagnose enthält, zum Anderen eine starke Flexibilität und hohe Skalierbarkeit.

3.2 Datenfusion und kontinuierliche Datenübertragung

Ergänzt wird der Diagnose-Agent durch einen Telemetrie-Dienst. Mittels Telemetrie werden Messdaten über größere Entfernungen übertragen. Beispielsweise beim Sammeln von Wetterdaten, technischen Daten aus einem bewegten Fahrzeug (Flugzeug, Raumfahrzeug, Rennwagen), beim Tracking von wandernden Tieren oder auch bei der Übermittlung von zu medizinischen Zwecken eingesetzten Sonden. Die Kommunikation von Sensoren mit der Empfangsstelle erfolgt dabei meist durch ein GSM-Modul. Einfache Systeme übertragen per SMS, intelligentere Prozessoren nutzen das Internet und dessen Transportprotokolle (TCP/UDP, http usw.). Telemetrie bezieht sich aber auch auf Daten, die zur Laufzeit einer Software über diese selbst erfasst werden. Viele Softwareanwendungen senden heute automatisch Daten an die Anbieter zurück. Aus diesen Daten geht beispielsweise hervor, wie oft die Anwendung gestartet wurde, wie lange sie ausgeführt wurde und ob in der Anwendung Fehler aufgetreten sind.

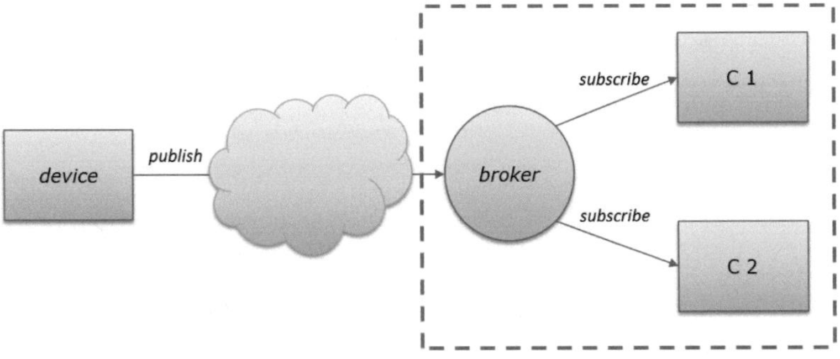

Bild 4: *Publish-subscribe pattern*

Für die hierfür notwendige Kommunikation zwischen verschiedenen Softwareanwendungen oder lose gekoppelten Softwaremodulen in Client-.Server oder verteilten Systemen werden offene, programmiersprachenunabhängige Standards wie AMQP (Advanced Message Queuing Protocol) oder auch aus dem Internet der Dinge bekannte einfache Messaging-Protokolle wie MQTT (Message Queue Telemetry Transport) oder CoAP (Constrained Application Protocol) eingesetzt.
Diese Protokolle implementieren das *Publish-Subscribe-Pattern*. Der Paradigmenwechsel von einer Request-Response- zu einer ereignisgesteuerten Publish-Subscribe-Architektur ist hierbei der zentrale Aspekt zukünftiger intelligenter Diagnosesysteme. Sie ersetzt die Punkt-zu-Punkt-Verbindungen durch einen zentralen Server (Broker), zu dem sich Datenproduzenten und -nutzer gleichermaßen verbinden können. So lassen sich Mehrwertdienste zur Benachrichtigung (Alert-Dienste wie etwa ein monatlicher Service-Report zu Fahrzeugzustand und -nutzung) der Fahrer oder Flottenmanager basierend auf einfachen Datenstrom-Anfragen am Broker realisieren, deren Antworten dann als regelmäßige Meldungen zugeschickt werden.

3.3 Multimodale Datenanalysedienste

Als dritte Komponente wird eine Analyse-Komponente integriert. Hierfür eignen sich insbesondere dokumentenorientierte Datenbanken (NoSQL) wie etwa *CouchDB* [3], die sowohl zur Datenspeicherung wie auch zur Datenanalyse genutzt werden können. Um Daten innerhalb von Dokumenten abzufragen oder zu aggregieren nutzen diesen Datenbanken keine Datenbankabfragen in Form von SQL-Queries, sondern sogenannte MapReduce-Funktionen. Diese werden verwendet um Dokumente zu filtern, Informationen aus Dokumenten zu extrahieren und darzustellen, nach Informationen oder Strukturen zu suchen oder Berechnungen durchzuführen. MapReduce ist entstanden als Programmiermodell für nebenläufige Berechnungen über große Datenmengen auf Computerclustern. Eingesetzt wird es vor allem über Frameworks, die Programmierern die Entwicklung von paralleler Software erleichtern soll, indem Details der Parallelisierung oder Verteilung der Daten im Rechencluster in einer Software-Bibliothek zur Verfügung gestellt werden. Der Entwickler selbst muss sich nur noch um die Spezifikation der Funktionen *Map* und *Reduce* kümmern.

Dienste zur Datenanalyse fasst man auch unter dem Begriff Analytics-as-a-Service (AaaS) zusammen. AaaS stellt ein breites Spektrum datenbasierter Mehrwertdienste bereit. Ein Dienst, der aufgrund der zunehmenden Möglichkeiten der Datenverarbeitung neuen Auftrieb erhält ist die vorausschauende Wartung (*Predictive Maintenance*). Ziel ist es hierbei, Maschinenlaufzeiten länger und effizienter zu gestalten. Dazu müssten Echtzeitendaten der verschiedenen Komponenten einer komplexen Maschine zentral erfasst, korreliert und regelbasierend ausgewertet werden. So etwa darüber, wann ein bestimmtes Bauteil ausgewechselt werden sollte, weil es nach aller Erfahrung und handfesten Daten aus der Vergangenheit wahrscheinlich ist, dass eine Störung auftreten wird.

Kombiniert man nun die Bausteine zur Datenerfassung, Telemetrie und Analyse erhält man ein sehr flexibles Basissystem, mit dessen Hilfe sich einfach und kostengünstig datenbasierte Mehrwertdienste einrichten lassen. Auf der Telemetrie-Komponente lassen sich neben einem Flottenmonitoring weitere Analysefunktionen realisieren. Ein Beispiel stellt das Monitoring der Werkstattdiagnose selbst dar. Hierzu wird die Interaktion des Benutzers mit der Anwendung mit Hilfe des Telemetriemoduls erfasst. Im Internet werden kommerzielle Angebote detaillierten Analysen unterzogen, mit denen sich Erfolge und Optimierungsmöglichkeiten einer Website erkennen lassen oder wichtige Kennzahlen zum Onlinemarketing ermittelt werden können. Diese sogenannte Web-Analyse untersucht typischerweise woher die Besucher kommen, welche Bereiche auf einer Internetseite aufgesucht werden und wie oft und wie lange welche Unterseiten und Kategorien angesehen werden. Der Pfad, den ein Nutzer auf der Seite genommen hat, bis er zu einem bestimmten Inhalt gelangt ist, wird als *Clickstream* bezeichnet. Als Datenquelle werden hierzu die Server-Logdaten herangezogen und ausgewertet. Interessant sind diese Metriken auch für die Untersuchung der Usability von Diagnoseanwendungen:

- Wie lange dauert eine typische Diagnose-Session? Dies liefert Hinweise über das Nutzungsverhalten und zeigt auf, wie viel Zeit die Diagnose tatsächlich benötigt.
- Welche Anwendungsbereiche werden genutzt? Daraus kann z.B. geschlossen werden, ob gewisse Funktionen (z.B. zusätzliche Einstellungsmöglichkeiten) effektiv von Nutzern verwendet werden und ob sich ein Ausbau on Funktionen lohnt.

Durch die Anbindung an die Cloud ist darüber hinaus ein komfortables Reporting nahezu in Echtzeit möglich, mit dem Werkstätten oder Flottenkunden gezielt Berichte und Analysen erhalten können. Die zentrale Datenhaltung ermöglicht den Herstellern weiterhin eine klassische Felddatenanalyse auf den Datenbeständen aufzubauen.

4. Zusammenfassung

Erst durch eine intelligente Verarbeitbarkeit wird Big Data zu Smart Data. Die Verwendung moderner Software-Technologien ist dabei Voraussetzung für die effektive Adressierung von analytischen Mehrwertdiensten. Neben der Analyse von Datenströmen, die aus der Vernetzung von Fahrzeugen (z.B. Car2X) stammen oder von zusätzlichen Sensoren (Smartphone, Blackbox, o.ä.) generiert und integriert werden, stellt die Auswertung von Daten, die in textueller Form vorliegen, ein großes wirtschaftliches Potenzial dar, das aktuell in vielen Projekten bereits angegangen wird. Die Herausforderung der nächsten Zeit ist es, eine intelligente Aufteilung und Verknüpfung zwischen onboard und offboard Anteilen der Datenanalysen und die anwendernahe Umsetzung in Form neuer datenbasierter Mehrwertdienste für die Diagnose zu finden und etablieren. Die neuen Technologien aus dem Big Data Umfeld bieten hier vielversprechende Möglichkeiten.

Literatur

[1] A. Velosa, J. F. Hines, H. LeHong, E. Perkins und Satish R.M, Predicts 2015: The Internet of Things, Gardner, Inc., 2014.

[2] Telematik und Navigation. Anwendungen & Mehrwertnutzen, Bitkom, 2009.

[3] J. C. Anderson, J. Lehnardt und N. Slater, CouchDB: The Definitive Guide, O'Reilly, Sebastopol CA, 2010.

5 Cloud – der nächste Schritt der Diagnose?

M.Sc. **Stefan Zeppetzauer**, B.Sc. **Matthias Steigenberger**, B.Sc. **Philippe Brousse**, KPIT Technologies GmbH, München, Dipl.-Ing. **Lars Hörnchen**, Vaillant Group, Remscheid

Abstract

Rapidly diminishing model cycles with even more complex systems require innovative solutions for creating diagnostic systems both for efficient and targeted diagnostics in workshop and production.
Could the cloud be a solution? Which changes are related to it? The system presented describes a diagnostic framework which connects both worlds and offers offline as well as cloud-based diagnostics.
A customer implementation is introduced which bases on the solution described and is used from development to aftersales to the end user. Specific customer needs can be met with the help of different licenses and the borders between diagnostics and telematics blur. The hardware used automatically communicates faults which can be solved quickly with the help of the guided troubleshooting by a service engineer.

Kurzfassung

Immer kürzere Modellzykluszeiten mit immer komplexeren Systemen erfordern innovative Lösungen sowohl bei der Erstellung der Diagnosesysteme als auch zur effizienten und zielgerichteten Diagnose in Werkstatt und Produktion.
Kann die Cloud eine Lösungsmöglichkeit sein? Wenn ja, welche Änderungen sind damit verbunden? Das hier vorgestellte System beschreibt ein Diagnose Framework, welches beide Welten miteinander verbindet und eine Offline-, sowie eine Cloud basierte Diagnose ermöglicht.
Es wird eine Kundenimplementierung vorgestellt welche auf der beschriebenen Lösung basiert und von der Entwicklung bis zum Aftersales und dem Endkunden eingesetzt wird. Mit Hilfe unterschiedlicher Lizenzen können die spezifischen Kundenanforderungen abgedeckt werden. Zusätzlich verschwimmen die Grenzen zwischen Diagnose und Telematik. Die eingesetzte Hardware kommuniziert automatisch Fehlerzustände, welche mit Hilfe einer geführten Fehlersuchstrategie auf schnellstem Wege vom Service-Techniker behoben werden können.

1. Problemstellung

Um dem Kunden einen verbesserten Support bieten zu können hat die Firma Vaillant entschieden das Service-Angebot um eine Cloud basierte Komponente für den Aftersales Bereich zu erweitern. Diese Lösung greift die Komponenten der bereits existierenden Diagnoselösung aus dem Entwickungsbereich auf und erweitert diese um eine Telematik Platform. Zusätzlich sollte die neue Platform die Anwendungsfälle aus dem Entiwcklungsbereich (erweiterter Support), dem technischen Kundendienst (Remote Wartung) sowie dem Endkunden (Steuerung von Heizungsfunktionen) abdecken und vereinheitlichen.

Die Grundlage bilden Standards aus der Automobilindustire, welche ein Single-Source Konzept der Daten ermöglichen. Mit dem bereichsübergreifenden Einsatz wird die Abdeckung der gesamten Wertschöpfungskette der Firma Vaillant ermöglicht.
Die Daten werden in der Entwicklungsabteilung erstellt und dort im Rahmen eines Entwicklungstesters eingesetzt. Hierbei werden nicht nur die Daten sondern im selben Schritt auch die Steuergerätefunktionen validiert.
Danach werden die Daten auf einem Stage System zur Verfügung gestellt und das Gesamtsystem für den Aftersales-Bereich freigegeben. Der Fokus wurde dabei auf einen möglichst hohen Grad an automatisierten Test-Schritten gelegt.
Nun erfolgt die Publikation der Daten auf dem Live-System für die Service-Techniker und den End-Kunden. Der End-Kunde benutzt die gleiche Platform, allerdings mit eigener Oberfläche und reduziertem Funktionsumfang (Smartphone App). Die Lösung wird von der gesamten Vaillant Gruppe eingesetzt. Die unterschiedlichen Marken der Gruppe besitzen jeweils ein eigenes Look & Feel, welches anhand von Stylesheets realisiert wurde. Mit dieser Lösung haben End-Kunden und Service-Techniker den notwendigen Wiedererkennungswert ihrer Marke.

2. Konzept und Herausforderungen

Auf Basis der zuvor beschriebenen Problemstellungen wurde eine Lösung bestehend aus einer Telematik Platform, einem zentralen Server zur Verwaltung und einer Webbasierten Benutzerschnittstelle gewählt.

Die Herausforderung bestand darin ein existierendes properitäres System durch eine Lösung mit standardisierten Komponenten aus dem Automotive Bereich zu ersetzen. Zusätzlich sollte der Funktionsumfang erweitert werden und die Wart- und Erweiterbarkeit des neuen Systems erhöht werden. Wie im Automobilbereich üblich musste die neue Lösung datengetrieben sein. Neue Heizungsgeräte und Platformen der Firma Vaillant können daher über das Einspielen eines Datenpaketes hinzugefügt werden.

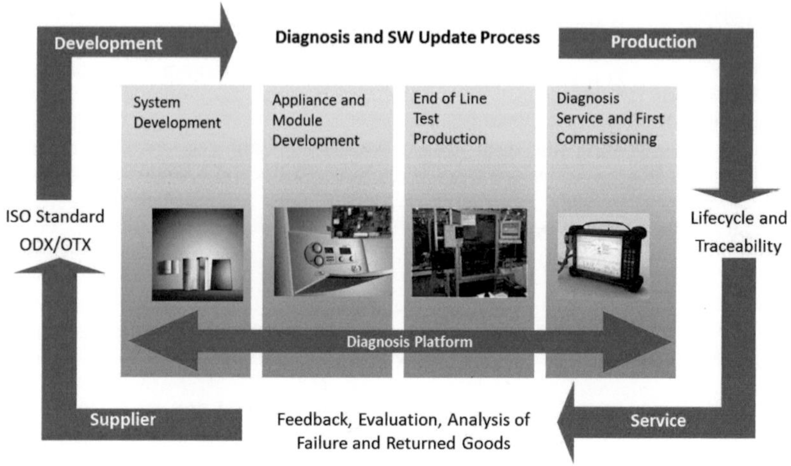

Bild 1: *Vaillant Diagnose Platform*

Die Abbildung veranschaulicht den gesamten Produktlebenszyklus.

2.1. Vorteile des ausgewählten Konzeptes

Der Vorteil des Konzeptes liegt im Einsatz der **standartisierten Komponenten:**

- D-PDU API mit Anbindung der Vaillant spezifischen Protokolle
- MVCI MCD-3D Server
- ODX Daten
- OTX Abläufe

Der hier beschriebenen Komponenten finden sich im Entwicklungstester, der Aftersales Lösung (Offline-Einsatz), der Telematik Platform und dem Business Server wieder. Hiermit konnte der Testaufwand der Teilkomponenten deutlich reduziert werden.

Den größten Vorteil der Lösung bietet aber der Einsatz einer zentralen ODX Datenbank, welche in der Entwicklungsabteilung erstellt und freigegeben wird. Dieses Single Source Konzept ermöglicht eine durchgängige Funktionalität über alle Einsatzgebiete und Anwendungsfälle der Diagnoselösung in der Vaillant Gruppe.

Die Daten enthalten auch die spezifischen Funktionsbeschreibungen für die jeweiligen Marken und ermöglichen somit einen komplett datengetriebenen Ansatz. Ein Teil der Informationen wird dabei automatisiert aus Excel-Sheets bzw. aus einer Datenbank generiert.

Die in OTX verfassten Abläufe greifen zur Laufzeit auf die zusätzlichen Informationen aus den ODX Daten zu und bieten somit einen großen Mehrwert an Funktion bei reduziertem Bedatungsaufwand. Hierbei wurde ebenfalls großer Wert auf das Signle-Source Konzept gelegt.

Im Konzept wurde neben der Autorenrichtlinie für die ODX Bedatung auch sehr große Wert auf die Erstellung der OTX Abläufe gelegt. Der bereichsübergreifende Einsatz erfordert eine entsprechende Architektur und ein gemeinsames Verständnis der Richtlinien bei der Erstellung der Inhalte.
Damit unterschiedliche Abteilungen, bzw. verteilte Entwicklungszentren auf den Daten arbeiten können werden diese in einem Versionsverwaltungssystem abgelegt. Meta-Informationen an den einzelenen OTX Prozeduren dokumentieren den Fortschritt und ermöglichen einen einheitlichen Workflow und Freigabeprozess. Diese Informationen lassen sich auch in PDF Dateien exportieren.

Im Konzept wurde festgelegt, dass jegliche Diagnosefunktion in OTX umgesetzt wird. Damit können Änderungen an den Diagnosefunktionen der unterschiedlichen Anwendungen zu jeder Zeit per datengetriebenem Update durchgeführt werden. Die Schnittstellen zwischen den einzelnen Schichten wurden eindeutig festgelegt um eine einfache Integration der Teilkomponenten zu gewährleisten.

3. Technische Architektur

Das folgende Kapitel beschreibt die für die Erfüllung des zuvor beschriebenen Konzeptes benötigte Architektur und die dabei verwendeten Komponenten.

Diese besteht aus **3 Hauptkomonenten:**

- Telematik Platform
  - Box Client mit Diagnose Use-Cases
  - MQTT und ProtoBuf RPC Schnittstelle

- Business Server
  - Verwaltung der Telematik Platformen
  - Multi-Client Verwaltung

- Client Web-Interfaces
  - Service Techniker Anwendung
  - End-Kunden Oberfläche

Als Kommunikationsmittel zwischen den einzelen Platformen kommt MQTT zum Einsatz. Zusätzlich wurde die Kommunikation mit Hilfe von ProtoBuf optimiert um die Übertragung auch beim Einsatz von GSM als Transportmedium zu gewährleisten.

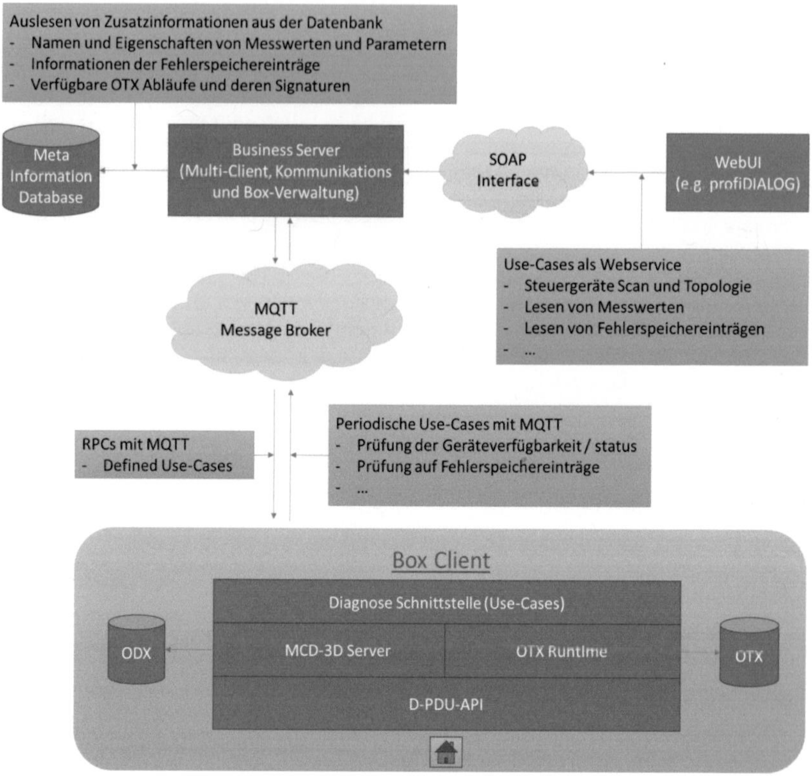

Bild 2: *Kommunikationsarchitektur*

3.1. Telematik Platform

Die Entwicklung der Telematik Platform wurde von der Firma Vaillant in Eigenregie durchgeführt. Als Telematik Platform wurde ein Embedded Linux System gewählt. Diese ist über eine GSM Schnittstelle oder das DSL / LAN des End-Kunden mit den Vaillant Servern verbunden.

Technische Eckpunkte:

- Linux Betriebssystem
- OpenJDK als Java Runtime
- ARM 7 Prozessor mit 480 MHz
- 256 MB RAM
- SD Karte als erweiterter Flash Speicher
- VDE zertifiziert (IT-Security für PKI und IT-Backend)

Die VDE Zertifizierung wurde im Interesse des Kunden durchgeführt um die Smart Home Anwendung vor unberechtigtem Zugriff zu schützen.

Die Telematik Platform bietet auch ein eigenes Update Interface um die einzelnen Komponenten aktualisieren zu können. Dabei ist es möglich neben dem Austausch der Datenpakete auch die gesamte Firmware zu aktualisieren.

3.2. Diagnosekommunikation

Um die Diagnoseanbindung an das Vaillant Bussystem (eBus) zu erwöglichen wurde der benötigte Stack auf die Telematik Platform portiert und in der D-PDU API angebunden. Diese enthält ebenfalls die benötigten ODX Daten zur Kommunikation mit den Steuergeräten der Vaillant-Systeme. Die Diagnose umfasst mehr als 400 unterschiedliche Geräte (Basisvarianten).
Die Diagnose-Abläufe wurde vollumfänglich in OTX bedatet und sind ebenfalls komplett auf der Hardware abgelegt.

Die Telematik Platform bietet ein Use-Case basiertes Interface zum Diagnose-Server.

Einige ausgewählte **Use-Cases**:

- Steuergeräte Scan des Netzwerkes und der Topologie
- Steuergeräte Informationen (Logistik Daten)
- Lesen von Fehlerspeicherinformationen und Umweltdaten
- Lesen von Messwerten und Daten-Logging
- Schreiben von Parametern
- Backup und Restore Funktion für Gerätekonfigurationen
- Updateprogrammierung der Steuergeräte

Zusätzlich zu den oben beschriebenen Use-Cases bietet die definierte Schnittstelle auch ein Interface zur Ausführung von beliebigen OTX Abläufen. Hiermit besteht die Möglichkeit die oben beschriebenen Use-Cases jederzeit zu erweitern. Diese Sequenzen können auf die Telematik Platform heruntergeladen und danach ausgeführt werden. Mit Hilfe dieser Schnittstelle ist vorallem die Entwicklungsabteilung in der Lage erweiterten Support im Feld zu bieten. Somit können auch schwierige Supportfälle behoben und die Kundenzufriedenheit erhöht werden.

3.3. Box Client

Auf der Telematik Platform läuft eine Java Anwendung, der sogenannte Box Client. Dieser stellt ein Interface mit den zuvor beschriebenen Use-Cases zur Vefügung. Aus Diagnosesicht enthält er im wesentlichen ein OTX Runtime, den MCD-3D Server und eine D-PDU-API für die Kommunikation mit den Vaillant Geräten.

Der Box Client besitzt interne und externe Schnittstellen, die in der nächsten Abbildung vorgestellt werden.

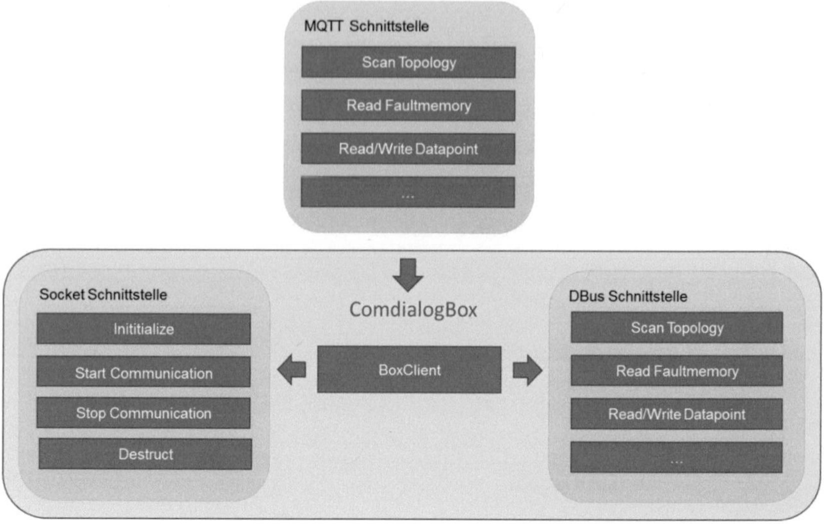

Bild 3: *Box Client Schnittstellen*

Der Box Client hat eine Schnittstelle, um die zuvor beschriebenen Use-Cases auszuführen. Diese Schnittstelle wird über MQTT angesprochen. Der Payload der MQTT Nachrichten sind ProtoBuf Objekte. Durch diese Kombination wird die benötigte Bandbreite auf ein Minimum reduziert.

Über die Socket Schnittstelle lässt sich der Box Client von seiner Umgebung steuern. Diese Steuerung umfasst das Initialisieren, Aufbauen und Stoppen der MQTT Verbindung und das Beenden der Anwendung. Außerdem lässt sich der Zustand abfragen, um beispielsweise feststellen zu können, ob eine Verbindung mit dem MQTT Broker besteht. Dieser Zustand hat unter anderem Einfluss auf die Status LED der Telematik Platform.
Durch die Möglichkeit, die Verbindung zum MQTT Broker zu steuern, kann die verschlüsselte Verbindung immer dann hergestellt werden, wenn Bedarf besteht, also eine Anfrage ausgeführt werden soll. Dies wird über eine zweite, unverschlüsselte Verbindung festgestellt.

Des Weiteren bietet der Box Client eine DBus Schnittstelle. DBus ist eine standardisierte Schnittstelle zur Interprozesskommunikation, die im Linux Umfeld Anwendung findet. Mit dieser Schnittstelle können alle Use-Cases auch intern auf der Box ausgeführt werden. Diese kann somit eigenständige Diagnoseabläufe starten und die Ergebnisse auswerten.

Der Box Client ist außerdem in der Lage Aufgaben zyklisch auszuführen und das Ergebnis an den Business Server zu senden.

Zu diesen Aufgaben gehören:

Fehlerspeicher
Der Fehlerspeicher wird alle 15 Minuten ausgelesen und an das Backend reportet. Mit diesem Benachrichtigungsmechanismus können Service-Techniker automatisch vom Business Server informiert werden um dem jeweiligen Kunden Support zu bieten. Um Bandbreite zu sparen werden aber nur geänderte Einträge zum Server weitergeleitet.

Topology Scan
Dieser Job wird alle 24 Stunden ausgeführt und liefert die aktuelle Gerätetopologie an das Backend. Der Scan ist additiv, dies bedeutet, dass niemals Geräte gelöscht werden.

OTX Jobs
Hiermit kann ein beliebiger OTX Job auf der Telematik Platform zyklisch ausgeführt werden. Die Rückgabeparameter werden dabei an das Backend geliefert.

Die zyklischen Aufgaben der Box können jederzeit von den Anfragen vom Server (Benutzer) unterbrochen werden. Somit ist eine nahezu verzögerungsfreie Interaktion möglich.

3.4. Business Server

Die MQTT Schnittstelle des Box Clients wird vom Business Server bedient. Sowohl der Business Server als auch der jeweilige Box Client registrieren sich am so genannten MQTT Broker. Dieser spielt die Rolle der Schaltzentrale zwischen den Kommunikationsteilnehmern.

Der Business Server verwaltet die gesamte Kommunikation mit den Box Clients für die Abfrage der Informationen und zusätzlich auch die zyklischen Ergebnisse, die von den Boxen geliefert werden. Dies erfolgt in einer zentralen Datenbank.

Zur Abfrage der Ergebnisse wird eine Webservice Schnittstelle mittels SOAP zur Verfügung gestellt. Die jeweiligen Clients pollen die Ergebnisse für die abgesetzten Use-Cases. Hiermit wird auch ein Multi-Client Zugriff auf Funktionen der unterschiedlichen Telematik Platformen ermöglicht.

Die Schnittstelle des Business Servers bietet des Weiteren Funktionen um Metainformationen für ein Steuergerät von der ODX Datenbank oder den Übersetzungs-Texten zu holen. Diese Metadaten könnten z.B. die verfügbaren Messwerte, verfügbare OTX Aufgaben oder auch der Name und die Beschreibung eines Fehlerspeichereintrags sein. Diese statischen Informationen liegen auf dem Server und reduzieren den Datenaustausch mit der Telematik Platform. Dies entspricht ebenfalls dem Single-Source Konzept. Auch serverseitig ist somit eine datengetriebenes Update jederzeit möglich.

3.5. Ferndiagnose mit MQTT, RPC und ProtoBuf

Dieser Abschnitt beschreibt den effizieten Remote-Diagnose Zugriff auf die Telematik Platform. Ziel war es die einzelen Use-Cases aufzurufen, aber auch die Kommunikation auf das Wesentlichste zu reduzieren und Bandbreite bei der Übertragung zu sparen.
Der Zugriff auf die Use-Cases des Box Clients erfolgt mit Hilfe von ProtoBuf Nachrichten welche mittels MQTT ausgetauscht werden. MQTT ermöglicht dabei die Übermittlung von Informationen zwischen Subscriber, Broker und Publisher.

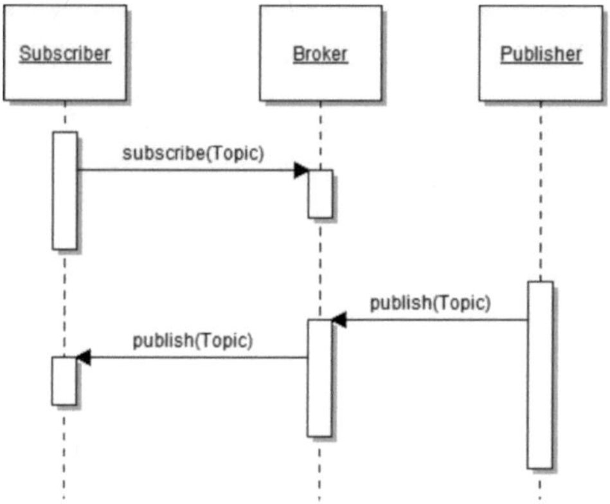

Bild 4: *Nachrichten vom Publisher zum Subscriber. Der Subscriber muss sich auf das Topic registrieren, bevor der Publisher seine Nachricht sendet.*

Publisher / Subscriber Protokollnachrichten werden anhand eines sogennanten Topics vom Sender zum Empfänger weitergeleitet. Die Kommunikationsteilnehmer sind lose gekoppelt, sie müssen sich untereinander nicht direkt ansprechen können. Es handelt sich dabei um den Broker und eine beliebige Anzahl von Clients (sowohl Publisher als auch Subscriber).

Der Aufruf von Funktionen der Use-Case Schnittstelle des Box Clients erfolgt mit Hilfe von RPCs (Remote Procedure Calls).

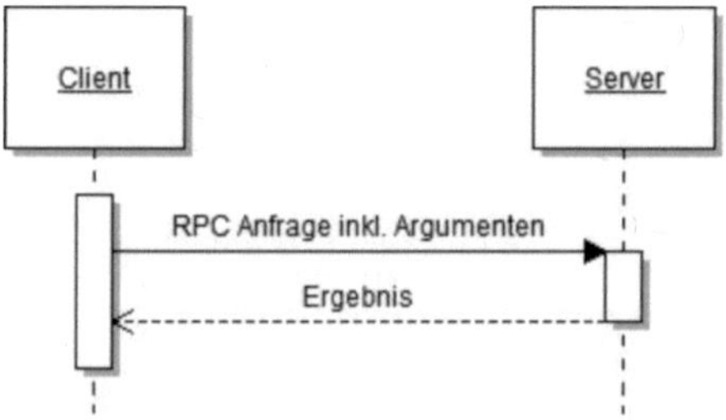

Bild 5: *Schematische Darstellung eines RPC*

Die Abbildung zeigt den Aufruf einer Methode am Server. Dargestellt ist das Warten des Clients auf die Fertigstellung des RPC auf dem Server. Der Aufruf muss genau einem Aufrufziel entsprechen. Der RPC kann dann ein Ergebnis an den Aufrufer zurückliefern.

Für die Erstellung der Kommunikationsstrukturen und deren Methoden (Java Interfaces) wurde ein Generator implementiert, welcher die ProtoBuf Nachrichten generiert. ProtoBuf dient dabei der (De)Serialisierung der Objekte in einen komprimierten Bytestream.

Folgende Objekte werden dabei generiert:

- Definition der Austauschdatentypen
- Definition der RPCs
    - Funktionsname
    - Ein- und Ausgabeargumente
    - Fehler / Ausnahmen
    - Laufzeitverhalten

Die ProtoBuf Objekte werden dann in die jeweiligen Topics für die MQTT Kommunikation verpackt. Somit ist MQTT in der Lage die RPC Anbieter zu identifizieren und die möglichen Anfragen / Antworten (Fehlerzustände) aufzurufen. Das bereitgestellte Framework ermöglicht das Parsen der ProtoBuf Definition zur Laufzeit. Eine Erweiterung des Funktionsumfangs ist jederzeit möglich und neue Server (Anbieter neuer Funktionen) bzw. Clients können einfach in die Kommunikationsinfrastruktur integriert werden.

Aufbau der Kommunikationsnachrichten:

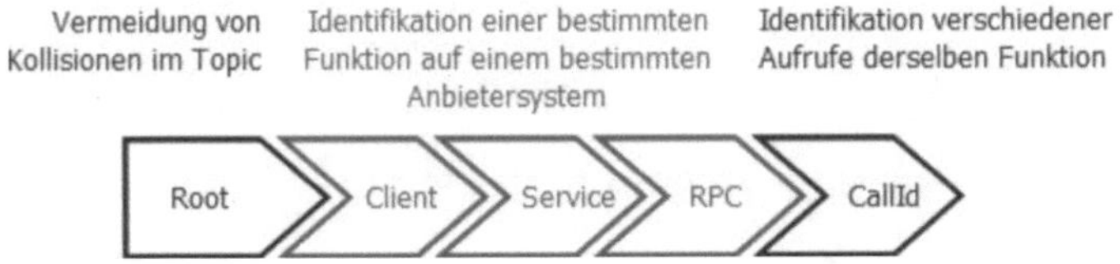

Bild 6: *Aufbau des MQTT-Topics für einen ProtoBuf RPC*

Alle Kommunikationsteilnehmer haben eine eindeutige ID. Bei der Telematik Platform handelt es sich um deren Seriennummer. Des Weiteren müssen die Aufrufe von Funktionen ebenfalls eine eigene eindeutige ID erhalten um 2 aufeinander folgende Aufrufe der RPCs unterscheiden zu können. Wie zuvor bereits beschrieben ermöglicht MQTT eine indirekte Adressierung von Nachrichtenempfängern (unbekannter Absender) anhand des Topics. Dank des Brokers können auch Kommunikationsteilnehmer miteinander kommunizieren, die in unterschiedlichen Netzwerken vertreten sind (z.B.: Trennung mittels NAT).

4. Erfahrungen aus dem Feld und nächste Schritte

Nach Integration der beteiligten Komponenten konnte die Anwendung vor etwa 2 ½ Jahren den produktiven Betrieb aufnehmen. Zuerst wurde das System mit Feldtest Geräten validiert. Nach der Freigabe wurden die Telematik Platformen in mehreren Phasen an die End-Kunden ausgeliefert und von den Service-Technikern in Betrieb genommen.

Das alte System konnte somit erfolgreich abgelöst werden. Beim Betrieb wurde allerdings erkannt dass die Performance der Telematik Platform den gestellten Anforderungen nicht gerecht werden konnte. Mit Hilfe von Performenceanalysen konnte die ausgewählte CPU als limitierender Faktor ausgemacht werden. Vorallem die Ausführung von Java Code erwies sich als Problem. Durch einige Updates konnte dieser Zustand zwar gemildert aber nicht vollständig behoben werden.

Mit Hilfe dieser Erfahrungen wurde die Telematik Platform 2.0 entwickelt. Diese wird gerade freigetestet und wird noch im Laufe diesen Jahres an die Kunden ausgeliefert.

Anbei die wichtigsten Änderungen der Hardware:

- Single Core 1 GHz
- 512 MB RAM
- Verkleinerung der physikalischen Größe der Box (um Faktor 8)
- Mehrere galwanisch getrennte Schnittstellen
- USB für Wifi Schnittstelle (ermöglicht Länderunabhängigkeit)
- Externes Netzteil
- Erhöhter Temperaturbereich (zukünftig direkt im Heizungsboiler enthalten)

Der neue Controller mit verbesserter Fließkommaberechnung und Unterstützung für die ausgewählte Java VM brachte den größten Performance Gewinn. Die Problemstellung war die passende Kombination aus Prozessor, Linux Betriebssystem und passender Java VW zu finden. Weder die CPU Taktung noch die Größe des Arbeitsspeichers waren die limitierenden Faktoren der alten Hardware.

Zusätzlich brachten die Performanceanalysen auch Rückschlüsse auf ein effizientes Erstellen der benötigten ODX Daten. Das initial gewählte Konzept hat sich hierbei bewährt.

Ein weiterer Lerneffekt war, dass es sich bei OTX um eine „richtige" Programmiersprache handelt und man damit auch bei der Erstellung der Abläufe sehr viel Wert auf Authorenrichtlinien, Design-Pattern und die Spezifikation der Funktionalität legen muss.

In einem weiteren Entwicklungsschritt wird der Funktionsumfang der Service-Lösung erweitert. Eine der neuen Funktionen ist die Geführte Fehlersuche. Dies ermöglicht dem Service-Techniker bereits per Remote-Diagnose die Funktionalität zu prüfen und Rückschlüsse aus dem Fehlerbild bzw. möglicher Symptome zu ziehen. Der Service-Techniker kann somit schon vor der Fahrt zum Kunden, Entscheidungen treffen und gegebenenfalls die richtigen Ersatzteile zur Reparatur mitnehmen.

5. Ausblick Cloud Diagnose

Das hier vorgestellte System stellt die Vorteile einer datengetriebenen Diagnoselösung unter Beweis. Die Verteilung der benötigten Daten erfolgt automatisch per Update. Daher können End-Kunden wie Service-Techniker vom aktuellsten Stand der Funktionalität der Vaillant Produkte und des Aftersales Diagnose-Systems profitieren.

Durch den Einsatz der bewährten Standards aus dem Automobil Umfeld kann diese Platform auf die unterschiedlichen Anwendungsgebiete verschiedenster Industrien angepasst werden. Änderungen müssen nur an folgenden Komponenten getätigt werden:

- Protokollimplementierung in der D-PDU API Schnittstelle
- Abbildung der ECU Diagnosefunktionen in den ODX Daten
- Anpassung des spezifischen Verhaltens der ECUs in den OTX basierten Diagnoseabläufen.

Weiterhin bietet die Lösung die idealen Voraussetzungen um die „Right to Repair" Gesetzgebung in der Automobilindustrie zu erfüllen. Dank der unterschiedlichen Benutzerrollen und -sichten kann dieses System dort einen wichtigen Beitrag leisten. Die Teilkomponenten können je nach Bedarf zwischen Server und Werkstatt verschoben werden. Auf die Sicherheit der Daten und Abläufe wurde besonderer Wert gelegt.

Mit dem Einsatz der KPIT Autorensysteme für ODX Daten und OTX Diagnoseabläufe und der Anbindung an das KPIT Framework zur Ausführung in der Cloud wurde ein skalierbares System geschaffen, welches beliebige Kundenanforderungen im Diagnosebereich erfüllt.

Literatur

[1] MQTT: M2M / IoT connectivity protocol, www.mqtt.org, MQTT v3.1.1 has become an OASIS Standard.

[2] ProtoBuf: Serializing Structured Data, https://developers.google.com/protocol-buffers.

[3] RPC: Remote Procedure Calls – Interprocess Cummunication, http://en.wikipedia.org/wiki/Remote_procedure_call

[4] DBus: Linux inter-process communication system, http://en.wikipedia.org/wiki/D-Bus

6 Backendbasierte Diagnosekonzepte – Herausforderungen und Potentiale

Dipl.-Ing. **Andreas Unger**, IAM GmbH, Dresden, Dipl.-Ing. **Georg Menzel**, Dipl.-Ing. **Tim Häberlein,** Dipl.-Ing. **Tom Gothan**, Prof. Dr.-Ing. **Bernard Bäker**, TU Dresden, Dresden

Abstract

Connected vehicles start the paradigm shift from the independent vehicle towards the vehicles as part of complex functional systems. Thus, new challenges occur regarding the system diagnostics due to the distribution of functionalities over different products and OEMs. Therefore, car manufacturers experience a change of product lifecycles of important parts of the usability functions compared to a car lifecycle, i.e. smartphone and infrastructure life cycles. Additionally, the amount of functional interaction and the increased ability to update the function versions result in functional systems of an even higher complexity than conventional systems. Also, a monolithic single-time testing of these functionalities is not possible any more. Therefore, the next generation of diagnostic systems needs new technologies to counter these challenges of distributed software.
A key technology for diagnosing distributed systems is the accumulation and interpretation of complex data from different sources to SmartData. With the use of examples, the paper shows aspects and requirements for such diagnostic systems based on project experiences and researched functionalities. This includes a cloud environment developed (TUD-FZM Cloud) at Dresden Institute of Automobile Engineering at TU Dresden, versatile Onboard Units, new evaluation algorithms and interfaces for different M2M backend systems.

Kurzfassung

Der Paradigmenwechsel von der diagnostischen Betrachtung des Fahrzeugs als eigenständige Einheit hin zum Fahrzeug als Bestandteil einer funktionalen Umgebung bringt eine Vielzahl von Herausforderungen im Bereich der produktübergreifenden Funktionalitäten für die Technologien der Diagnose mit sich.
Zum einen bedeutet dies für die Hersteller, dass wichtige Bestandteile der Funktionalitäten unterschiedlichen Produktzyklen unterliegen, vgl. hierzu Handy/Smartphone, Infrastruktur und Fahrzeuglebenszyklen. Zum anderen erreichen diese Funktionalitäten schon heute einen Umfang und eine Komplexität die nicht mehr vollumfänglich getestet werden kann. Eine Schlüsseltechnologie zur Diagnose in solchen Systemen ist die Aggregation und Auswertung umfangreicher Daten der miteinander vernetzten Quellen zu SmartData.
Im Rahmen des Papers werden anhand von Beispielen, Funktionen und Projekterfahrungen Aspekte und Anforderungen für solche Diagnosesysteme beschrieben. Dazu gehöret die am Institut für Automobiltechnik der TU Dresden aufgebaute Test- und Evaluierungsumgebung für neue Cloudtechnolgien und –anwendungen (TUD-FZM CLOUD), bestehend aus leistungsfähigen Onboardunits (OBUs), modernen Auswertealgorithmen und Schnittstellen für die Anbindung an unterschiedliche M2M Backendsysteme.

1. Einordnung und Motivation

Die heutige E/E-Architektur und Funktionslandschaft der Fahrzeuge steht vor einem Paradigmenwechsel. Der Wechsel von der diagnostischen Betrachtung des Fahrzeugs als eigenständige Einheit hin zum Fahrzeug als Bestandteil einer funktionalen Umgebung (Bild 1) bringt eine Vielzahl von neuen Herausforderungen im Bereich der produktübergreifenden Funktionalitäten für die Technologien der Diagnose mit sich.
Die aktuelle Diagnoseinfrastruktur ist vorwiegend auf eine fahrzeuginterne Sichtweise und Systembetrachtung ausgelegt. Diese ist gekennzeichnet durch bestehende Standards u. a. bei Diagnosedaten (ODX), Transportprotokollen (ISOTP, DoIP), Diagnoseabläufen (OTX), Diagnosediensten (UDS) und etablierten Methoden der On- und Offboarddiagnose (Testersysteme und Eigendiagnose). Weiterhin erfolgt die Einteilung von Fehlern meist in fahrzeuginterne Fehlerkategorien. Hierzu gehören z. B. Kupferfehler (Kurzschluss, Unterbrechungen), Spannungsfehler (Unterspannung, Überspannung), interne Steuergerätefehler, Plausibilitätsfehler und Kommunikationsfehler.
Neben den genannten vorwiegend fahrzeuginternen diagnostischen Themenstellungen steht die Fahrzeugindustrie vor den technologischen Herausforderungen der Vernetzung der Fahrzeugsysteme mit der externen Infrastruktur auf Basis unterschiedlichster IT-Technologien, Funktionen, Dienste und Geräte. (Bild 1)

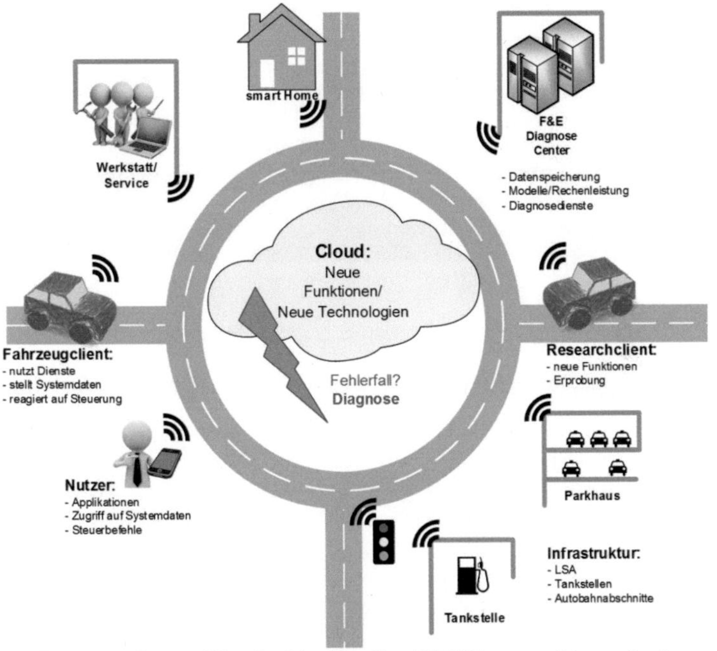

Bild 1: *Fahrzeugdienste/Cloud – Identifikation E2E Diagnose/Herausforderungen*

Die thematisierte Vernetzung zeigt sich u. a. durch die Einführung neuer Assistenz- und Komfortsysteme, z. B. Kreuzungsassistenten, Car2X basierter Routenoptimie-

rung für Einzelfahrzeuge und Flotten. Aber auch in zukünftigen smart-Home basierten Anwendungen (wie Ladestrategien, Energiespeicheransätzen, intelligenter Vorkonditionierung etc.), internetbasierten Datendienstleistungen, kunden- und nutzungsspezifische Serviceplanung sowie Einbindung der Funktionen mobiler Systeme (Smartphone, Tablet etc.) in die Fahrzeuge.
Des Weiteren werden sich, basierend auf der umfangreichen Datenauswertung, neue Funktionen und Dienste (z. B. Serviceempfehlungen, Routenführung etc.) ergeben, die Fahrzeugsysteme und -funktionen individuell ergänzen. (Bild 1)
Das in diesem Zusammenhang als „Internet der Dinge" [1] bezeichnete Themenfeld hat zur Folge, dass Fahrzeugsysteme nicht mehr nur der Klasse der abgeschlossenen „Embedded Systeme" zuzuordnen sind, sondern zu großen Teilen der Klasse der vernetzten IT Systeme angehören, mit allen Vor – und Nachteilen die sich durch die Verschmelzung der Klassen dieser Technologien ergeben.
Erstere sind gekennzeichnet durch eine hohe Test- und Diagnoseabdeckung. Letztere haben die gleichen Herausforderungen wie aktuelle IT-Systeme, welche durch permanente Updates auf einem aktuellen Stand hinsichtlich Funktion und Sicherheit gehalten werden müssen. In Verbindung mit den Fahrzeugfunktionen und -netzwerken erhöht sich die Komplexität der Wechselwirkungen aus Sicht der Diagnose, des Testens und Prüfens sowie der Sicherstellung von Qualität und Funktion um weitere Größenordnungen.
Folgende Kernthemen werden daher zukünftige Diagnosetechnologien prägen:

- Systemübergreifende und bedarfsgerechte Schnittstellen und anwendungsspezifische Diagnosemethoden und -funktionen
- Betrachtung von End to End-Wechselwirkungen hinsichtlich der gesamten Wirkungsketten und möglichen Fehlern und Ursachen (E2E-Diagnose)
- Die Verteilung und Positionierung der Diagnosefunktionen in der E/E-Architektur und der Infrastruktur, z. B. Onboard, Offboard-Backend
- Permanente Auswertung und Bewertung der Fahrzeugsystem- und Infrastrukturdaten mit entsprechenden Technologien
- Datenübertragung und -speicherung
- Auswertung mit den jeweils optimalen Diagnosemethoden (Onboard und Offboard bzw. unter Nutzung der Cloudtechnologien im Backend durch Datenaggregation)

Eine Schlüsseltechnologie zur Diagnose in solchen Systemen ist die Aggregation und Auswertung umfangreicher Daten der miteinander vernetzten Quellen zu Smart-Data [2] und die Anwendung von modellbasierten Diagnosemethoden im Backend.
Nach einer Einordnung von Diagnosemethoden werden weitere Aspekte und Anforderungen für die Struktur zukünftiger backendbasierter Diagnosesysteme beschrieben und Lösungsansätze vorgestellt. Dazu gehören u. a. die an der TU Dresden aufgebaute Cloudumgebung mit leistungsfähigen OBUs, modernen Auswertealgorithmen, Schnittstellen für unterschiedliche M2M Backendsysteme und einer Serverarchitektur.

2. Diagnosemethoden

Für die Bewertung von Diagnosemethoden unter den einleitend genannten Aspekten ist es wichtig, den Ort der Anwendung genauer zu beleuchten und Vor-und Nachteile abzuleiten. Eine direkt onboard ausgeführte Diagnosemethode hat den Vorteil, dass die Beurteilung von Signalen und zugehörigen Systemen direkt in der ECU des

Fahrzeugs abläuft. Für den Funktionsentwickler bedeutet dies, dass keine Datenübertragung in andere Systeme erforderlich ist, weil die Auswertung direkt vor Ort erfolgt.
Nachteilig ist, dass Änderungen in der Diagnose, z. B. durch Firmwareupdates der ECUs, schwierig sind. Des Weiteren müssen Bauteilalterung (Drift), Wechselwirkungen mit und in allen weiteren Systemen sowie potentielle Softwarefehler vom Entwickler vollständig vorausgesehen werden.
Backendbasierte Diagnosealgorithmen haben den Vorteil, dass sie sich mit zunehmender Erfahrung und Systementwicklung bzw. -erweiterung unabhängig von den Fahrzeugsystemen weiterentwickeln lassen.
Um bessere Diagnoseergebnisse zu erreichen, bieten backendbasierte Systeme die Möglichkeit z. B. Diagnosewerte mit Erkenntnissen aus anderen Quellen (Werkstattberichte, Flottendaten, Erfahrungswissen, Messwerten anderer ECUs) zu kombinieren. Randbedingungen hinsichtlich Datenerfassung und -übertragung, Speicherung und Datenschutz müssen dabei betrachtet werden.
Ergänzend sei hier noch erwähnt, dass seitens Entwicklung und Service oft auch unterschiedliche Anforderungen an den Detailierungsgrad der Diagnoseinformationen (Funktionsabläufe, Messwerte, Fahrzeugzustandsdaten und Infrastrukturinformationen) erforderlich sind und die o. g. lokale Diagnosebetrachtung bisher prägten. Mit zukünftigen durchgängigen backendbasierten Ansätzen könnte eine Verschmelzung dieser heute noch getrennten Diagnosebetrachtungen erfolgen, um die jeweiligen Potentiale anwendungsspezifisch aufzugreifen.
Unter dem Aspekt, dass Fahrzeuge zukünftig als Bestandteil einer funktionalen Umgebung betrachtet werden müssen, ist es wichtig zu entscheiden, welche Diagnosemethode in welchem Systembereich umgesetzt wird und über welche Schnittstellen die Informationen zur Systemgesamtbeurteilung zwischen den jeweiligen „Diagnosefragmenten" ausgetauscht werden. Für die Vertiefung dieser Betrachtung wird im folgenden Abschnitt eine Übersicht zu Diagnosemethoden gegeben und hinsichtlich Anwendbarkeit im Backend und des Eingangs erwähnten Paradigmenwechsels bewertet.

2.1 Übersicht Diagnosemethoden

Das Ziel einer Fahrzeugdiagnose ist die Bestimmung von Fehlerursachen betroffener und gestörter Komponenten und Funktionen, die Ermittlung der kleinsten tauschbaren Einheiten, die Berechnung des Schweregrades und die Erzeugung zugehöriger Fahrer- und Werkstattinformationen. Die Unterteilung erfolgt meist in Onboard- und Offboarddiagnose mit den zugehörigen Methoden, Verfahren, Protokollen und Diensten. Zu den Bestandteilen eines Diagnosesystems zählen:

- Symptomerkennung und -verarbeitung,
- Diagnoseverfahren und Wissensdatenbank,
- Diagnoserechner mit Diagnoseschnittstelle und Diagnosekommunikation,
- Datenvisualisierung und Ergebnisausgabe.

Die Diagnose vereint Methoden und Verfahren (vgl. Bild 2) mit dem Ziel Symptome/Fehler zu erkennen und durch geeignete Detailuntersuchungen Maßnahmen zur Fehlerbeseitigung zu ergreifen. Zum Einsatz kommen dabei verschiedene Diagnosetools. Als Schlussfolgerung dessen kann Diagnose im Allgemeinen als Anwendungsschicht (vgl. Abschnitt 4) verstanden werden.

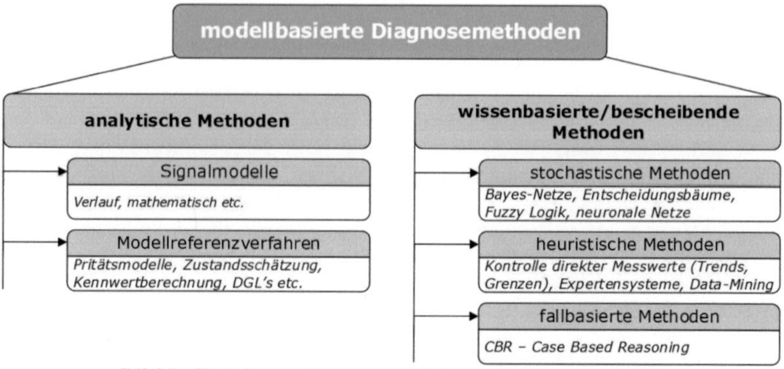

***Bild 2:** Einteilung Diagnoseverfahren (Auszug nach [3])*

Unter den in Abschnitt 1 einleitend genannten neuen Randbedingungen und Herausforderungen, welche sich durch die Fahrzeugvernetzung mit der Infrastruktur ergeben, ist eine neue Struktur von Diagnosesystemen erforderlich.
Diese Struktur ist gekennzeichnet durch eine backendbasierte, vorwiegend modellbasierte und auf Datenauswertungen aufsetzende Diagnosemethodik.

2.2 Zukünftige Modell- und SmartData basierte Diagnosemethoden

Modellbasierte Diagnosemethoden vergleichen reale Werte eines Systems mit den im Modell hinterlegten bzw. mit den durch das Modell berechneten Werten. Bei Abweichungen von realen zu berechneten bzw. hinterlegten Werten werden beeinträchtigte Funktionen, verdächtige Komponenten und entsprechende Abhilfemaßnahmen, sofern im Modell hinterlegt, identifiziert. Ergänzend werden, sofern erforderlich, Notlauffunktionen aktiviert. (vgl. Bild 3)

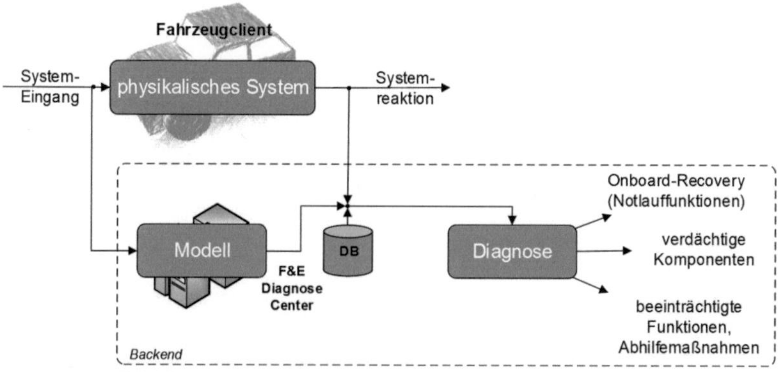

***Bild 3:** modell- und backendbasierte Diagnose (Beispiel)*

Die Diagnosemodelle bilden somit je nach Modellierungsart das Soll- oder Ist-Verhalten bezüglich des Fehlerverhaltens des Systems ab. Abhängig von der Komplexität des überwachten und zu diagnostizierenden Systems steigt auch die Komplexität der Modelle und somit der erforderliche Aufwand hinsichtlich Rechenkapazi-

tät und Erstellung. Dies schränkt den Einsatz modellbasierter Diagnosemethoden bisher stark ein.
Auf Grund der Vernetzung von Fahrzeugen mit der Infrastruktur und dem Backend sind die Herausforderungen der Komplexitätssteigerung aber auch als Potential zu sehen. Nicht nur für die Erprobung sondern auch für den Service ergeben sich dadurch neue Anwendungsfelder hinsichtlich prädiktiver Diagnoseverfahren. Hierzu gehören u. a.:

- Optimierung der Komponentenauslegung und von Onboardfunktionen
- Gewinnung und Auswertung von Informationen über den Fahrzeuglebenslauf und zeitnahe Verknüpfung mit Umfelddaten (Umwelt, Geoinformationen und Infrastruktur)
- Extrapolationsrechnungen zu Verschleißbeurteilungen der Fahrzeugsysteme im Zusammenhang mit kundenindividueller Serviceplanung
- Präventive Diagnose im Service – Einleitung zielgerichteter präventiver Maßnahmen

Durch die Einführung leistungsfähiger Datenübertragungssysteme, der Datenerfassung und der sich dadurch bietenden Speicherung und Auswertung dieser umfangreichen Daten mittels Analyse (SmartData) im Backend werden modellbasierte Ansätze trotz gestiegener Gesamtkomplexität zur Schlüsseltechnologie zukünftiger Diagnoseanwendungen.
So könnten z. B. durch die Verknüpfung von Daten zu Streckenprofilen, Fahrgeschwindigkeiten und Fahrbahnoberflächen sowie deren Vergleich mit anderen Fahrzeugen aber ähnlichen Fehlerbildern zielgerichtete und prädiktive Diagnosen zum Verschleißzustand der mechatronischen Fahrwerkskomponenten erfolgen.
Um diese zukünftig erforderlichen und ein hohes Potential versprechenden Ansätze umsetzen zu können, ist eine strukturierte Datenspeicherung und leistungsfähige Datenauswertung (Infrastruktur) erforderlich.
Die Relevanz zeigt sich besonders in den aktuellen Forschungsprojekten an denen der Lehrstuhl im Rahmen des „Schaufensters Elektromobilität“ [4] aktuell arbeitet. Dazu gehört neben der online Datenanalyse auch die Erprobung neuer energieeffizienter Systeme basierend auf einer Modelloptimierung. Die Verknüpfung der online Datenanalyse und der Soll- und Ist-Vergleich mit Modellen bietet die Grundlage zur modellbasierten Diagnose.
Den Grundstock zur Entwicklung und Validierung dieser neuen backendbasierten Diagnosemethoden bildet die im folgenden Abschnitt vorgestellte, durch die TU Dresden aufgebaute Evaluierungs- und Forschungsplattform.

3. Evaluierungsplattform – backendbasierte Diagnose

Für die im vorherigen Abschnitt identifizierten Herausforderungen und die sich daraus ergebenden Lösungsmöglichkeiten mittels backendbasierten Diagnosemethoden ist es erforderlich eine Untersuchungsplattform für die Entwicklung von verwertbaren Lösungsansätzen aufzubauen.
Des Weiteren bestand im Rahmen von mehreren Forschungsprojekten (z. B. „Schaufenster Elektromobilität“ [4]) der Bedarf an einer backendbasierten Fahrzeugmessdatenerfassung, strukturierten Datenverwaltung sowie deren Onlineanalyse mit entsprechenden Remotediagnoseansätzen und modell- und onlinebasierten Parameteranalysen. Zu den Fahrzeugen gehören mehrere konventionell und elektrisch betriebene Fahrzeuge unterschiedlicher Hersteller sowie zwei Linienbusse. Diese sind mit

umfangreicher Messtechnik für die Umsetzung von Optimierungsaufgaben im Bereich der Streckenführung, der Verbesserung der Energieeffizienz sowie der Funktionsentwicklung im Bereich Service und neuer Dienste im Bereich Verkehrsleittechnik ausgestattet. Ergänzt wird die Gesamtsystemvernetzung durch eine neuartige intelligente Ladeinfrastruktur und zukünftiges Flottenmanagement.
Die sich aus den genannten Punkten ergebende gesamtheitlich vernetzte Infrastruktur im Sinne des in Bild 1 dargestellten Schemas wurde als Referenzsystem zur Untersuchung und Identifikation von Herausforderungen und Potentialen der backendbasierten Diagnose ausgewählt.
Recherchen zeigten, dass keine verfügbaren Lösungen das gesamte Spektrum der E2E-Übertragung und die benötigte Modularität/Skalierbarkeit abdeckten. Skalierbarkeit meint in diesem Zusammenhang die flexible Adaption verschiedenster Teilnehmer und verschiedenster Aufgaben (z. B.: live-Übertragung, Datensammlung und –verarbeitung, modellgestützte online Datenanalyse, modellbasierte Diagnose).

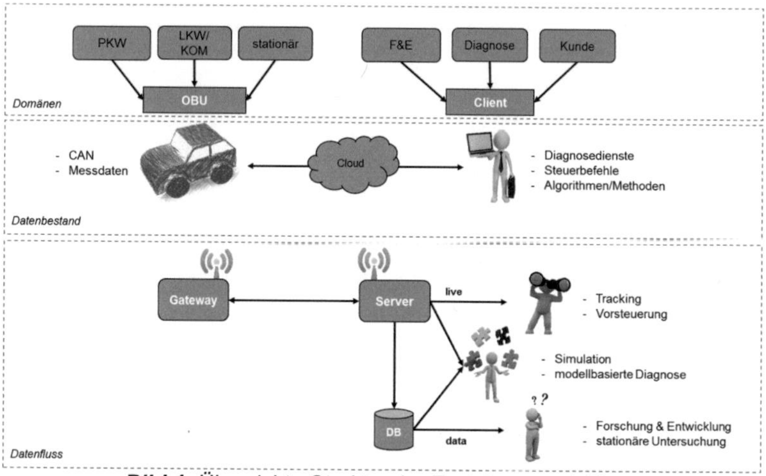

***Bild 4:** Übersicht - Struktur der Evaluierungsplattform*

Im Hinblick auf die o. g. Referenzstruktur muss die verwendete Evaluierungsplattform auch in der Teilnehmeranzahl, der benötigten Systemleistung sowie des benötigten Verbauraums skalierbar sein. Die Anbindung verschiedener Rapid-Prototyping Systeme (z. B. NI LabVIEW oder dSpace) ist ein Beispiel für die geforderte Modularität im Bereich Forschung und Entwicklung. Bild 4 skizziert den Aufbau und Struktur im Hinblick auf die benötigte Funktionsabdeckung der Evaluierungs- und Forschungsplattform. Folgende Schwerpunkte wurden bei der Entwicklung gesetzt:

- Domänen: Die Plattform muss gegenwärtige und zukünftige Problemfelder und Fehlerquellen für Grundlagenuntersuchungen und Forschung abdecken.
- Datenbestand: Die entstehende Cloudumgebung muss hinsichtlich Datenerfassung und –verarbeitung modular und skalierbar aufgebaut werden und dabei heutige und zukünftige Dienste abdecken.
- Datenfluss: Für die Übertragung in zellularen Netzen müssen geeignete Maßnahmen zur vollständigen Übertragung großer Datenmengen gefunden werden, wobei Daten an die entsprechenden Teilnehmer verteilt werden müssen.

In den folgenden Abschnitten wird der Aufbau näher erläutert.

3.1 Domänen

Die Systeme und Funktionen der Plattform decken die Kommunikation zwischen verschieden Domänen ab. Diese können in zwei Kategorien unterteilt werden – OBU und Client. Die OBU ist typischerweise in einem Kraftfahrzeug verbaut, kann jedoch auch durch einen stationären Messaufbau, z. B. einen Versuchsstand, repräsentiert werden. Unter dem Client werden verschiedene Benutzer bzw. Anwendungen, z. B. aus dem Bereich der Diagnose, der Forschung oder der Entwicklung, zusammengefasst.

3.2 Datenbestand

Jede Domäne verwaltet einen spezifischen Datensatz. Die OBUs erfassen unter anderem Messdaten, z. B. vom CAN-Bus. Die Clients verarbeiten Algorithmen die beispielsweise Steuerbefehle generieren. Das Ziel der Evaluierungs- und Forschungsplattform ist es, die bereitgestellten Daten der verschiedenen Domänen in der Cloud zu verwalten und sie anschließend an die anderen Domänen zu verteilen. Die Plattform ist dabei so konzipiert, dass Daten beliebig verteilt werden können. Ein Client kann beispielsweise auf Daten von mehreren OBUs zugreifen, aber auch auf Daten von anderen Clients. Auf der anderen Seite kann eine OBU Daten vom Client erhalten. Denkbar ist auch eine Kommunikation zwischen den OBUs (z. B. Car2Car).

3.3 Datenfluss und Datenübertragung

Das Gesamtsystem der Evaluierungsplattform kann auch als eine Anzahl von verschiedenen Cloud-Diensten betrachtet werden. Die Daten der Domänen werden zunächst an eine zentrale Stelle, den Server, gesendet. Je nach Konfiguration des Servers werden die Daten abhängig von ihrem Inhalt weiterverarbeitet, mit dem Ziel die Basis für Untersuchungen und Diagnose im „Internet der Dinge“ [1] darstellen zu können. Dafür wurden zunächst verschiedene Möglichkeiten der Datenübertragung untersucht und analysiert.

Bei Verwendung der Netzwerkschichten (z. B. Netzwerkprotokolle TCP/IP) ohne zusätzliche Maßnahmen gestaltet sich der Aufbau eines Datenflusses in einem Mobilfunknetz schwierig. Durch die typischen Randbedingungen zellular aufgebauter Netze (Handover, schwankende Netzqualität, Abschirmungen etc.) kann die eigentlich sichere Datenintegrität von TCP nicht von lokalen Netzwerken auf Mobilfunknetze übertragen werden.

Die Ursache liegt in häufigen und teilweise nicht vorhersehbaren halboffenen Verbindungen. Plötzliche Verbindungsabrisse (z. B. Zellenwechsel) werden in einer klassischen Client-Server Architektur nicht erkannt. Dementsprechend hält der Server die Verbindung zum Client geöffnet, dieser baut jedoch aufgrund des Verbindungsabrisses eine weitere Verbindung auf. Durch die Aufsummierung dieser Problematik entstehen immer mehr nicht handhabbare geöffnete Verbindungen bis zur vollständigen Blockierung des Servers. In lokalen Netzwerken fängt diese Verbindungsabbrüche meist der Router ab, in Mobilfunknetzen müssen geeignete Maßnahmen zur ständigen Verbindungskontrolle sowie zur Regulierung von „abgerissenen“ Verbindungen implementiert werden. Dies ist unter den Aspekten eines permanenten Telemetriedatenstroms, wie er für backendbasierte Diagnoseansätze erforderlich ist, unumgänglich.

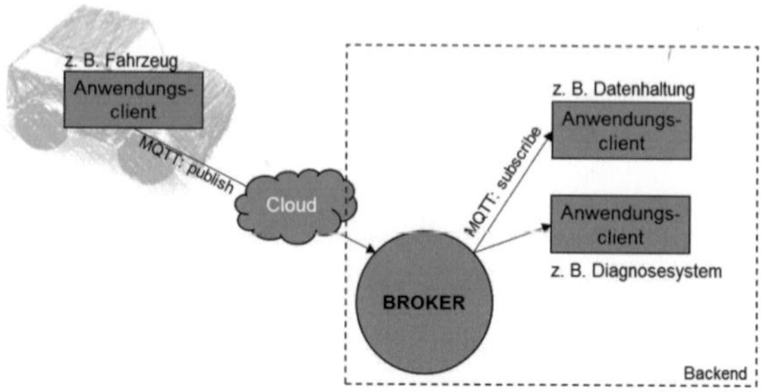

***Bild 5:** publish and subscribe Modell auf Basis von MQTT*

Einen Ansatz zur Problemlösung bietet das „publish and subscribe“ Modell über einen Broker (z. B. Mosquitto [5]) in Verbindung mit einem speziell entwickelten M2M Protokoll - Message Queue Telemetry Transport (MQTT) [6]. Für den Fall der in diesem Kontext diskutierten Fahrzeug-Backend Struktur, ergibt sich der in Bild 5 dargestellte Aufbau.
Dabei werden Daten von einem zentralen Broker mit interner Memoryfunktion über eine ereignisgesteuerte „publish-subscribe“ Architektur und nicht nach dem klassische „request-response“ Prinzip verteilt.
Der Broker der aufgebauten Evaluierungsplattform ist ein wichtiger Bestandteil in der Cloudumgebung und ihren Systemen. Er verteilt die Daten je nach Anwendungsfall weiter. Zu diesen Anwendungsfällen gehören:

- Backendbasierte, konsistente und strukturierte Datenhaltung (log-Daten)
- Direkte Verarbeitung und/oder Weiterleitung an gewünschte Domänen zur Realisierung von cloudbasierten Funktionen und Frühwarnsystemen (live-Daten)
- Weiterleitung an backendbasierte Diagnosemethoden (modellbasierte Diagnose)
- Auswertung und Vergleich der Fahrzeugdaten mit Soll- und Ist-Verhalten
- Verknüpfung der Daten mit weiteren backendbasierten Funktionen und Diensten z. B. Prädiktion von Fahrverläufen und Energieverbräuchen, Verbrauchsoptimierung und Effizienzsteigerung
- Verknüpfung von Verkehrsinformationen oder Informationen zu Ladeinfrastrukturen zur Gewinnung von Prädiktionsinformationen etc.

Eine Domäne wird durch eine Clientanwendung repräsentiert, welche sich mit dem Server verbindet. Durch speziell entwickelte Mechanismen wird die Datenintegrität auch bei längeren Verbindungsabrissen (z. B. Tunnelfahrt) sichergestellt. Durch ein für die Plattform entwickeltes Datenformat wird das benötigte Datenvolumen minimiert und gleichzeitig die Übertragungsgeschwindigkeit erhöht. Anhand des Aufbaus sind Signale eindeutig identifizierbar, somit können im Fehlerfall Problemstellen eindeutig bestimmt und geeignete Fehlerbehebungsmaßnahmen getroffen werden.
Die Sicherheit der Übertragung zwischen Client und Server wird momentan durch VPN-Protokolle gewährleistet. Neben den erwähnten Methoden bietet auch MQTT entsprechende Absicherungsmechanismen, welche hier nicht weiter detailliert werden sollen.

Die Clientanwendung kann durch den modularen Aufbau der Cloudumgebung individuell zusammengestellt werden, um verschiedene Aufgabenbereiche abzudecken. Dieser Aufbau wird im folgenden Abschnitt beschrieben.

3.4 Modulare Struktur

Die Plattform besteht aus verschiedenen Softwaremodulen, die über eine interne Schnittstelle miteinander kommunizieren können. Diese basiert auf dem Observer-Entwurfsmuster und verteilt die Daten eventbasiert an die angeschlossenen Anwendungsmodule. In der folgenden Aufzählung werden die wichtigsten Module benannt:

- Hardwaremodul (zum Einbinden von Hardwarekomponenten)
- Rechenmodul (zum Einbinden von Softwarekomponenten)
- Diagnosemodul (zum Einbinden von Diagnosesystemen)
- Filtermodul, Konvertierungsmodul, Datenlogger, Datenbankmodul
- MQTT-Modul

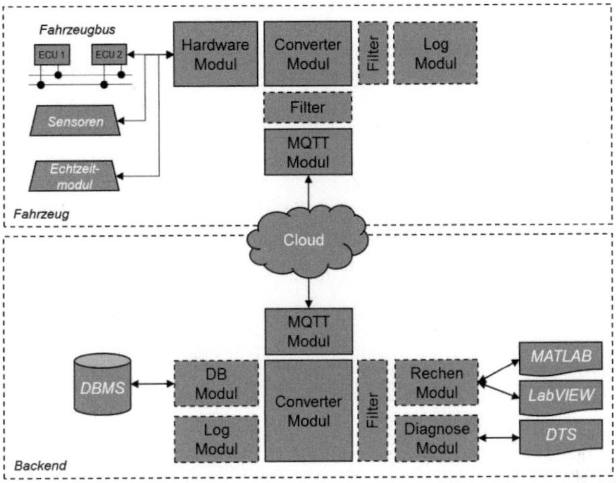

***Bild 6:** modulare Bauweise - Evaluierungs- und Forschungsplattform*

Diese Module können beliebig miteinander verknüpft werden (vgl. Bild 6). In der derzeitigen Konfiguration wird ein Client-Server-Prinzip verfolgt, bei dem jeder Client seine Daten an einen zentralen Server sendet, von wo aus sie weiterverarbeitet werden. Je nach Bedarf kann die Rechenleistung auch stärker auf die Clients verteilt werden, bis hin zum autarken Betrieb.

Ziel dieser Modularität ist eine hohe Skalierbarkeit, um zukünftige Funktionalitäten und Diagnoseanwendungen zu ermöglichen. Diese Modularität wird im folgenden Abschnitt anhand der sich ergebenden skalierbaren Anwendungsschicht näher erläutert.

4. Anwendungsschicht

Die Modularität der im Abschnitt 3 beschriebenen Evaluierungsplattform ermöglicht die Skalierung beliebiger Clientanwendungen aber auch der zentralen Verarbeitungseinheit (Backend). Laut einer aktuellen Vorhersage wird sich die Zahl vernetzter Geräte im „Internet der Dinge“ von 2015 bis 2020 verfünffachen [7]. Die Zunahme vernetzter Fahrzeuge spielt dabei eine wesentliche Rolle.
Die aufkommenden Datenströme müssen zur künftigen Kontrolle und Steuerung verteilter Prozesse kontinuierlich ausgewertet werden. Diese sogenannte BigData kann nicht mehr mit der herkömmlichen Datenverarbeitung bewältigt werden und muss zukünftig zur SmartData werden. Beispielhaft sei hier auf die Datenmenge von mehreren CAN-Bussen einer Fahrzeugflotte sowie die Verknüpfung der Daten mit anderen Datenströmen aus der umgebenden Infrastruktur (Geodaten, Verkehrsinformationen, Messwerte etc.) verwiesen.
Einen Ansatz bieten multimodale Datenanalysedienste, wie das von Google entwickelte MapReduce Framework bzw. dessen Weiterentwicklungen unter dem Begriff Cloud Dataflow [8]. Für solche Anwendungen sind große Rechencluster (Verbund von mehreren hundert handelsüblichen PCs) notwendig, diese sind jedoch zum aktuellen Zeitpunkt nur durch Großunternehmen realisierbar.
Zur Darstellung der prinzipiellen E2E-Herausforderung, Identifikation neuer Problemstellungen sowie der Umsetzung backendbasierter Diagnoseansätze genügt vorerst, im Rahmen einer Evaluierungs- und Forschungsplattform, der Aufbau einfacherer Anwendungsmodule im Backend sowie im Client.
Der weitere Ausbau dieser Anwendungen ist durch die Modularität der Plattform gegeben. Diese Anwendungsmodule setzen auf dem ISO/OSI-Referenzmodell auf (Bild 7) und können beliebig skaliert und ausgetauscht werden.

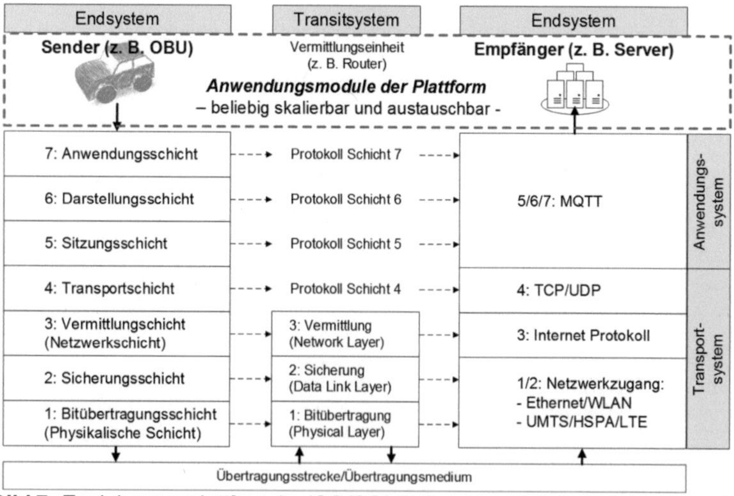

Bild 7: *Evaluierungsplattform im ISO/OSI-Referenzmodell, in Anlehnung an [9]*

Für die Anbindung der Anwendungsmodule spielt es keine Rolle, ob diese als standalone Clients fungieren oder als Erweiterungen des Backends zu verstehen sind (vgl. Anwendungsclients in Bild 5).

Im Folgenden werden wichtige und bisher bereits eingesetzte Anwendungsmodule exemplarisch beschrieben. Die damit dargestellte Infrastruktur bildet die Grundlage der backendbasierten Diagnose. Zukünftige Diagnoseanwendungen, wie z. B. die modellbasierte Diagnose im Backend, können als weitere Anwendungsmodule implementiert werden.
Die in Bild 8 dargestellte Funktionslandschaft wurde im Rahmen von Projekten der TU Dresden auf Grundlage der in Abschnitt 3 beschriebenen Evaluierungs- und Forschungsplattform aufgebaut. Die sich ergebende TUD-FZM CLOUD bietet die Grundlage, um E2E-Funktionsabläufe darstellen und auswerten zu können.

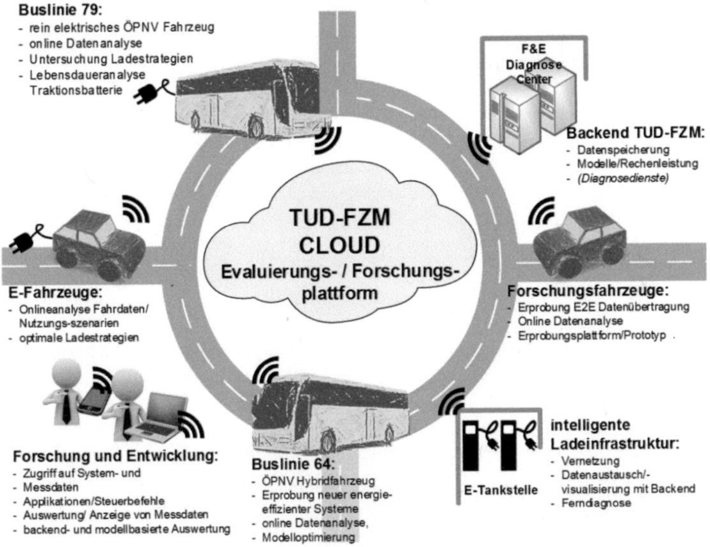

Bild 8: *realisierte TUD-FZM CLOUD (schematische Darstellung)*

Der Begriff Cloud steht im Rahmen der aufgebauten E2E-Landschaft für die Bereitstellung einer Infrastruktur, den Aufbau einer Plattform bis hin zur Anbindung und Verknüpfung von Applikationen und Diensten.
Alle Teilnehmer der Cloud können mit Anwendungsmodulen ausgestattet werden, um grundlegende Aufgaben, wie die Onlinedatenanalyse (Bild 9), die strukturierte Erfassung von Messwerten und deren Speicherung sowie die Auswertung und Verknüpfung von Live- und Historiendaten der einzelnen Systeme, ausführen zu können. Bild 9 zeigt einen Bildschirmausschnitt der Live-Darstellung von mit Geodaten verknüpften Messwerten (CAN-Traces) eines im Einsatz beschriebenen Fahrzeugs der Cloudumgebung. Bei der möglichen Live-Analyse von mehreren CAN-Bussen und Messwerten von einer Vielzahl von Fahrzeugen ist in der Cloudumgebung mit sehr hohem Datenaufkommen zu rechnen.
Aufgrund des hohen Datenaufkommens ist eine Backenddatenhaltung prädestiniert und birgt Vorteile für zukünftige Diagnosemethoden. Eine genauere Betrachtung dieser Thematik erfolgt im folgenden Abschnitt.

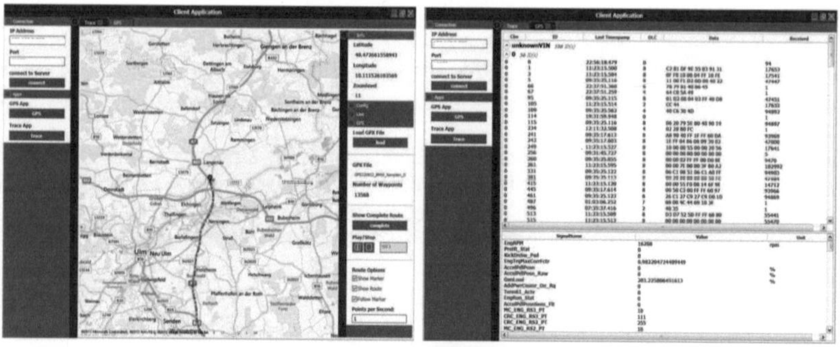

Bild 9: *Bildschirmausschnitt Onlinedatenanalyse*

Für die Umsetzung neuer Strategien, energieeffizienter Systeme und einer Livemodelloptimierung sowie deren zukünftige Absicherung und Diagnose sind neue Problemindikatoren im Zusammenhang einer E2E-Landschaft zu erarbeiten. Künftige Freiheitsgrade bzgl. der Funktionsaufteilung zwischen fahrzeuginternen Komponenten und Algorithmen im Backend implizieren neue Herausforderungen, die anhand einer verteilten Regelung exemplarisch untersucht wurden (vgl. Abschnitt 4.2).

4.1 Anwendungsmodule – Backenddatenhaltung

Wie bereits erwähnt, müssen zukünftig bei der backendbasierten Diagnose BigData Analysen bewältigt und zur SmartData verknüpft werden. Zur Darstellung von Systemdaten und für weitere Basisuntersuchungen wurde ein relationales Datenbankmodell für fahrzeugbezogene Messdaten entwickelt und implementiert. Eine Datenbank bietet viele Vorteile gegenüber flachen Dateiformaten, unter anderem einen schnellen und mehrnutzerfähigen Zugriff auf den kompletten Datenbestand.
Die Modularität bedingt Erweiterungen der Datenhaltung und Anpassung hinsichtlich multimodaler Datenanalysen. BigData orientierte Ansätze wie Hadoop zur Analyse der zukünftigen Datenströme als High Performance Lösung sind angedacht, zurzeit jedoch nicht darstellbar. Durch das speziell entwickelte Datenformat sind alle anfallenden Daten genau identifizierbar und auch mit aktuellen Live-Daten in diversen weiteren Anwendungsmodulen verknüpfbar. Durch diese persistente und strukturierte Datenhaltung lassen sich sowohl neue Modelldaten gewinnen, als auch verknüpfen. Weitere auf SmartData basierende Anwendungen sind damit umsetzbar.
Die denkbaren Anwendungsbereiche erstrecken sich über eine zentrale Datenbasis bei der Erprobung, Darstellung und Auswertung von Systemdaten hin zur Sammlung und Verknüpfung von Diagnosewissen. Bild 10 zeigt einen Bildschirmausschnitt eines Datenbankinterfaces der beschriebenen Cloudumgebung. Dargestellt ist die exemplarische Auswertung von mit Geodaten verknüpften Messwerten unterschiedlicher Verbraucher eines im Einsatz befindlichen Linienbusses (vgl. auch Bild 8) zur Identifikation von Energieeinsparpotentialen und einer darauf aufbauender Optimierung der Fahr- und Regelstrategien.
Anpassungen und Erweiterungen der Datenbankarchitektur zu beispielsweise „Cloud Data Flow“ [5] sind hierbei naheliegend und wurden eingangs erwähnt.

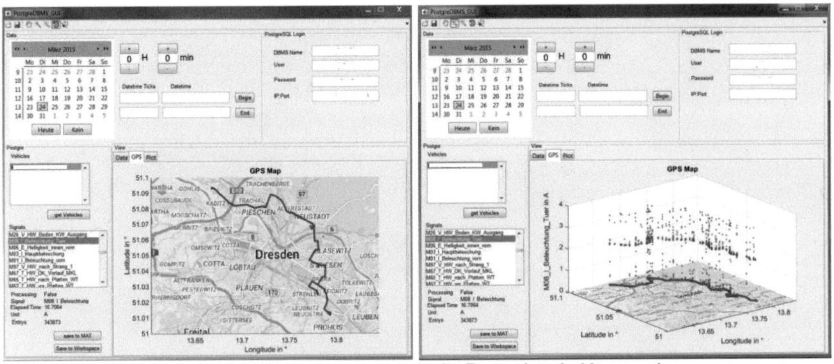

Bild 10: *Bildschirmausschnitt Datenbank (Auszug)*

Zur Abdeckung des gesamten E2E-Spektrums im Bereich einer Forschungs- und Entwicklungscloud (vgl. Bild 8) und den sich daraus ergebenden Diagnoseanforderungen genügt es nicht nur Daten, z. B. aus Bussystemen von Fahrzeugen mit einem Backend, zu vernetzen und zu speichern. Die Cloud-Struktur muss über weit komplexere Möglichkeiten verfügen, wie beispielsweise die Anbindung verschiedenster Dienste über neue Funktionen und Applikation bis hin zur Möglichkeit Komponenten und Systemen miteinander vernetzen und bewerten zu können.
Die exemplarische Umsetzung und erste Problemidentifikation/Fehleranalyse ist grundlegend für hochkomplexe und übergreifend vernetzte Funktionen, deren Diagnose und die Entwicklung sowie Umsetzung neuer Diagnosemethoden. Hierbei sind Zeitkonstanten innerhalb der gesamten Bearbeitungskette sowie die Verteilung der Funktionen und Modelle auf die einzelnen Bereiche der Fahrzeuge, Cloud und Backendsysteme ein wichtiger Basisbaustein, um Aussagen hinsichtlich Laufzeit und Verwendbarkeit verschiedener Systemstrukturen im Rahmen der backendbasierten Diagnoseanwendungen treffen zu können.
Für eine erste Beurteilung dieser Aspekte eignet sich die im folgenden Abschnitt beschriebene vereinfachten (cloud-)verteilte Regelung auf Basis der beschriebenen Infrastruktur.

4.2 Anwendungsmodule - verteilte Funktion/Regelung

Durch die Verknüpfung von Rechen- und Hardwaremodulen wird die Evaluierungscloud nicht nur für Messaufgaben konzipiert, vielmehr können auch Steuerungs- und Regelungsaufgaben mit der Forderung nach weicher Echtzeit umgesetzt werden.
Die Anbindung von Modellierungswerkzeugen ermöglicht eine Live-Modellverarbeitung und –validierung bzw. modellbasierte Diagnose. Am Beispiel einer verteilten Regelung über ein mobiles Datennetz (vgl. Bild 11) wird die Problematik der Partitionierung von Funktionsteilen deutlich.

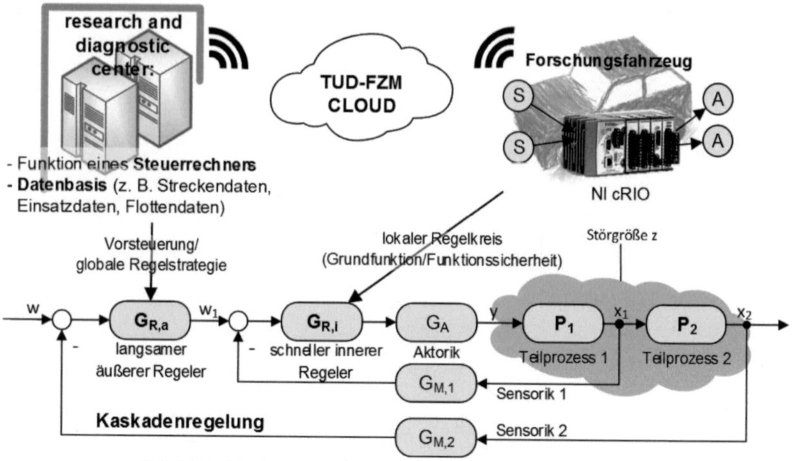

Bild 11: *Funktionsschema einer verteilten Regelung*

Im Projektzusammenhang wird die verteilte Regelung am Beispiel einer prädiktiven Temperaturvorsteuerung für Linienbusse untersucht. Die Grundfunktionalität wird durch einen lokalen Regelkreis im Fahrzeug abgedeckt. Ein übergeordneter Regler verändert die Stellgröße, die auf Basis von Backend-Modellen und der Verknüpfung aus Geodaten, Verkehrsinformationen, Fahrgastzähldaten etc. berechnet werden.
Im Hinblick auf Standardregelkreise unterscheiden sich verteilte Strukturen im Wesentlichen durch zusätzliche Fehlerquellen (vgl. Bild 11, Bild 12).
Neben der fahrzeuginternen Diagnose müssen weitere Cloud-Strukturen (z. B. Übertragungsstrecke, Backend) überprüft werden. Der Eigendiagnose des Fahrzeugs wird dementsprechend eine globale Diagnose übergeordnet, die sich nur in einer E2E-Struktur realisieren lässt. Einen möglichen Ansatz zur Diagnose bietet die modellbasierte Diagnose (vgl. Abschnitt 2) angewendet im Backend.

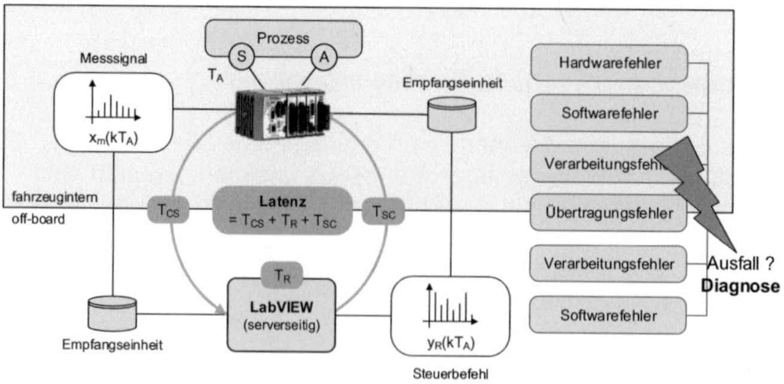

Bild 12: *backendbasierte Diagnose – Timing Untersuchung*

Um qualitative Aussagen über den Zustand des Systems im Backend treffen zu können, spielt die Aktualität der Daten für alle Steuerungs- und Regelungsaufgaben und somit für bestimmte Bereiche der Diagnose eine essenzielle Rolle.

Die erhöhte Systemreaktionszeit (Signallaufzeit u. a.) in einer E2E-Funktionslandschaft ist entsprechend eine Randbedingung für den Eingriff in Systeme bzw. die Fern- oder backendbasierte Diagnose (vgl. Bild 12). Die Signallaufzeit ergibt sich hauptsächlich aus Übertragungsverzögerungen (Latenzen) und den Rechen- und Verarbeitungszeiten. Da Letztere von Prozess zu Prozess variieren können wurden im ersten Schritt die Latenzen analysiert. Exemplarische Messergebnisse sind in Bild 13 dargestellt.

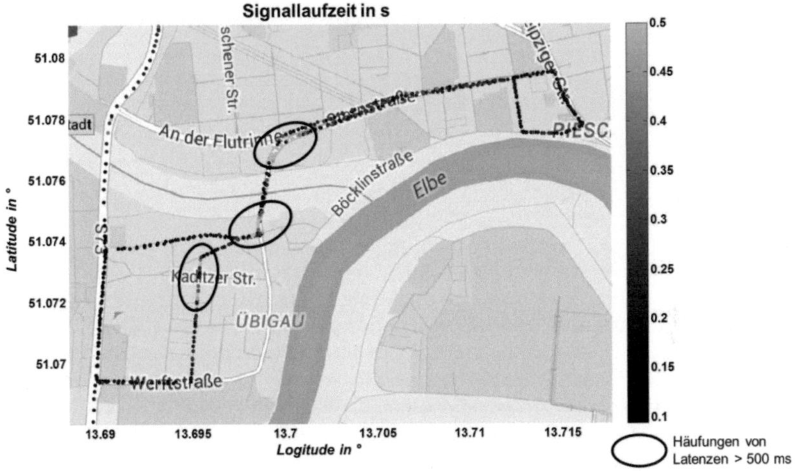

Bild 13: *Latenzen der Serververbindung (HSPA/LTE) während mehrerer Fahrten des Linienbusses der DVB AG*

Die Signallaufzeit im zellularen Mobilfunknetz unterliegt zahlreichen Einflüssen. Beispielhaft seien hier Netzabdeckung, Handover, Abschirmungen und Auslastung genannt. Je nach Fahrszenario zeichnen sich unterschiedliche Laufzeiten ab (vgl. Bild 14). Bei der Darstellung der Signallaufzeit über dem Quantil der Messung ergeben sich typische obere Grenzwerte. Der Anstieg der Kurve nimmt mit zunehmender Latenz ab. Ab einer signifikat hohen Verzögerung können kaum höhere Quantile garaniert werden, da der Anstieg gegen Null strebt.

Bei einer Stadtfahrt liegt der typische obere Grenzwert bei ca. 200 ms bis 250 ms. Die Messwerte zeigen, dass bei vernetzten Funktionen für ca. 95 % der Betriebszeit Latenzen unter 250 ms auftreten. Weiterhin wird ersichtlich, dass regelmäßig mit deutlich höheren Latenzen bis hin zum Verbindungsverlust zu rechnen ist. Vernetzte Steuerungsfunktionen müssen entsprechend robust ausgelegt und lokal im Fahrzeug abgesichert werden. Im Falle der eingangs erwähnten Temperaturvorsteuerung wird der Betrieb durch die lokale Regelung garantiert, die vernetzten Funktionsanteile dienen allein der Effizienzsteigerung durch eine Sollwertbeeinflussung. Durch im Server zusammenlaufende Informationsströme, abgelegte Historiendaten und die Berechnungen in Modellen können prädiktive Aussagen generiert und die Temperatur im Fahrzeug optimal gesteuert werden.

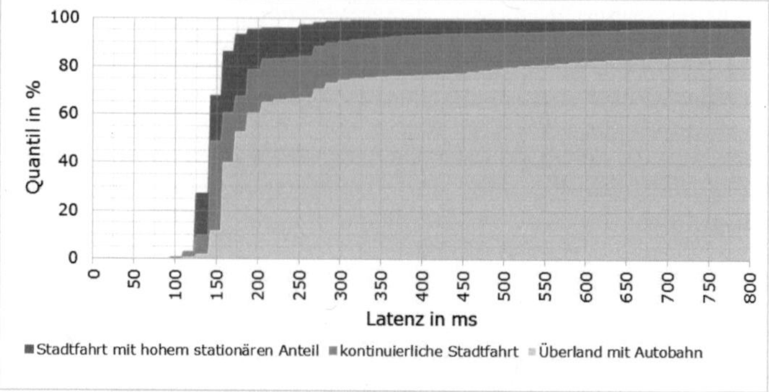

Bild 14: *Latenz in Abhängigkeit des Fahrszenarios*

Die durchgeführten Untersuchungen haben gezeigt, dass die Evaluierungsplattform für die Umsetzung globaler, prädiktiver Regelstrategien geeignet ist und über eine weiche Echtzeitfähigkeit mit einem zulässigen Toleranzband (vgl. Quantil) verfügt. Zur Funktionsabsicherung sind lokale Sicherheitsebenen/Grundfunktionen notwendig, die einer gewissen Eigendiagnose bedürfen. Bei hochvernetzten Funktionen mit einem Backend müssen zur globalen Diagnose die Latenzen der Signale beachtet werden.Die auf Grund der Vernetzung auftretenden Verzögerungen sind unter der Bedingung einer guten Netzabdeckung abschätzbar.
Die bereits dargestellten Anwendungsmodule bilden in ihrem bisherigen Aufbau eine E2E-Struktur in einer zukünftigen Funktionslandschaft ab. Die TUD-FZM CLOUD erfüllt eine Reihe notwendiger Anforderungen zur Umsetzung cloudbasierter Diagnoseansätze wie z. B. die online Datenerfassung, die strukturierte Datenhaltung sowie die Verknüpfung von live-Messdaten und Historiendaten in Mess- und Simulationssystemen zur Auswertung. Deren Herausforderungen und Potentiale werden im folgenden Abschnitt noch einmal zusammengefasst und gegenübergestellt. Des Weiteren ist die Einbindung am Markt befindlicher Diagnoselaufzeitumgebungen denkbar.

5. Backendbasierte Diagnose – Potentiale und Herausforderungen

Wie zuvor dargelegt, bietet die backendbasierte Diagnose vielfältige Potentiale zur Verbesserung der Fahrzeugdiagnose aber auch eine Menge Herausforderungen. Eines der Potentiale ist den Status-Quo zu wahren und zukünftige, vernetzte Fahrerassistenzfunktionen überhaupt diagnostizierbar zu gestalten. Darüber hinaus bieten sich auch Potentiale in den Grenzen der konventionellen Onboard-Offboard Diagnosetrennung. Die großen Potentiale liegen aber im Bereich neue Diagnosekonzepte jenseits klassischer Onboard- und Offboarddiagnose, bzw. in der Neuinterpretation bereits erstellter und verworfener Konzepte aus dem Bereich der modellbasierten Diagnose. Hierbei liegen die größten Herausforderungen im Bereich der Funktionsarchitektur neuer Diagnosesysteme.

5.1 Architektur zukünftiger Diagnosesysteme

Der Bereich der E-/E-Architektur von Fahrzeugen, beschäftigt sich im Wesentlichen mit der Beschreibung und Dekomposition von Fahrzeugfunktionen, der Beschreibung

und Katalogisierung von Komponenten und dem Mapping von Teilfunktionen auf Komponenten. Typischerweise stellen die Komponenten Ressourcen, wie z. B. Speicher, CPU-Zeit, Aktuatorik, Sensorik, bereit und die Teilfunktionen benötigen diese Ressourcen. Die Architektur des Fahrzeugs beschreibt letztendlich die Zuordnung der Funktionen zu den Steuergeräten.
In zukünftigen Diagnosesystemen, wird es im Wesentlichen drei Hauptkomponenten bzw. Teilnehmer der Diagnose geben. Diese sind Fahrzeug, Backend und Service Device. Ergänzt werden diese durch Messtechnik und Werkzeuge, die ggf. auch Teil der vernetzten Diagnose sind.
Die Diagnoseteilfunktionen werden sich je nach eingesetzter Diagnosemethode unterscheiden. Das Fahrzeug wird als Ressourcen Messwerte mit hoher zeitlicher Auflösung und geringen Latenzen aber verhältnismäßig wenig Speicher und CPU-Zeit bereitstellen können. Im Backend hingegen kann man davon ausgehen, dass CPU-Zeit und Speicher für anspruchsvolle Algorithmen in ausreichender Menge und zu geringen Kosten vorhanden sind. Im Backend können darüber hinaus auch fahrzeugübergreifende Informationen (z. B. Referenzwerte und Ausfallraten aus der Fahrzeugflotte oder Informationen zur Verkehrsinfrastruktur) bereitgestellt werden. Zur Darstellung der Ergebnisse sind verschiedene Anzeigegeräte, vom Laptop, über Tablets bis zu Augmented Reality Brillen verwendbar.
Zentrales Element backendbasierter Diagnosekonzepte ist die Interaktion von Fahrzeug und Backend. Eine Diagnosearchitektur für den Serieneinsatz muss hier elementare Themen wie Sicherheit und Kosten berücksichtigen. Dem gegenüber sollten vorher verschiedene Architekturvarianten für backendbasierte Diagnosesysteme untersucht und verglichen werden, um die Potentiale korrekt bewerten zu können. Hierbei ist die Verteilung der Teilfunktionen ein zentrales Thema.
Die Interaktion von Fahrzeug und Backend wird neben den fahrzeugseitigen Diagnoseschnittstellen vor allem durch die Kommunikationsverbindung zwischen Fahrzeug und Backend bestimmt. Diese Verbindung ist im Hinblick auf Latenz und Bandbreite starken regionalen und zeitlichen Schwankungen unterworfen. Im Hinblick auf eine (prädiktive) Onlinediagnose stellt dieser Punkt eine enorme Herausforderung dar. Daher müssen Strategien zur verlustarmen, bzw. verlustfreien, Aggregation und Reduktion von Fahrzeugsysteminformationen im Fahrzeug erprobt werden. Diese fahrzeugseitigen Auswertungsmaßnahmen müssen individuell auf die konkrete Problemstellung zugeschnitten werden, da sie sich je nach verwendeter Diagnosemethode, benötigten Fahrzeugdaten und Zeitverhalten der zu diagnostizierenden Funktion unterscheiden.

5.2 Funktionale Ausgestaltung zukünftiger Diagnosesysteme

Zukünftige Diagnosesysteme setzen eine Interaktionsstrategie voraus. Hierbei geht es vor allem um die Frage, welche Operationen ein backendbasierter Diagnosealgorithmus auf dem Fahrzeug durchführen soll. Lesende Operationen werden vor allem unter Datenschutzaspekten kritisch betrachtet werden, schreibende Operationen werden hingegen Fragen bezüglich der System- und Verkehrssicherheit aufwerfen. Auch im Hinblick auf zukünftige automatisierte Fahrfunktionen sollte die Integration einer flexiblen Abstraktionsschicht in das Fahrzeug untersucht werden. Hierdurch könnten zum einen personenbezogene Daten entpersonalisiert werden, zum anderen könnten für schreibende Zugriffe zusätzliche Sicherungen integriert werden.
Eine große Stärke backendbasierter Diagnosesysteme wird die Verfügbarkeit fahrzeugübergreifender Informationen sein. Potentiell interessante Diagnoseinformatio-

nen sind Referenzwerte, wie z. B. Ausfallwahrscheinlichkeiten von Bauteilen, die auf aktuellen Felddaten basieren und zu SmartData verknüpft werden müssen.
Die große Herausforderung liegt hierbei weniger in der Errechnung der Werte. Entscheidend ist z. B. die Frage, welche Fahrzeuge eine Referenzgruppe bilden. Hierbei sind zum einen strukturelle Eigenschaften des Fahrzeugs zu beachten, zum anderen wird der Zustand eines Fahrzeugs und seiner Systeme nach der Produktion wesentlich durch die Nutzung bzw. Nutzer des Fahrzeugs bestimmt. Die Bildung einer Referenzgruppe sollte also nicht nur nach Baureihe, Modellgeneration und Modelljahr erfolgen. Neben dem genauen Produktionsdatum sind beispielsweise auch spätere Einsatzorte des Fahrzeugs mit ihren Umweltbedingungen interessant.
Zur Untersuchung und Bewertung neuer backendbasierter Diagnosekonzepte bietet sich die Verwendung einer leistungsfähigen Cloud-Lösung an. Nur wenn ein Großteil der im Fahrzeug verfügbaren Informationen im Backend genutzt werden kann, können Grenzpotentiale für neue Diagnosekonzepte ermittelt werden.
Nicht alle Diagnosekonzepte, die als Prototypen technisch machbar sind, sind auch im Serieneinsatz sinnvoll und wirtschaftlich umsetzbar. Aber ohne entsprechende Prototypen und Forschungsansätze gehen wertvolle Impulse für die Entwicklung zukünftiger Diagnosekonzepte verloren.

6. Zusammenfassung und Ausblick

In diesem Beitrag wurden die Herausforderungen im Kontext Diagnose bei der Vernetzung von Fahrzeugsystemen mit fahrzeugfernen Infrastrukturen thematisiert.
Die große Stärke backendbasierte Diagnosesysteme, wie z. B. die Verfügbarkeit fahrzeugübergreifender Informationen, wurde diskutiert und Lösungsansätze vorgestellt. Insbesondere modellbasierte Diagnoseansätze im Backend versprechen einen Ansatz zur Lösung der genannten Diagnoseherausforderungen.
Hierzu wurde eine im Rahmen verschiedener Forschungstätigkeiten aufgebaute TUD-FZM CLOUD (Evaluierungsplattform) zur Analyse der Herausforderungen und Identifikation von Lösungsansätzen vorgestellt. Kernthemen wie z. B. BigData zu SmartData, „Internet der Dinge“, Datenerfassung und -übertragung sowie strukturierte Datenhaltung und Auswertung im Backend werden damit abgedeckt. Erste Ergebnisse des prototypischen Einsatzes zeigen das große Potential auf.
Ein weiteres großes Potential der Evaluierungscloud besteht in der möglichen Einbindung von weiteren diagnosespezifischen Systemen, z. B. aktuellen Diagnoseprotokollen und –diensten auf Basis von am Markt befindlichen Diagnose-Laufzeitumgebungen. Für Forschung, Vorentwicklung/Entwicklung und Service kann damit das Themenfeld der backendbasierten Diagnose zielorientiert untersucht und marktfähige Lösungen abgeleitet werden.
E2E-Diagnosemethoden im Zusammenhang mit dem „Internet der Dinge“ und den IT-Technologien werden die Zukunft der Fahrzeugsystementwicklung prägen. Der einleitend aufgezeigte Paradigmenwechsel bei der Systembetrachtung im Sinne der Diagnose verdeutlicht und zeigt auf, dass zukünftig neuartige Diagnoseinfrastrukturen für die Sicherstellung von Qualität und Service erforderlich sein werden.
Die Technologie der beschriebenen Evaluierungsplattform im Zusammenhang mit den diskutierten Diagnosemethoden kann hierbei einen wichtigen Beitrag leisten.

Literatur

[1] V. P. Andelfinger und T. Hänisch, Internet der Dinge - Technik, Trends und Geschäftsmodelle, Wiesbaden: Springer Gabler, 2015.

[2] W. Heuring, „Warum Big Data zu Smart Data werden muss!," 2015. [Online]. Available: http://www.siemens.com/innovation/de/home/pictures-of-the-future/digitalisierung-und-software/von-big-data-zu-smart-data-warum-big-data-smart-data-werden-muss.html. [Zugriff am 9. März 2015].

[3] B. Bäker und A. Unger, „Diagnose in mechatronischen Fahrzeugsystemen (Vorlesung)," Dresden, 2014.

[4] Sächsische Energieagentur - SAENA GmbH; Bayern Innovativ Gesellschaft für Innovation und Wissenstransfer mbH, „Schaufenster Bayern-Sachsen ELEKTROMOBILITÄT VERBINDET," [Online]. Available: http://www.elektromobilitaet-verbindet.de/projekte.html. [Zugriff am 9. März 2015].

[5] „Mosquitto: An Open Source MQTT v3.1/v3.1.1 Broker," [Online]. Available: http://mosquitto.org/. [Zugriff am 12. März 2015].

[6] „MQTT: (M2M)/"Internet of Things" connectivity protocol," [Online]. Available: http://mqtt.org/. [Zugriff am 13. März 2015].

[7] A. Velosa, J. F. Hines, H. LeHong, E. Perkins und R.M. Satish, Predicts 2015: The Internet of Things, Gartner, Inc., 2014.

[8] T. Akidau, A. Balikov, K. Bekiroglu, S. Chernyak, J. Haberman, R. Lax, S. McVeety, D. Mills, P. Nordstrom und S. Whittle, MillWheel, Fault-Tolerant Stream Processing at Internet Scale, Google Research, 2013.

[9] E. Stein, Taschenbuch Rechnernetze und Internet, München: Hanser, 2008.

7 Ups and Downs of a Long-Distance Relationship Overcoming Security Problems in Remote Maintenance

Dr. **Stephanie Bayer**, **Hakan Cankaya**, **Lena Meier**, ESCRYPT GmbH, München

Abstract

It is well known [1], [2], [3] that it is possible to gain unauthorized access to a vehicle's electronics and to tamper with the vehicle over the local on-board diagnostic interface. However, such attacks require plugging in a physical device into the diagnostic interface of the vehicle and an attacker needs to get direct access to the car. Therefore, although recognized, the risk has been tolerated since physical access to the vehicle is required and (remote) attacks on a large number of vehicles were highly unlikely. But, over the last years, OEMs are considering to perform maintenance tasks remotely and furthermore provide many more services through remote connectivity. The interface for remote access gives rise to a new class of attacks while the old problems are still in place. To secure the remote maintenance, standard solution from the IT-world cannot be applied one to one; security specialists and OEMs have to think out of the box to design solutions for the special needs of the automotive world.

This contribution will give an overview over possible security risks introduced by such a remote access interface. It will be pointed out how these risks differ from the well-known scenarios, e.g. different attacker profiles and complex HW-SW interoperability, and why attacks via a remote diagnostics interface can have more severe consequences. Subsequently, possible solution strategies to overcome the problems, e.g. embedded public-key infrastructure (PKI), will be discussed and described. The complete life-cycle of the vehicle will be considered and solutions for the security risks in each life-cycle stage will be illustrated, e.g. initial key injection at production. We will also explain how the strategies can be applied to other aspects of remote maintenance, e.g. over-the-air (OTA) SW update.

To sum up, this paper will provide an insight into the security risks and practical tips to establish a trustworthy and secure basis for a remote connection to the vehicle.

Kurzfassung

Es ist bekannt [1], [2], [3], dass die lokale Diagnose Schnittstelle von Fahrzeugen einfach missbraucht werden kann um unautorisierten Zugang zu der Bord-Elektronik zu erhalten und diese auch zu manipulieren. Aber all diese Angriffe benötigen direkten physikalischen Zugang zum Auto um ein spezielles Gerät direkt in die Diagnose Schnittstelle zu befestigen. Deshalb wurden diese Angriffe bis jetzt toleriert, da Angriffe (aus der Ferne) auf eine Vielzahl von Fahrzeugen gleichzeitig als sehr unwahrscheinlich galten. Aber, in den letzten Jahren erwägen immer mehr OEMs Wartungsarbeiten an Fahrzeugen aus der Ferne durchzuführen und gleichzeitig immer mehr Services über diese Schnittstelle anzubieten. Werden diese Services nicht abgesichert, bleiben die alten Probleme bestehen und gleichzeig erlauben sie eine Vielzahl

von neuartigen Angriffen. Leider können aber Sicherheitslösungen aus der IT-Welt nicht eins zu eins übernommen werden und daher müssen Sicherheits-Experten und OEMs kreativ werden um Lösungen zu finden die auf die Automotive Welt zu geschnitten sind.
In diesem Artikel werden wir einen kurzen Überblick über mögliche Sicherheitsprobleme geben und schildern welche neuen Probleme durch den Fernzugang eingeführt werden. Anschließend werden mögliche Lösungsstrategien um diesen Problemen Herr zu werden vorgestellt. Wir werden erklären wie diese Strategien benutz werden können um Diagnose aus der Ferne abzusichern und wie ähnliche Methoden benutz werden können um Software Updates über die Luftschnittstelle zu sicheren.

1. Introduction

Modern vehicles have become complex information technology (IT) systems consisting of multiple interconnected Electronic Control Units (ECUs) which are responsible for safe and correct functionality of the car. In order to provide comprehensive, easy-to-use self-diagnostic and reporting functionality for in-vehicle ECUs, a standardized On-Board Diagnostic (OBD) interface was developed in the 1990s.-However, the world has moved forward since the Nineties and is getting more and more connected. As a consequence some of the multiple ECUs in a modern vehicle have connectivity over 2G/3G or WLAN. Therefore, OEMs are considering to perform maintenance tasks remotely and furthermore to provide many more services through remote connectivity, e.g. software updates. But establishing a powerful remote access to vehicles gives rise to a lot of new serious attack vectors, if not carefully designed with security in mind.
To explain this in more details, we will have a closer look at the already existing threats arising from the physical OBD port. For example as shown in [4], the mileage of a vehicle can be changed in a few seconds without leaving any traces by using a diagnostic tester. Koscher et al. [1] describe how one can change in-vehicle parameters or circumvent the electronic locking system to affect even the driving behavior of the car. Recent publications demonstrate more advanced exploits by inserting manipulated parameters in order to "overtake" various safety-critical functionalities (e.g. steering, brakes) of a vehicle via OBD [5]. Other potential attackers might read out competitor's intellectual property, e.g. ECU firmware. Hence, there is apparently a need for actions to protect the OBD interface against data security and privacy infringements.
All these attacks are known for some time but the risk has been tolerated since physical access to the vehicle is required and (remote) attacks on a large number of vehicles were highly unlikely. But, with a remote diagnosis interface all these attacks will be possible from remotely and this allows an attacker to stage attacks against many vehicles at the same time. Furthermore, the diagnosis interface offers the functionality to update software on ECUs (Software over the Air (SOTA)) or is used for eCall functionality, and this new functionality opens the door for even more attacks. An attacker could gain privacy invasive information, e.g. recent vehicle locations, eCall data set, or inject malware from a great distance using the update functionality.
All these examples show that there is a need for security, since the existing solutions are not enough as shown by researchers [1], [6], [7]. We will explain in this paper which possible building blocks can be used to secure the remote maintenance interface and explain how these bricks help to secure remote diagnosis and SOTA.

In this paper, we discuss at first the security risks in the setting of remote maintenance applications. Potential attackers, their motivation and capabilities, as well as typical sources of security vulnerabilities are presented. In Chapter 2, we elaborate on security measures, such as cryptographic algorithms to ensure confidentiality or integrity of data, or secure runtime environments, that are essential tools to implement secure remote maintenance services. Finally, concepts for secure diagnosis, i.e. a process ensuring strong authentication between the tester and the ECU, and secure over the air updates are presented.

2. Security Risk

In this chapter, we discuss potential attackers, their motivation, and the main sources of security vulnerabilities in the setting of remote maintenance applications. Risks resulting from wireless interfaces, insufficient key management solutions, and the communication unit itself are analyzed.
The attackers and their motivations have changed little in comparison to the well-known setting in which maintenance is done via the OBD interface. The attackers can be grouped in four different groups. Garages and competitors try to use the diagnosis interface to provide their own service, e.g. with a dedicated app that will motivate vehicle owners to use their maintenance and repair services rather than the very expensive ones of the OEM. Equally powerful adversaries are tool makers, which are capable of purchasing and analyzing several communication units to gain information to develop user-friendly tools that enable less skilled users to perform remote diagnosis or to activate additional features. These users are in general vehicle owners but as rental services gain popularity it is important to note that there are several realistic use cases where the driver is not the same person as the owner but is highly motivated to modify the vehicle's behavior or manipulate collected data. Owner and driver have physical access to the vehicle and the communication unit but might also be interested in remote control and other services via smartphone app, since remote control of the vehicle, e.g. checking if the vehicle is locked and if all windows are closed without leaving the house, is an interesting comfort feature. However, this functionality can be misused by the owner to manipulate the vehicle without physical access. In addition to the three mentioned groups of attackers, which have personal or financial motivation to attack the remote maintenance service, hackers and research facilities are interested in attacking vehicles. However, their main interest lies not in gaining monetary benefit but in proofing their knowledge and in detecting security vulnerabilities. This group of skilled adversaries will not perform attacks on vehicles in traffic but publish discovered weaknesses and successful attacks. The resulting media coverage can motivate and enable succeeding attackers and harm the OEMs reputation.
All these attacker have in common that they want to misuse existing vulnerabilities inside the functionality of the vehicle. One of the biggest vulnerability in automotive diagnosis is that everybody with access to the OBD port or CAN bus can open a diagnosis session with any ECU. While this requires physical access to the vehicle so far, in future this restriction will vanish and everybody could open a diagnosis session remotely. Therefore, it is important to restrict access to any diagnostic services – even to basic functionality.
Furthermore, critical diagnosis services, e.g. WriteMemoryByAddress from UDS, are often not sufficiently protected. In theory, diagnostic protocols like UDS or Keyword

Protocol 2000 (KWP2000) provide the possibility to implement secure services by demanding the execution of the SecurityAccess service, a seed-and-key protocol, prior to certain service requests. The ECU generates a seed and sends it to the testing device. Based on this seed, the tester has to calculate a key that is returned to the ECU and unlocks the secured UDS functionality. However, the standards do not specify in detail how SecurityAccess should be implemented and which cryptographic algorithms should be used. If the same seed is used more than once, the access could be circumvented by replaying a recorded key without knowing the underlying derivation algorithm. Another problem is that often very short seeds and response values are used [1], and therefore, the access can be broken by brute force attacks. If the described weaknesses are not migrated all the attacks are possible over the remote interface as well.

Apart from the well-known channels like the internal bus systems CAN or FlexRay and interfaces for media in the infotainment unit, remote access channels have been integrated in the vehicular architecture for comfort features, diagnostics, and update processes. The underlying protocols themselves induce security weaknesses: certain Bluetooth modes are vulnerable to man in the middle attacks [8], the WPA encryption of WiFi connections is outdated and insecure [9], and GSM has been subject to man in the middle attacks [10] as well as to denial of service attacks [11]. These examples show that protocols underlying remote diagnosis and maintenance procedures can be incapable of implementing arising requirements, such as integrity and authenticity of update packages or the protection of the OEM's intellectual property, at a sufficient level of security.

In order to enable remote attacks and especially to bypass minor security measures, it can be necessary for the attacker to perform manipulations at the communication unit. This form of attacks requires at least one physical access to the vehicle, however, the vehicle owner, a mechanic at a garage, and every user of rental service has the required level of access. Physical access to the respective ECU is used to manipulate the software on the device. While sophisticated hackers are able to retrieve, decompile, analyze, and customize the original software, an average vehicle owner or mechanic can at least install a new version of software that is enhanced according to his needs. Apart from the remote interfaces that have already been discussed, interfaces like USB, Bluetooth, or JTAG are obtainable for an attacker with physical access to the ECU.

Advanced attackers, such as tool makers or competitors, can purchase one or several vehicles to extract and analyze software. The obtained data enable the attackers to identify security vulnerabilities, global keys, and obfuscation methods and, in turn, develop tools and solutions that enable less sophisticated persons to perform undesired actions remotely.

It is obvious that the discussed attacks can cause severe damage including endangering the safety of vehicle passengers. Even if the attacker does not use his knowledge to perform attacks on vehicles in traffic, potential security vulnerabilities and the related media coverage can damage a company's reputation and cause significant financial damage. To limit the risk of remote attacks, it is important to consider potential security risks in an early stage in the development of remote maintenance systems.

While well-established protocols are difficult to change for individual OEMs and suppliers, key management is an essential part of the concept that is fully under control of the involved parties. Just as a chain is only as strong as its weakest link, a strong and secure cryptographic algorithm requires wise choices for keys and random input to take full effect. As a basis of good key management, it is crucial to know about current recommendations for key lengths as progress in cryptanalysis and increasing computational power demand longer keys to maintain a comparable level of security. Reliable predictions are published on a regular basis by federal organizations, such as NIST [12] and BSI [13]. Given that a secure algorithm with a sufficient key length has been chosen, the respective keys need to be generated and distributed. For the step, the key generation, it is advisable to rely on standardized sources of randomness. Up to this point, the key management process is supported by tried and tested standards. The distribution of keys is a more complex process and needs to be designed individually for the various use cases. Secure and still manageable solutions for this issue are presented in Chapter 3.

3. Security Measures

In this chapter we want to provide an overview of general security measures and enable a basic security understanding for the reader. The chapter starts by explaining the individual aspects of data security and then lists possible cryptographic algorithms that should be used to achieve each security objective in the last subsection.

3.1 Authenticity and Integrity

A central question of data security is if the data you interpret is trustable. The two most important aspects defining the trust into the data are the origin of data, i.e. who has produced the data, and integrity of data, i.e. has the data been modified. These two aspects are usually closely coupled together and several methods to assure these aspects exist in the field of data security.
Measures targeting data integrity must assure the consistency of data over its entire life-cycle. That means that either the data must be sufficiently protected, e.g. using secure flash, or an alteration in the data must be reliably detectable, e.g. by secure boot or by signed messages.
The authenticity of data assures that data is genuine and/or that the communication partner is who they claim to be. This is an important aspect for example for SW update packages or M2X communication.

3.2 Data Privacy

Data privacy copes with the problematic of protecting the access to data from unauthorized entities. This is an important aspect within a device for protecting, e.g. intellectual property, private data from third parties, or critical data such as cryptographic keys. This objective can be achieved by restricting access to the data storage of the device or by using processors with dedicated protected storage areas for critical data. Nevertheless, one should keep in mind that alternative attacks exist to get access to data, such as side channel or cold boot attacks. Further possibilities are to encrypt the data on the storage and decrypt data when needed with the (protected) credentials. This data has to be decrypted during runtime, thus an attacker may retrieve data during execution with various attacks.

Another, and actually a more important, aspect regarding data privacy is the privacy of data on communication channels. The next chapter will analyse this issue a little more detailed.

3.3 Secure Communication

Secure communication takes the previous aspects of authenticity and integrity one step further and deals with the central question on how to provide a trustable communication. This includes assuring the authenticity of the remote entity, the integrity of data, the privacy of data, and the freshness of data.
Several cryptographic algorithms *(e.g. AES)* exist to assure the privacy of the data on a communication bus which have proven themselves. An important aspect of such a protected communication is the handling and distribution of key material used within these algorithms. Best practice approaches for secure key management are presented in Section 3.5.

3.4 Basic Background on Cryptographic Function

Before going any further into details of specific aspects of the data security we want to provide an overview of various cryptographic functions and explain the principal difference between symmetric and asymmetric algorithms.
Encryption is the process of encoding data in such a way that only authorized entities, e.g. entities owning the credentials/keys, can decode and read the data. Here we can basically speak about two general types of cryptography, symmetric and asymmetric.
A symmetric encryption can be principally compared to password protection. The data is decrypted with the same cryptographic key which was used to encrypt the data (e.g. AES, 3DES, RC4). Each entity that is required to decrypt or to encrypt data must have this key. In an asymmetric encryption scheme, there are two types of keys which form a key pair, the private key and the public key (e.g. RSA, ECC). The public key is available for everyone and is used to encrypt data. This encrypted data can then only be decrypted by the owner of the private key.
Another important type of cryptographic functions are algorithms to verify the integrity (and authenticity) of data. The aim is to make sure that data has not been altered. Again, there are symmetric and asymmetric algorithms. The symmetric type calculates and adds message authentication codes (MACs) to the data of which the integrity shall be assured (e.g. HMAC, CBC-MAC). The message authentication code algorithm has two inputs; the message and a secret key. The entity verifying the MAC of a message knows the secret key, too, and generates the MAC of the received data, and compares it with the received MAC. If the two MACs match, the data has not been altered during transmission. When asymmetric algorithms (e.g. RSA-PSS, ECDSA) are used for assuring the integrity and authenticity of data, we speak of signatures. The sender of the data generates a signature of the data with his private key. The receiver of the data has the corresponding public key and can verify the correctness of the signature with this public key. However, receivers are not able to generate a valid signature using the public key.
It is obvious that, in practice, symmetric-key algorithms are challenging because the entities that want to communicate in a secure way have to agree on a shared key via

an untrustworthy channel. The benefit of symmetric cryptography in comparison to public-key cryptography is that it is computationally more efficient and shorter keys can be used to achieve an equivalent level of security.

3.5 Key Management

The solutions above assume that the required key material is already distributed to each end device, but exactly this process is a critical step in the whole security life cycle of a product. Key management does not only cover the generation and deployment of the keys in the devices, but also the organizational management including storage, access rights, etc. of keys and certificates and furthermore in-field update mechanisms for keys and certificates.
The initial deployment of the keys is a security critical procedure. The keys must either be generated in the device and never leave the device or must be generated in a protected environment and transferred to the device in a secure way. Usually a backend with secure storage is used to generate and distribute keys and certificates. It is important to restrict access rights to such a backend and ensure that the generated keys are deployed in the correct devices.
In the field a secure key update mechanism and also a secure way of communicating revoked certificates must be assured. For security reasons certificates are usually created with an expiration date. Thus a secure certificate update mechanism in the field must be provided by the key management. This can be either done with a "push" mechanism in which an administrator has to initiate the certificate update for a specific device, or in the other case the device can "pull" a certificate by requesting a certificate update from the backend. In some cases valid certificates may have to be revoked before the expiration date. In this case other communication partners need to be aware of these revoked certificates. So called certificate revocation lists are distributed from the backend for such cases and include all revoked certificates.

3.6 Securing Data and Keys

The security of many cryptographic algorithms is based on the privacy of keys. This aspect is not always easy to achieve on every end device as the user/owner usually has direct access to the device and can extract data with sufficient knowledge and time. Furthermore, the SW on the device or functions of the device available via the local network, e.g. diagnostic service over the CAN, may enable third persons to extract the keys remotely. The complex interaction of systems in the vehicle and also the fact that SW from different providers interact with each other makes a completely protected system very difficult.
Chip manufacturers have responded to this fact by introducing dedicated protected HW security modules (HSMs) which also serve as secure key storages on the processors such as the SHE module. These modules hinder any SW or person to read out the key material and serve as a secure runtime environment for executing cryptographic algorithms which use the protected keys. The extraction of keys may still be possible with complicated and time-consuming attacks such as side channel attacks; nevertheless the effort is much higher. Especially when device specific instead of global keys are used in the system the benefit of extracting a key from a device with a security module is usually not worth the effort.

3.7 Secure Runtime Environment

Security measures do not provide any benefit when they can be bypassed due to backdoors, unsecured services and interfaces, or exploitable bugs. A secure runtime environment is prerequisite for a secure ECU and for effective security functions.
The firmware of today's ECU is usually composed of SW from different vendors and open source projects. This makes the evaluation process very difficult and also increases the effort for tracking security critical bugs in the system. Furthermore the interfaces between the SW modules introduce further sources of probable vulnerabilities into the system, such as buffer overflows. A thorough security validation of the system comes quickly to its limits.
Systems of this complexity have also organizational problems. Usually a team of multiple persons or even multiple teams work on the various SW modules and the general architecture. Persons or teams not aware of security requirements or the implications of their decisions may cause severe security risks which may not be recognized during the development phase. Furthermore additional problems may arise due to wrong configuration of the individual services and SW modules. The risk increases when multiple people contribute to the system configuration and possible introduce security critical configurations, such as enabled services, forwarded communication ports, or access rights to file system.
The solution to secure a complex system is not straightforward. A clear and thorough requirement and specification stage is definitely required. Furthermore a main security responsible keeping track of the system components and system configuration should be assigned to each project. This person should track all security relevant services and interfaces, the authorizations in the system (e.g. principle of least privileges), enforce security measures end minimize overall security risks. Furthermore a thorough evaluation phase is required. This may include the analysis of the system and security relevant provesses, testing the system for known risks, penetration testing and fuzz testing.
Moreover, measures to prevent access to the system via the HW interfaces (e.g. JTAG) or any services (e.g. SSH) should be effectively restricted.
To detect any manipulations on the system, measures like high assurance boot (HAB) or an Integrity Measurement Architecture (IMA) for validation of the integrity during runtime should be added.

4. Concepts

4.1 Secure Diagnostics

As seen in Section 2 one problem with the diagnostic services is missing authentication between a tester and the ECU. Enforcing strong authentication between local tester and the ECU would either result in a limited group of garages that can perform diagnostic or all testers are able to access the services. The first solution is not practical for physical diagnosis and the second does not solve the problem. But the situation is different for remote diagnosis access. Here it is possible to enforce strong cryptographic authentication since the ECU communicates over a dedicated telematics ECU with the diagnosis backend. Figure 1depicts a possible design for authenticated diagnostic access.

If a mechanic wants to start a diagnostic session with a vehicle, he first authenticates himself against the backend using mutual authentication as described in Section 3. If the authentication was successful, he sends the diagnostic session request, which contains the vehicle ID (VID) and the ECU ID, to the backend. The backend then initiates a communication with the telematic unit of the vehicle. In order to authenticate themselves the backend and the telematics use the same mutual authentication method as between the garage PC and the backend. If the authentication was successful, the backend routes all diagnosis messages to the vehicle and the telematics routes these messages to the correct ECU. In the same manner all responses are sent back to the garage.

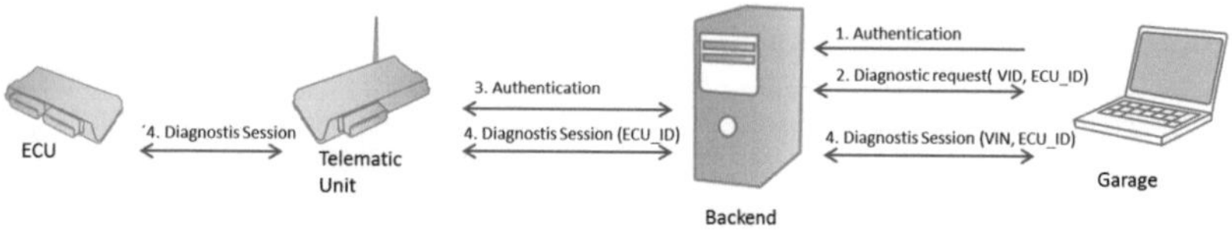

Figure 1: *Authenticated diagnosis session*

This solution overcomes both former mentioned problems; it is practical since all mechanics at garages are able to access the diagnostic interface but at the same time access to the diagnostic interface can be restricted for everybody else.

Another problem with the diagnostic protocols, which was often discussed before [14], [3], is the lack of a good and strong security access protocol to restrict the access to powerful diagnosis services, e.g. WriteDateByAddress. Solutions, how to secure the SecurityAccess, were given for instance by Bayer et al. [3], [14]. We will explain how these solutions can be applied of the remote use case. Figure 2 illustrates the general data flow under the assumption that the authentication between garage person, backend, and telematic unit was successful and a diagnostic session is in place.

If the garage person wants to access critical services, he sends the command to the backend, the backend then validates the request and checks if the garage person has the permission to access the protected session. Afterwards, the backend creates a temporary certificate cert_temp, containing a list of all permitted services, and forwards this certificate via the telematic unit to the ECU. The ECU verifies the correctness of the certificate and generates a random seed. It signs the seed using its own private key and returns the seed, the signature, and its certificate back to the backend. Then the backend calculates the response key and signs it by using the private key associated with the temporary certificate. In the next step, the ECU verifies the key and signature and, if valid, it opens the required secured diagnostic session. After this step, the ECU and the garage tester communicate via the telematic unit and the backend.

Last but not least it is important to provide a secure channel between the garage tester and the ECU to prevent an attacker from sniffing or manipulating the communication or - even worse – from hick-jacking an existing diagnosis session. Both solutions explained above allow only a limit group of persons to open a diagnosis session or request access to restricted services. But an attacker could hick-jack the sessions, for instance, by adding an additional device to the CAN bus or by misusing the cellular communication channel. To prevent attacks of this kind, it is important that the integrity and, in some cases, the confidentiality of the communication are protected.

The first objective can be reached by calculating and adding a MAC for each message, the later by encrypting the messages. For example, the AES-GCM algorithm could be used to encrypt and protect the authenticity at the same time. To avoid that a global symmetric key is shared by all devices, which would add more problems as explained in Section 3.5, a new session key should be agreed by both parties during the mutual authentication step.

A combination of the three concepts explained above allows to secure the remote diagnostic service access. It is important to note that these techniques can be used to secure the diagnostic sessions independently from the underlying communication channel and possible vulnerabilities arising from them.

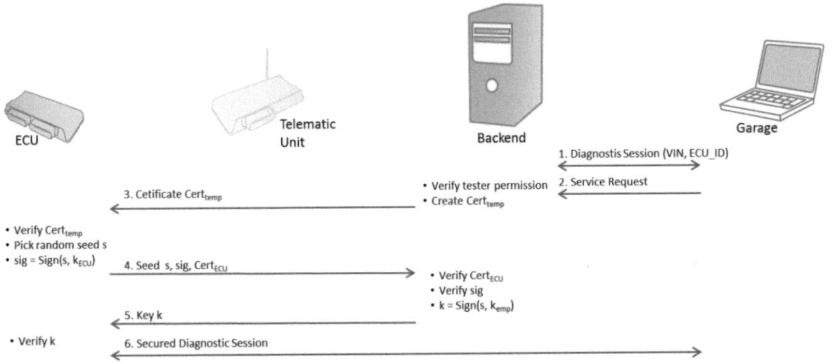

Figure 2: *Data flow SecurityAccess*

4.2 Secure Over the Air Updates

In this section, we will explain how the solutions described in Chapter 3 can be applied to secure OTA updates. The main idea is that the update is wrapped in an update container (cf.

Figure **3**) that contains the software update itself, a signature, and required parameters, e.g. applied algorithm, key length, ID of the signing key, etc. With all this information and a public verification key the vehicle can validate the correctness of the signature and therefore verify the authenticity of the software update. It is important that the public verification key is key associated with the private signing key and that the public key is known by the vehicle and stored in tamper resistance storage. The signature also ensures that no manipulated software can be installed on the vehicle. That means even if the attacker obtains a software update container he cannot manipulate the software in a way that the vehicle accepts the update.

An exemplary update process is depicted in Figure 4. In the first step, the software developer generates the software update and an authorized employee sends a signature request to backend. In order to do this, the employee has to authenticate himself against the backend and the backend verifies the authorization of the request. Afterwards the hash value of the software update is transferred to the backend and a digital signature over the hash value is calculated at the backend using the private signature key. The signature is then sent back to the software development PC. In the next step, the software developer generates the update container consisting of the update itself, the signature, and other relevant parameters. This container is then sent to the OTA distribution system. When a vehicle now initiates one of its scheduled secure connects to check for updates, the new update container can be downloaded. After successful verification of the signature the update will be installed on the vehicle.

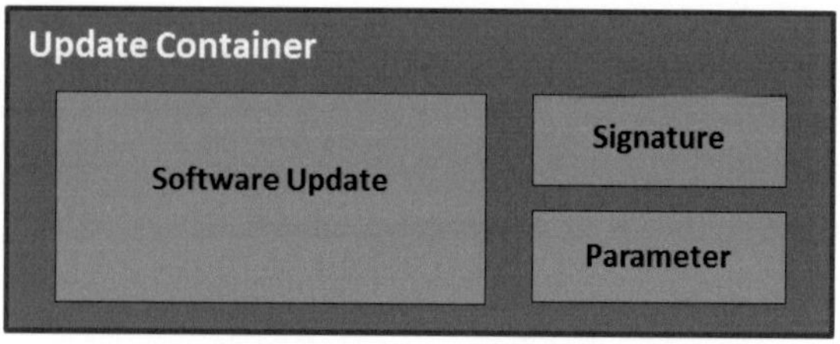

Figure 3: *Structure of the Update Container*

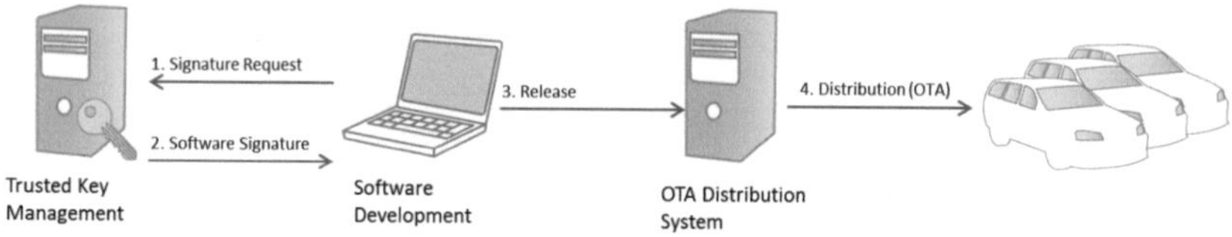

Figure 4: *Signature generation and distribution process*

5. Conclusion

In this work we discussed possible security risks arising from the remote interfaces, e.g. GSM/3G or WiFi, of modern vehicles. We showed that it is very perilous to use these interfaces for maintenance functionality, e.g. diagnostic services or SOTA, without having security in mind. On the one hand the old problems are still in place, only multiplied by the remote access, and on the other hand new attacks are possible due to the underlying technologies and new functionality.
To overcome these threats we explained general cryptographic tools which can be used as tools to secure the maintenance protocols. We also showed on two exemplary commonly used set up how these tools can be combined to enable secure and worry free remote maintenance.

Literature

[1] K. Koscher, A. Czeskis, F. Roesner, S. Patel, T. Kohno, S. Checkoway, D. McCoy, B. Kantor, D. Anderson and H. a. o. Shacham, "Experimental security analysis of a modern automobile," *Security and Privacy (SP), 2010 IEEE Symposium on,* 2010.

[2] H. Cankaya, T. Wambera and M. Wolf, IT-Sicherheitsfall Fahrzeugdiagnose, 2013.

[3] S. Bayer, R. Jung and M. Wolf, OBD = Open Barn Door? Security Vulnerabilities and Protections for Vehicular On-Board Diagnosis (OBD), 2014.

[4] A. V. Thiemel, M. Janke and B. Steurich, "Tachomanipulation - Technisch Vorbeugen," *ATZelektonik,* vol. 02, 2013.

[5] C. Miller and C. Valasek, "Adventures in Automotive Networks and Contol Units," illmatics.com/car_hacking.pdf, 2013.

[6] S. Checkoway, D. MaCoy, B. Kantor, D. Anderson, H. Shacham, S. Savage, K. Koscher, A. Czeskis, F. Roesener and T. Kohno, Comprehensive Experentimental Analyses of Automotive Attack Surfaces, 2011.

[7] C. V. Charlie Miller, "Adventures in Automotive Networks and Control Units," DEFCON 21 Hacking Conference, 2013.

[8] A. Levi, E. Cetintas, M. Aydos, C. K. Koc and M. U. Caglayan, "Relay attacks on Bluetooth authentication and solutions," *Computer and Information Sciences-ISCIS,* pp. 278-288, 2004.

[9] T. Ohigashi and M. Morii, A Practical Message Falsification Attack on WPA, Hiroshima, Japan, 2009.

[10] E. Barkan, E. Biham and N. Keller, "Instant Ciphertext-Only Cryptanalysis of GSM Encrypted Communication," *Journal of Cryptology,* pp. 392-429, March 2008.

[11] N. Golde, K. Redon and J.-P. Seifert, "Let Me Answer That For You: Exploiting Broadcast Information in Cellular Networks," in *22nd USENIX Security Symposium,* Washington, D.C., USA, 2013.

[12] National Institure of Standards and Technology (NIST), Recommendation for Key Management, 2012.

[13] Bundesamt für Sicherheit in der Informationstechnik, Kryptographische Verfahren: Empfehlungen und Schlüssellängen, 2015.

[14] S. Bayer, T. Enderle and P. Vyleta, Demonstration of Secure On-Board Diagnostic, 2014.

[15] International Organization for Standardization (ISO), ISO 14229-1: Road vehicles - Unified diagnostic services (UDS), 2006.

[16] International Organization for Standardization (ISO), ISO 11898: Road vehicles - Controller area network (CAN), 2003.

[17] International Organization for Standardization (ISO), ISO 14229-4: Unified diagnostic services on FlexRay implementation, 2012.

[18] G. Drenkhahn, Fahrzeugdiagnose über Internet-Protokolle, 2008.

[19] NIST, FIPS 186-4, Digital Signature Standard, 2013.

[20] Y. Berholz, "Product how-to: Over-the-air software reaches cars," *EDN NETWORK,* 2013.

[21] K. Bullis, "Tesla Motors' Over-the-Air Repairs Are the Way Forward," *MIT Technology Review,* 2014.

[22] M. Wolf, Automotive Security: Vom Tachodreh zum Autovirus, Elektronik automotiv, 2012.

[23] "Schäden durch Tachomanipulation," *Die Welt,* 2014.

8 Elektronische Hauptuntersuchung: Die Lösung der Automobilindustrie für effiziente Prüfverfahren

Dipl.-Ing. **Marko Gustke**, VDA, Berlin, Dr.-Ing. **Robert Tappe**, AUDI AG, Ingolstadt, Prof. Dr. **Stefan Goß**, Hochschule Ostfalia, Wolfsburg, Dipl.-Ing. **Rüdiger Zölch**, BMW Group, München

Abstract

The regular technical inspections (e.g. *Hauptuntersuchung* (HU) in Germany) for motor vehicles enhance traffic safety. To enable safety-related electronic systems for motor vehicles to be checked efficiently as part of the general inspection, an amended regulation (*47. Änderungsverordnung*) to test selected electronic systems of the motor vehicle via the vehicle diagnosis interface has been implemented in Germany.
A smart specification for this "general electronic inspection" has been developed by the automotive industry. It will form the basis for implementation in motor vehicles as well as for all inspection specifications to be provided by motor vehicle manufacturers for the technical inspection authorities.
This article outlines the content of this smart specification for the "general electronic inspection", and the possibilities resulting from this specification. Based on experience gathered in Germany to date, this article explains the necessity not only to implement an internationally standardised general electronic inspection but also an international standard for the inspection itself.

Kurzfassung

Die periodisch technische Überwachung (z.B. Hauptuntersuchung (HU) in Deutschland) von Kraftfahrzeugen dient der Erhöhung der Verkehrssicherheit. Um sicherheitsrelevante elektronische Systeme im Fahrzeug im Rahmen einer HU effizient prüfen zu können, wurde mit der 47. Änderungsverordnung der straßenverkehrsrechtlichen Vorschriften die Prüfung ausgewählter elektronischer Systeme im Fahrzeug über die Fahrzeugdiagnoseschnittstelle verordnet.
Die Automobilindustrie hat für diese „elektronische HU" eine Rahmenspezifikation erarbeitet, die die Grundlage sowohl für die Implementierung in den Fahrzeugen als auch für die durch den Fahrzeughersteller zu liefernden Prüfvorgaben an die Überwachungsorganisationen ist.
In diesem Beitrag werden die Inhalte der Rahmenspezifikation und die sich dadurch ergebenden Möglichkeiten der „elektronischen HU" dargestellt. Basierend auf den bisher in Deutschland gesammelten Erfahrungen werden die Notwendigkeit und umfangreichen Vorteile einer international einheitlichen „elektronischen HU" und eines internationalen Standards dargelegt.

1. Einleitung

Trotz steigenden Verkehrsaufkommens nimmt die Verkehrssicherheit in Deutschland kontinuierlich zu. Einen großen Beitrag leistet dabei die Automobilindustrie mit neuen elektronischen Funktionen im Fahrzeug, die den Fahrer aktiv unterstützen, ihn vor Gefahrensituationen warnen oder in einer Unfallsituation alle beteiligten Verkehrsteilnehmer bestmöglich schützen.
Die Automobilindustrie erweist sich dabei gerade in den letzten Jahren durch die zahlreichen Innovationen im Bereich Licht- und Fahrerassistenzsysteme, alternative Antriebe, Fahrzeugvernetzung und in naher Zukunft auch mit dem Automatisierten Fahren als der zentrale Technologietreiber.
Schon im frühen Stadium einer Fahrzeugentwicklung bildet die Berücksichtigung der Zuverlässigkeit dieser Fahrzeugfunktionen einen unverzichtbaren Schwerpunkt bei der Umsetzung neuer Lösungen. So sorgen fahrzeuginterne Prüf- und Diagnoseroutinen für eine permanente Funktionsüberwachung.
Auch in der herkömmlichen Hauptuntersuchung wurden diese permanenten Funktionsüberwachungen eines Fahrzeugs bereits genutzt, um den Sachverständigen über Leuchten oder Warnmeldungen den Systemzustand anzuzeigen. Mit dieser Form der Systembewertung war auch bisher eine zuverlässige Aussage über die Verkehrstauglichkeit der Systeme eines Fahrzeugs möglich. Dies wird im oberen Teil von Bild 1 dargestellt.

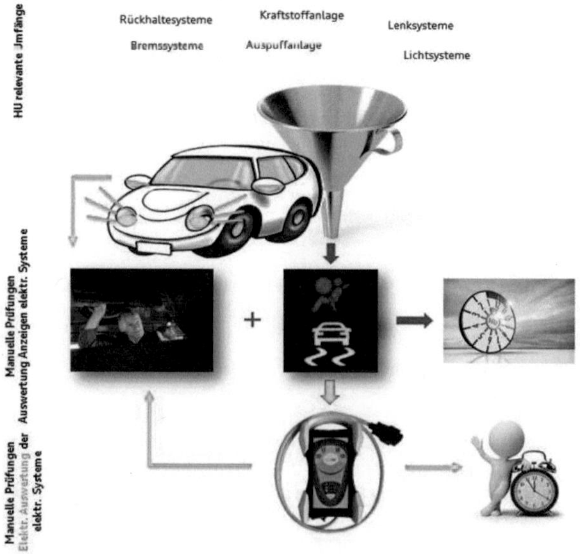

Bild 1: *Digitalisierung der HU zur Effizienzsteigerung*

Durch die ständig zunehmende Anzahl an prüfrelevanten elektronischen Systemen zeichnet sich allerdings eine stetige Verlängerung der hierzu benötigten Prüfzeiten ab. Darüber hinaus wird die Identifikation der in einem Fahrzeug verbauten elektronischen Systeme zunehmend umfangreicher.

Mit der Einführung der „Schnittstellenprüfung“ durch den Verordnungsgeber, im Folgenden „elektronische HU“ genannt, für Fahrzeuge ab Erstzulassung Juli 2012 sollen die Prüfungen der Elektroniksysteme in der HU weitgehend automatisch durch das digitale Abfragen der Systemzustände über den HU-Adapter auf elektronischem Wege erfolgen (unterer Teil in Bild 1).
Dieses Verfahren ermöglicht effizientere Prüfabläufe und bietet dem Verordnungsgeber die Möglichkeit, dadurch die Kosten der HU für den Fahrzeugbesitzer zu begrenzen. Die Fahrzeughersteller unterstützen diese Prüfmethode und haben unter der Schirmherrschaft des VDA ein Prüfverfahren für die

- Verbauprüfung
- Zustandsprüfung
- Leuchtenprüfung

entwickelt.
Während der Fahrzeugnutzung überwachen sich die elektronischen Systeme permanent selbst. Das Ergebnis dieser Überwachungen kann nun im Rahmen einer HU über eine elektronische Auswertung in einfacher Art und Weise genutzt werden.
Mit der Leuchtenprüfung unterstützt die Automobilindustrie den Bedarf der Prüforganisationen nach Prüfzeitverkürzung, indem mit dieser Methode das manuelle Ein- und Ausschalten der Leuchten entfallen und der Sachverständige wiederum im Sinne der Kostenreduzierung die Leuchten effizient prüfen kann.
In Kapitel 2 wird die elektronische HU nach dem VDA-Prüfverfahren erläutert.
Kapitel 3 greift die gewonnenen Erkenntnisse und Vorteile hinsichtlich Verkehrssicherheit, effizienter Prüfung, Prozesssicherheit sowie Kostenbewusstsein auf und nimmt dies zum Anlass, einen internationalen Standard für die Elektronikprüfung vorzuschlagen.

2. Die Hauptuntersuchung elektronischer Systeme

Im Rahmen der Hauptuntersuchung (HU) fordert der Gesetzgeber seit 1951 eine regelmäßige Überprüfung der Fahrzeuge auf Sicherheitsmängel. Jeder Fahrzeughalter muss sein Fahrzeug in den gesetzlich festgelegten Zeitabständen der HU vorführen. Im §29 der Straßenverkehrs-Zulassungs-Ordnung (StVZO) werden die Randbedingungen beschrieben [1].

2.1 Hauptuntersuchung nach der 47. Änderungsverordnung

Die 47. Verordnung zur Änderung der StVZO bringt einige Neuerungen mit sich. Diese seit dem 1. Juli 2012 in Kraft getretene Änderungsverordnung reformiert die HU. Wesentliche Neuerungen sind:

- Konditionierungsfahrt vor der Prüfung
- Neuer einheitlicher Mangelbaum
- Schnittstellenprüfung

Das Ziel der Schnittstellenprüfung (d. h. einer Prüfung über die elektronische Schnittstelle des Fahrzeugs) ist, neben einer Effizienzsteigerung bei der Prüfung der hauptuntersuchungsrelevanten Systeme (HUR-Systeme) eine bestmögliche Aussage über Verbau, Zustand und Funktion des HUR-Systems zu erhalten. Die im §29 der StVZO beschriebene Prüfkaskade unterscheidet zwischen den Prüfungen auf

- Ausführung
- Zustand
- Funktion
- Wirkung.

Diese Prüfungen können systembezogen visuell, mechanisch und/oder elektronisch erfolgen. Das bedeutet, dass für die HU zum ersten Mal die Diagnoseschnittstelle des Fahrzeugs (OBD-Buchse) genutzt wird. Genutzt werden dabei lesende Diagnosedienste (vgl. [4]), um dem Aspekt der „zerlegungsfreien und zerstörungsfreien Untersuchung“ gerecht zu werden (vgl. [1]).
Vor Einführung der neuen Elektronikprüfung erfolgte eine Mangelbewertung in der Hauptuntersuchung auf Basis der Sichtprüfung. Zur Identifikation eines möglichen Mangels in einem Elektroniksystem musste somit bisher ein Prüfer zunächst anhand von Verbaumerkmalen, wie z.B. dem Vorhandensein eines bestimmten Sensors oder Schalters, die in einem Fahrzeug verfügbaren Elektroniksysteme ermitteln. Im nächsten Schritt erfolgte eine visuelle Erfassung vorhandener Warnhinweise. Abschließend mussten die erkannten Warnhinweise den betroffenen Elektroniksystemen zugeordnet werden, um dann letztendlich über einen möglichen Mangel entscheiden zu können. In der Sprache des Verordnungsgebers ist der beschriebene Ablauf die „Systemdatenprüfung“. Ein zeitaufwendiges und somit durchaus auch fehleranfälliges Verfahren.
Die Elektronikprüfung wird für Fahrzeuge der Klassen M1 und N1 mit einer Erstzulassung nach dem 30.6.2012 eingeführt. Für diese Fahrzeuge wird sie anwendbar sein, insofern die Fahrzeugelektronik die Elektronikprüfung bereits unterstützt. Für neue Typen/Baureihen werden die Anforderungen bereits im Rahmen der Fahrzeugentwicklung berücksichtigt.
Die Einführung der Elektronikprüfung erfordert, dass die Fahrzeughersteller technische Maßnahmen erarbeiten müssen. Da diese in ihren Grundzügen nicht wettbewerbsrelevant sind, haben die Fahrzeughersteller in einem Expertenkreis des VDA die Inhalte der Elektronikprüfung erarbeitet.

2.2 Hauptuntersuchungsrelevante Systeme bei der Elektronikprüfung

Unter Hauptuntersuchungsrelevanten Systemen (HUR-Systemen) werden elektronische Systeme verstanden, die vom Verordnungsgeber als sicherheits- und damit prüfrelevant definiert worden sind, da sie bei einem vorliegenden Fehler einen Einfluss auf das Fahrverhalten des Fahrzeugs nehmen könnten.
Die Innovationen der Automobilhersteller drücken sich insbesondere in Form neuer elektronischer Systeme aus, mit der Folge, dass die Anzahl der HUR-Systeme vom Verordnungsgeber erweitert werden kann. Alle HUR-Systeme werden in der HU-Systemliste verwaltet und jedem HUR-System wird entsprechend eine System-ID zugewiesen. Anhand dieser kann das jeweilige System identifiziert werden. Die Anzahl der aktuellen HUR-Systeme beläuft sich derzeit auf insgesamt 52 Stück.
Um bei den Fahrzeugen valide Ergebnisse bei der Elektronikprüfung zu erhalten, ist es zwingend notwendig, ein Versions-Management der HU-Systemliste zu

installieren. Nur darüber ist zu gewährleisten, dass die von den Überwachungsorganisationen verwendeten Prüfvorgaben dem Ausstattungsstand des Fahrzeuges entsprechen. Automobilindustrie, Überwachungsorganisationen und der Verordnungsgeber müssen in enger Abstimmung die HU-Systemliste an den Ausstattungsstand der Fahrzeuge adaptieren. Im Anschluss daran werden überarbeitete Versionen über das Verkehrsblatt veröffentlicht.
Die Tabelle 1 zeigt einen Auszug der ersten zwei HUR-Systeme aus der HU-Systemliste. [2 S. 95ff.]

Tabelle 1: *Auszug aus der HU-Systemliste*

System-ID	System	Beschreibung	Beispielhaft einige Herstellerbezeichnungen
S001	Abbiegelicht	Beim Abbiegevorgang wird ein zusätzlicher Scheinwerfer eingeschaltet. Funktion bis 40 km/h. (z. B. laut: ECE-R 48; ECE-R 119)	Dyna View Evo 2, Halogen-Hauptscheinwerfer mit statischem Kurvenlicht, Abbiegelicht über Nebelscheinwerfer
S002	Adaptive Geschwindigkeits-regelanlage	Das System regelt in Abhängigkeit von Wunschgeschwindigkeit und -abstand zum vorausfahrenden Fahrzeug die Fahrgeschwindigkeit.	ACC (Adaptive Cruise Control), ART (Abstandsregeltempomat), Distronic, ICC (Intelligent Cruise Control), Aktive Geschwindigkeitsregelanlage, Abstandsregeltempomat (Distronic/Distronic Plus), Automatische Distanzregelung

2.3 Differenzierungen zwischen „klassischer“ Diagnose und Hauptuntersuchung

Moderne Fahrzeuge bieten eine Vielzahl an Diagnosefunktionalitäten, die – bedingt durch die verschiedenen eingesetzten Technologien – von Hersteller zu Hersteller und von Baureihe zu Baureihe variieren. Eine umfassende Auswertung dieser Vielfalt an Informationen würde den Rahmen einer Hauptuntersuchung bei weitem sprengen.
Bei der „klassischen“ Diagnose ist es z.B. im Rahmen einer notwendigen Reparatur das Ziel, Fehler im System zu lokalisieren und geeignete Abhilfemaßnahmen zu bestimmen (siehe Bild 2).

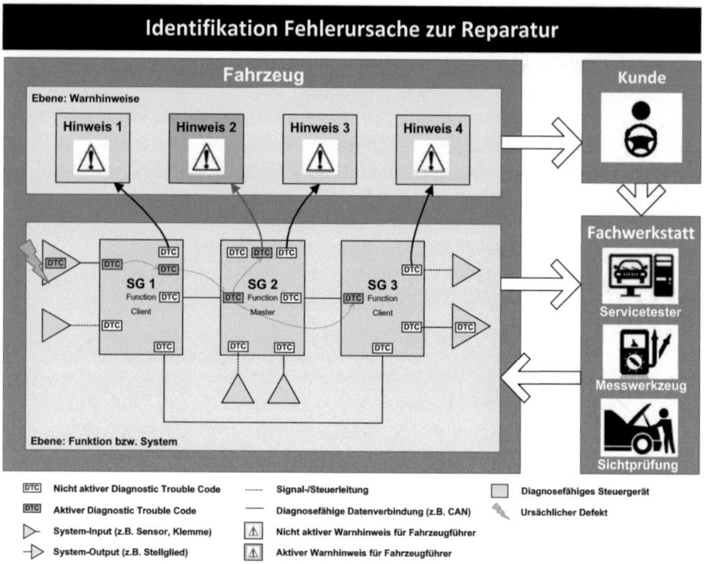

Bild 2: *Identifikation der Fehlerursache*

Bei der Hauptuntersuchung dagegen liegt der Fokus darin, festzustellen, ob die prüfungsrelevanten Systeme vorhanden sind und ordnungsgemäß funktionieren. Bild 3 stellt den Sachverhalt schematisch dar.

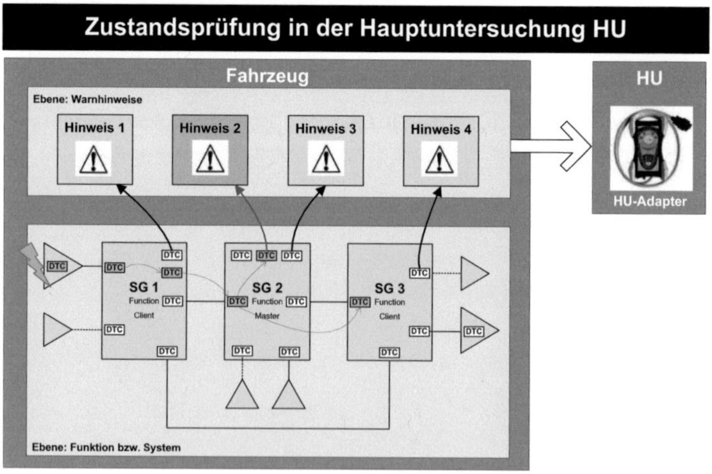

Bild 3: *Zustandsprüfung im Rahmen der elektronischen HU*

Die Vorgaben für eine HU müssen daher möglichst einfach gehalten sein. Um sich dieser Herausforderung zu stellen, wurde die VDA-Empfehlung 310-100 ins Leben gerufen.

2.4 Erkennung von Einschränkungen oder Defekten in Echtzeit

Für die sicherheitsrelevanten elektronischen Fahrzeugfunktionen ist eine wesentliche Aufgabe, eventuelle Einschränkungen oder Defekte in Echtzeit zu identifizieren, um entsprechende Maßnahmen zeitnah einleiten zu können. Somit wird für das Fahrzeug zu jedem Zeitpunkt ein sicherer und beherrschbarer Fahrzustand hergestellt und bei Einschränkungen und Defekten eine Information bzw. Warnung des Fahrzeugführers unmittelbar gewährleistet.
Dies wird bereits in der Entwicklung der Fahrzeuge mit der Integration einer Eigendiagnose für diese sicherheitsrelevanten elektronischen Systeme, aber auch während der Homologation, berücksichtigt. Im Rahmen der Homologationsverfahren spielen dabei ausgewählte Normen und Vorschriften eine zentrale Rolle.

2.5 VDA-Empfehlung VDA 310-100 für die elektronische Hauptuntersuchung

Die VDA-Empfehlung 310-100 [5] wurde in einem VDA-Expertenkreis für die elektronische Hauptuntersuchung erarbeitet und liegt aktuell in der Version 1.5.3 vor. Darin wird eine Rahmenspezifikation für eine herstellerübergreifende Umsetzung der elektronischen HU-Schnittstellenprüfung unter Verwendung international standardisierter Diagnosedienste sowie die notwendige Datenbereitstellung beschrieben. Spezifiziert sind dabei Methoden für folgende Prüfumfänge:

Ausführung (Verbauprüfung):
Die Verbauprüfung ist in diesem Zusammenhang die Prüfung des Vorhandenseins von definierten HUR-Systemen gemäß HU-Systemliste in dem zu prüfenden Fahrzeug. Dazu wird der Prozess des Abgleichs zwischen dem Soll-Verbau (also dem Verbau von HUR-Systemen zum Zeitpunkt der Herstellung des Fahrzeugs) und dem Ist-Verbau (also dem Verbau von HUR-Systemen zum Zeitpunkt der HU) spezifiziert. Dieser Abgleich erfolgt unter Verwendung lesender Diagnosedienste (vgl. [4]).

Zustand (Zustandsprüfung):
Die Zustandsprüfung umfasst in diesem Zusammenhang die Anfrage, Antwort und Auswertung eines HUR-Systems im Hinblick auf seinen Zustand. Dabei wird vollständig auf das Ergebnis der Eigendiagnose in dem jeweiligen HUR-System des zu prüfenden Fahrzeugs gesetzt. Sonstige Eingriffe über die Diagnoseschnittstelle sind nicht vorgesehen, um der Gefahr einer Fehlinterpretation von Messwerten, der Manipulation oder der unbeabsichtigten Löschung von Adaptionswerten zu begegnen. Als Ergebnis dieser Zustandsprüfung liegt der Status „bereit" bzw. „nicht bereit" vor.

Funktion (Funktionsprüfung):
Die Lichttechnischen Einrichtungen werden zusätzlich zur Zustandsprüfung einer Funktionsprüfung durch ferngesteuertes Ein- und Ausschalten der Leuchtmittel unterzogen. Bei dieser Form der Prüfung wird der Prüfer dahingehend unterstützt, dass er ohne Zuhilfenahme von Zusatzpersonal oder Zusatzhilfsmitteln (z.B. Spiegeln)

„aktive Leuchtmittel", wobei damit die lichterzeugende Einheit, also eine Halogenleuchte, eine LED o. ä. gemeint ist, prüfen kann. Darüber hinaus kann der Zustand der Leuchtmittelumgebung, z.B. der Reflektoren, Lichtaustrittsoberfläche etc. weitaus effizienter beurteilt werden als bisher. Ausnahmsweise werden für diese Prüfung aktive und nicht ausschließlich lesende Diagnosedienste (vgl. [4]) verwendet.

3. Vorgaben zur elektronischen HU und Ausblick

Ziel der neuen Elektronikprüfung für die Hauptuntersuchung ist neben einer Steigerung der Effizienz, auch die Einbeziehung sicherheitsrelevanter Fahrzeugfunktionen. Die Elektronikprüfung ist ein weiterer Baustein, um der wachsenden Komplexität der Fahrzeugelektronik Rechnung zu tragen. Nachfolgend werden betroffene Normen und Gesetze zusammenfassend vorgestellt. Darauf aufbauend wird die Entwicklung eines internationalen Standards (ISO) motiviert.

3.1 Normen und Vorschriften

Um das hohe Niveau der Fahrzeugsicherheit sicherstellen zu können und kontinuierlich weiter auszubauen, sind geeignete Normen und Vorschriften eine unverzichtbare Basis. Normen sind die notwendigen Grundlagen für Industriebaukästen, dienen als belastbarer und akzeptierter Stand der Technik und unterstützen effiziente Umsetzungen mit höchster Qualität und Zuverlässigkeit.

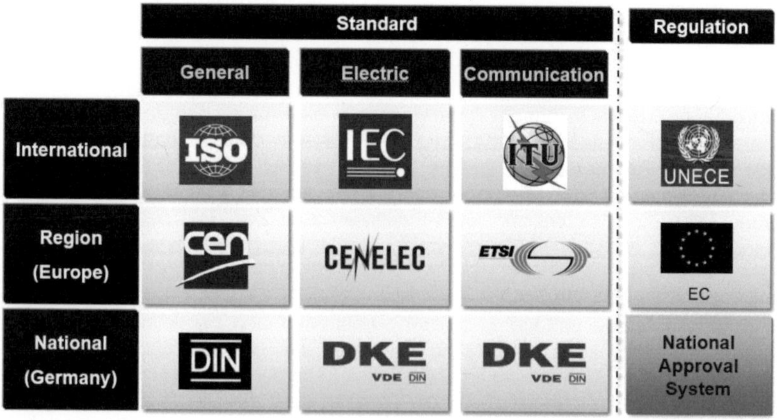

***Bild 4:** Normen & Vorschriften der Automobilindustrie (Quelle: Heiko Mertens VW)*

In der Automobilindustrie haben sich eine Vielzahl von Normen etabliert und bewährt. Neben internationalen Normen wie der ISO, der IEC oder ITU gibt es auch Normen mit regionaler oder nationaler Gültigkeit.
Ähnlich verhält es sich mit den Vorschriften, die im Wesentlichen die Basis für die Homologation darstellen. Sie sind in erster Linie als ein hohes und international harmonisiertes Mindestniveau zu verstehen.

Um den Rahmen des Berichtes nicht zu sprengen, kann nur auf einen Ausschnitt dieser Normen und Vorschriften eingegangen werden (Bild 4).

3.2 Wichtige Normen und Vorschriften zur Hauptuntersuchung

Mit der zunehmenden Komplexität und Elektrifizierung der Fahrzeugsysteme, vor allem aber auch mit Hinblick auf zukünftige Lösungen, wie z.B. dem Hochautomatisierten Fahren, wachsen auch die Anforderungen an die Hauptuntersuchung proportional. Die hier gezeigte Auswahl an Normen und Vorschriften spielen dabei eine zentrale Rolle im Zusammenhang mit der neuen Elektronikprüfung in der Hauptuntersuchung (siehe *Bild 5*).

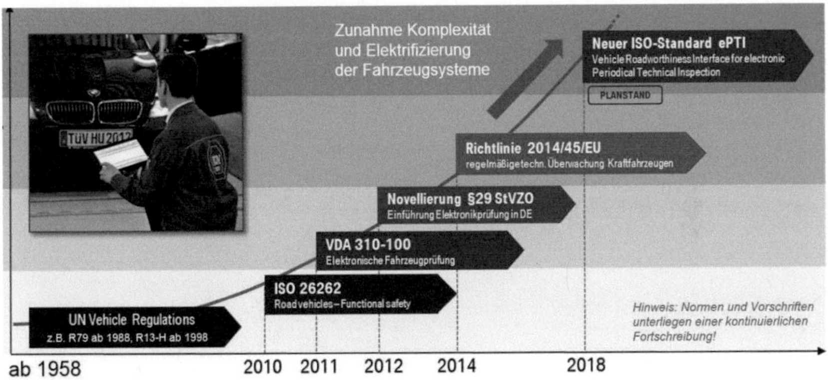

Bild 5: *Wichtige Normen und Vorschriften im Zusammenhang mit der Eigendiagnose des Fahrzeugs und der neuen Elektronikprüfung*

3.2.1 Zuverlässige Eigendiagnose auf Basis UN/ECE-Richtlinien

Die Eigendiagnose sicherheitsrelevanter elektronischer Fahrzeugfunktionen ist bereits heute Teil der Gesamtfahrzeughomologation.
Die Genehmigungserteilung relevanter Systeme inklusive deren Eigendiagnose erfolgt zum Beispiel durch das Kraftfahrtbundesamt unter anderem auf Basis der UN/ECE-Regelungen zur Lenkung UN-R79 [6] oder/und Bremse UN-R13-H [7].
Die entsprechenden Anhänge für komplexe elektronische Systeme (z.B. R79 Anhang 6) dieser UN/ECE-Regelung sehen bereits heute weitreichende Vorgaben zur Eigendiagnose vor, die auch zukünftig bei hochautomatisierten Funktionen angewendet werden können und deren Funktionalität schon jetzt weitreichend abdecken.

3.2.2 Gewährleistung Funktionale Sicherheit auf Basis ISO 26262

Die Zuverlässigkeit der Eigendiagnose wird durch die Anwendung der ISO 26262 „Road vehicles – Functional safety“ [8] oder vergleichbarer Methoden und Standards

durch den Fahrzeughersteller und Zulieferer sichergestellt, um den Herausforderungen einer steigenden Komplexität sowie unterschiedlichen Entwicklungspraktiken und technischen Lösungsmöglichkeiten gerecht werden zu können.
Die ISO 26262 richtet sich deshalb an die Hersteller von Fahrzeugen oder Komponenten, um auf Basis einheitlicher Methoden in Entwicklung und Produktion die funktionale Sicherheit zu gewährleisten.

3.2.3 Effiziente Prüfverfahren gemäß nationaler VDA-Empfehlung 310-100

Die VDA-Empfehlung 310-100 für die „Elektronische HU“, deren Inhalt in Kapitel 2.5 ausführlich dargestellt wurde, spielt eine zentrale Rolle für die Entwicklung einer effizienten Elektronikprüfung in der Hauptuntersuchung [5].
Seitens der Industrie wurde die VDA-Empfehlung 310-100 in enger Zusammenarbeit mit dem Verordnungsgeber, den Technischen Diensten, dem VDA sowie dem VDIK ausgearbeitet und befindet sich bei den Fahrzeugherstellern bereits in der Umsetzung. In der Hauptuntersuchung erfolgt eine schrittweise Einführung des neuen Prüfverfahrens.
Die VDA-Empfehlung 310-100 deckt nach heutigem Kenntnisstand auch zukünftige Prüfanforderungen hochautomatisierter Fahrsysteme ausreichend ab, allerdings handelt es sich um eine national anerkannte Spezifikation und ist nur bedingt international anwendbar.

3.3.4 Harmonisierung elektronische HU in Europa über Richtlinie 2014/45/EU

Im April 2014 erfolgte durch die Europäische Kommission über die Generaldirektion Mobilität und Verkehr (DG MOVE) die Verabschiedung der neuen Richtlinie 2014/45/EU „Regelmäßige technische Überwachung von Kraftfahrzeugen“ [9] mit Gültigkeit ab Mai 2018.
Ziel der Richtlinie ist eine Festlegung des Mindeststandards zur regelmäßigen technischen Überwachung in Europa, aber auch deren Ausweitung, unter anderem zur stärkeren Einbeziehung elektronischer Systeme auf Basis elektronischer Prüfung über Fahrzeugzugang ähnlich der neuen elektronischen HU in Deutschland.
Die Richtlinie 2014/45/EU beschränkt sich bezüglich Prüfvorgaben im Wesentlichen auf die folgenden Systeme: Bremse sowie Lenkung inkl. zugehöriger Elektroniksysteme, gesetzliche Außenleuchten, Rückhaltesysteme, Kilometeranzeige und Stabilitätskontrolle.
Im aktuellen Stand der Richtlinie 2014/45/EU sind allerdings noch wenig technische Vorgaben enthalten. Eine weitere Detaillierung der Richtlinie durch delegierte Rechtsakte wurde für die nächsten Jahre bereits angekündigt.

3.3.5 Internationale Harmonisierung der elektronischen HU auf Basis neuer ISO-Standard ePTI

Mit der Überarbeitung des §29 StVZO in 2012 hat Deutschland eine Vorreiterrolle bei der Elektronikprüfung eingenommen.
Grundgedanken daraus finden sich auch in der EU Richtlinie 2014/45/EG wieder. Aber auch in anderen Ländern zeichnet sich bereits ab, dass es in Zukunft weitere

gesetzliche Regelungen zur Überprüfung sicherheitsrelevanter elektronischer Systeme geben kann.
Da die nationale VDA-Empfehlung 310-100 aber nur bedingt international anwendbar ist, erscheint eine Überführung inklusive notwendiger Weiterentwicklungen in einen neuen international anerkannten Standard zweckmäßig. Im Frühjahr 2015 wurde in der ISO ein entsprechender Antrag zur Standardisierung mit dem Arbeitstitel

"Road vehicles — Vehicle Roadworthiness Interface for electronic Periodical Technical Inspection (ePTI)"

eingereicht.
Dieser neue ISO-Standard basiert auf den Erkenntnissen und Erfahrungen der VDA-Empfehlung 310-100 und soll Felderfahrungen und neue Erkenntnisse mit einbeziehen.
Inhaltlicher Fokus ist die zur Durchführung einer periodischen Überwachung benötigten Umsetzungen im Fahrzeug unter Verwendung des Diagnose-Fahrzeugzugangs und unter Nutzung bestehender ISO-Standards, wie z.B. der ISO 14229 „Road vehicles - Unified diagnostic services (UDS)".
Somit richtet sich dieser Standard an Fahrzeughersteller, Fahrzeugzulieferer, Gesetzgeber sowie die zur Durchführung einer periodischen Fahrzeugüberwachung beauftragten Prüforganisationen.

Folgende Schwerpunkte werden durch den neuen ISO-Standard adressiert:

- Kommunikationsschnittstelle Fahrzeug zum Testgerät bzw. Scantool.
- Fahrzeugidentifikation in Bezug auf eine standardisierte Liste (HU-Systemliste) prüfrelevanter Systeme (HUR-Systeme).
- Prüfverfahren, wie z.B. die Verbau-, Zustands- und Funktionsprüfung.
- Authentifizierung und Autorisierung.
- Manipulationsschutz.

Welche Vorteile können sich aus dieser ISO-Standardisierung ergeben?

- Harmonisiertes Prüfverfahren mit internationaler Akzeptanz.
- Basis für effiziente Umsetzungen sowohl beim Fahrzeughersteller, bei der Fahrzeugzuliefererindustrie bis hin zu den Prüforganisationen.
- Grundlage für Hersteller übergreifender Implementierungen in der Fahrzeugzuliefererindustrie.
- Ermöglicht eine effiziente Umsetzung bei den Prüforganisationen.
- Effizienter und beherrschbarer Datenaustausch zwischen Fahrzeughersteller und Prüforganisationen.
- Erhöhung der Verkehrssicherheit durch qualitativ hochwertiges Prüfergebnis.
- Vermeidung von Belastung der Fahrzeughalter durch Fehl-Bemängelung.
- Vergleichbarkeit der Prüftiefe und Vermeidung von Wettbewerbsverzerrungen.
- Integration Prüfverfahren im Industriebaukasten, wie z.B. AUTOSAR.

Mit dem Standard wird die technische Grundlage für eine weltweit einheitliche, beherrschbare und dennoch qualitativ hochwertige Fahrzeugprüfung im Rahmen der Hauptuntersuchung gelegt.

Mittel- bis langfristig kann dieses Vorgehen sogar dazu beitragen, dass die länderüberschreitende Anerkennung von periodischen technischen Überprüfungen vorangetrieben wird und damit zum Beispiel eine weitere bürokratische Hürde in der EU abgebaut werden kann.
Unter Umständen kann zukünftig ein entsprechend standardisiertes Prüfverfahren sogar auch in anderen Ländern die Anhebung der Mindeststandards zur regelmäßigen technischen Überwachung vereinfachen und somit weltweit zu einer Steigerung der Verkehrssicherheit beitragen.

4. Zusammenfassung

Um dem übergeordneten Ziel einer gesteigerten Verkehrssicherheit gerecht werden zu können, entwickelt die Fahrzeugindustrie elektronische Systeme im Fahrzeug, die den Fahrzeugführer, die Insassen aber auch andere Verkehrsteilnehmer schützen.
Zusätzlich zur kontinuierlichen Überprüfung der Funktionsfähigkeit dieser elektronischen Systeme durch die Eigendiagnose, sollten die gesetzlichen Vorgaben einer periodischen technischen Überwachung in bestimmten Umfängen angepasst werden.
Für die Hauptuntersuchung in Deutschland galt es eine kosteneffiziente Lösung zu finden, die einerseits den Verbraucher finanziell nicht benachteiligt und andererseits die Verkehrssicherheit auf einem sehr hohen Stand hält.
Die Automobilindustrie hat sich dieser gesellschaftlichen Aufgabe aktiv gestellt und durch die Schaffung der VDA-Empfehlung 310-100 die Entwicklung einer effizienten elektronischen Hauptuntersuchung ermöglicht. Damit unterstützt die Automobilindustrie die Technologieführerschaft von Deutschland mit der Einführung der elektronischen Hauptuntersuchung.
Um zu einer international harmonisierten Weiterentwicklung zu kommen, ist eine Überführung in einen ISO-Standard zweckmäßig. Dieser ermöglicht es allen Gesetzgebern einheitliche gesetzliche Vorgaben zur periodischen technischen Überprüfung erlassen zu können.
Damit kann dieser Standard mittel- bis langfristig den Abbau bürokratischer Hürden im Zusammenhang mit der periodisch-technischen Überwachung von Kraftfahrzeugen unterstützten und sogar weltweit zu einer Steigerung der Verkehrssicherheit beitragen.

Literatur

[1] Straßenverkehrs-Zulassungs-Ordnung (StVZO). Untersuchung der Kraftfahrzeuge und Anhänger. §29, s.l.: Bundesministerium der Justiz, 2012.

[2] asp. Gesetzliche Änderungen der §29, 47 StVZO. HU/AU aktuell. Bonn: s.n., Juli 2012.

[3] Innung des Kfz-Technikerhandwerks (IDK). www.idk-hannover.de. IDK Hannover. [Online] 06.2012. [Zitat vom: 03.09.2014.] http://www.idk-hannover.de/kfz/index.php/technik/allgemeines/400-47-aendvstrv-tritt-zum-01072012-in-kraft.

[4] Prof. Dr.-Ing. S. Goß. Vorlesungsunterlagen Fahrzeugdiagnose: Anwendungsbezogene Kommunikation. Wolfsburg: Ostfalia Hochschule für angewandte Wissenschaften, 2014.

[5] Verband der Automobilindustrie e. V. (VDA). VDA 310-100. [Hrsg.] Elektronische Fahrzeugprüfung gemäß §29 StVZO. Berlin: s.n., Februar 2014.

[6] UN/ECE-Regelungen R 79 Lenkanlagen

[7] UN/ECE-Regelungen R13-H Bremsen für PKW

[8] ISO/TC 22/SC 32 ISO 26262

[9] Richtlinie 2014/45/EU des Europäischen Parlaments und des Rates über die regelmäßige technische Überwachung von Kraftfahrzeugen und Kraftfahrzeuganhägern.

[10] VDA Jahresbericht 2011

Abkürzungsverzeichnis

ECE	Europäische Wirtschaftskommission
ePTI	electronic periodical technical inspection
HU	Hauptuntersuchung
HUR	Hauptuntersuchungsrelevante Systeme
ISO	Internationale Organisation für Normung
LED	Light emitting diode
OBD	On Board Diagnose
StVZO	Straßenverkehrs-Zulassungs-Ordnung
UDS	Unified diagnostic services
UN	United Nations
VDA	Verband der Automobilindustrie e. V.

9 Architektur- und Diagnoseentwurf für zukünftige Fahrerassistenzsysteme

Jens Rieger, MBtech Group, Sindelfingen, Prof. Dr.-Ing. **Bernard Bäker**, IAD, TU Dresden, Dresden

Abstract

Over the next few years, advanced driver assistance systems will become even more interconnected. Multiple sensors compensate for the disadvantages of single sensors and allow to identify complex situations. Therefore, the E/E architecture must be highly elaborate requiring integrational depth, which is controlled by a system diagnostics concept. In the E/E hierarchy, the system diagnostics concept is superordinated to the existing diagnostics services. It is recommended to use a diagnostics ECU (electronic control unit) with an integrated ring memory to record the traffic on the bus in case of a failure. The corresponding illustrations are stored together with the DTC (diagnostic trouble code), the error pattern, the local coordinates and the time stamp. Thus, the situation can be evaluated at a later date. It is a type of onboard diagnostics that is in operation while the vehicle is running. It must, however, be embedded into the architecture to a degree that system diagnostics runs reliably and correctly when driver assistance functions are being implemented. So diagnostics must monitor the complete function chain. That is why the diagnostics ECU ultimately requires a central position in the overall E/E architecture.

Kurzfassung

Der Vernetzungsgrad zukünftiger Assistenzsysteme wird weiter zunehmen. Es gilt, die Nachteile von Einzelsensoren unter Zuhilfenahme mehrerer Sensoren auszugleichen, um so komplexe Zusammenhänge erfassen zu können. Die Umsetzung bedarf einer Komplexitätssteigerung der E/E-Architektur, die über einen Systemdiagnoseansatz überwacht wird. Dieser wird hierarchisch über den vorhandenen Diagnoseumfängen angeordnet. Hierfür empfiehlt sich ein Diagnosesteuergerät mit einem integrierten Ringspeicher, der im Fehlerfall den Busverkehr aufzeichnet. Das zugehörige Bildmaterial wird zusammen mit dem Fehlereintrag, dem Fehlermuster, der Ortskoordinate und dem Zeitstempel abgelegt. So kann die Situation später bewertet werden. Es handelt sich um einen Typ der Onboard-Diagnose, die während der Fahrt läuft. Allerdings ist diese architektonisch so tief einzubinden, dass bei der Realisierung der Assistenzfunktionen sichergestellt werden kann, dass die Systemdiagnose ortungsgemäß funktioniert. Diagnostisch muss hierbei die gesamte Funktionskette überwacht werden, was eine zentrale Anordnung des Diagnosesteuergerätes in der E/E-Architektur erforderlich macht.

1. Einleitung

Durch die hohen Anforderungen an die Umweltverträglichkeit von Kraftfahrzeugen und die gestiegenen Kundenwünsche nach mehr Komfort, Fahrsicherheit und Assistenzsystemen führt in heutigen Fahrzeugen kein Weg mehr an Bussystemen vorbei. Viele Signale sind in mehreren Steuergeräten erforderlich. Das Klemme 15 Signal des Zündschlosses wird beispielsweise auf allen Bussen im Fahrzeug benötigt. Es sorgt dafür, dass alle Komponenten aufwachen und, je nach dem Klemmenstatus, unterschiedliche Funktionen freischalten - bis hin zum Andrehen des Anlassers durch die Klemme 50 beim Motorstart. Wenn der Motor läuft, wird diese Information vom Motorsteuergerät auf den Bus gelegt. So muss nur eine Komponente die erforderliche Rechenleistung aufbringen und alle anderen Steuergeräte können diese Botschaft vom Bus abgreifen. Für Assistenzsysteme sind diese komponentenübergreifenden Signale von herausragender Bedeutung. Durch die Aufbereitung von Sensorsignalen und das anschließende Versenden über den Bus können Sensoren und Kabel eingespart werden. Erkennt beispielsweise das ESP (Elektronisches Stabilitätsprogramm) eine Notsituation mit Querdynamik, fordert es die Türsteuergeräte auf, die Fenster zu schließen und signalisiert dem Beifahrersitzsteuergerät, den Sitz in eine crash-günstige Position zu bringen. Um die Funktion dieses systemübergreifenden Zusammenspiels zu gewährleisten, muss eine große Datenmenge zwischen den einzelnen Steuergeräten innerhalb kürzester Zeit ausgetauscht werden. Zur Verarbeitung und Übertragung all dieser Daten werden leistungsfähige Komponenten und ein leistungsfähiges Kommunikationssystem benötigt. Dieses Kommunikationssystem wird bei Kraftfahrzeugen als E/E-Architektur (Elektrik/Elektronik) bezeichnet [4]. Da, wie oben beschrieben, die Zusammenhänge immer komplexer werden, ist jedoch sicherzustellen, dass diese auch in der Werkstatt von Fachpersonal diagnostizierbar sind und nicht nur von den Spezialisten in der Entwicklung.

2. Aktuelle Problemstellungen für zukünftige E/E-Architekturen in Bezug auf Fahrerassistenzsysteme und deren Diagnostizierbarkeit

Der Bedarf an Übertragungsbandbreite wird für zukünftige Fahrerassistenzsysteme (FAS) im Automobil stetig ansteigen. Dies liegt nicht zuletzt an der vermehrten Anzahl von Steuergeräten und dem damit verbundenen, erhöhten Datenaufkommen. Somit nimmt auch die Komplexität der Vernetzungsstruktur weiter zu, deren Entwicklung ohne Toolunterstützung in einem heutigen Oberklassefahrzeug nicht mehr zu beherrschen ist. Die einzelnen Steuergeräte müssen hierbei immer mehr Funktionen abbilden, die sich dann im Gesamtsystem zu neuen Assistenzsystemen ergänzen. An dieser Stelle kommt die E/E-Architektur ins Spiel. Sie verbindet Einzelsysteme zu einem Gesamtsystem. Hierbei werden nicht nur Aspekte wie Übertragungsgeschwindigkeit berücksichtigt, sondern auch Themenfelder wie Fehlertoleranz, Übertragungssicherheit, Ausstattungsvarianz und natürlich Kosten. Deshalb ist es den OEMs (Original Equipment Manufacturer) meist nicht möglich, dieselbe E/E-Architektur in allen Baureihen einzusetzen. Ein konzernweiter Einsatz ist aktuell nicht möglich, da die Anforderungen eines Kleinwagens nicht mit einer Oberklasselimousine vereinbar sind. Somit gibt es mehrere E/E-Architekturen, die alle entwickelt, abgesichert und gepflegt werden müssen. Das ist aufwendig und kostenintensiv, zumal die Diagnoseumfänge ebenfalls implementiert werden müssen.

Zu den zentralen Problemen bei der zukünftigen Architekturauslegung und Diagnostizierbarkeit derselben zählt die Funktionsvielfalt und die damit verbundene Thematik der Sensordatenfusion. Bisher konnten einzelne Assistenzsysteme getrennt integriert werden. Das heißt, es werden einzelne CAN (Controller Area Network) Zweige zugelassen, die dann über ein zentrales Gateway mit den Aktoren verbunden werden. Die eigentliche Datenauswertung findet im Sensor statt und nur die gefilterten Daten bzw. die Ansteuerlogiken werden über den Bus kommuniziert. Dieses Vorgehen wird vor allem bei Nicht-Premiumherstellern angewandt. An dieser Stelle treten große Zulieferer als Systemlieferanten in Erscheinung. Die Funktionen gelangen so günstig ins Fahrzeug und die einzelnen Komponenten sind somit bereits verfügbar. Bei diesen Automobilherstellern handelt es sich um die sogenannten „fast followers“. Sie wollen den Premiumherstellern schnellstmöglich mit „abgespeckten“ Funktionen im Markt folgen, werden aber mit dieser Taktik selten innovativer Technologieträger sein [4]. Die Diagnose solcher getrennt zu betrachtender Systeme ist als unkritisch einzustufen, da es nur eine Komponente gibt, in der die entsprechenden Funktionen abgebildet sind.

2.1 Diagnoseansatz für eine hybride E/E-Architektur

Um zukünftige Assistenzsysteme funktionsorientiert und kostengünstig umzusetzen, wird eine hybride E/E-Architektur benötigt. Bisherige Ansätze, wie beispielsweise der Einsatz einer rein linearen Busanbindung, reichen für die anfallende Datenmenge zwischen den Komponenten und der notwendigen Sensordatenfusion nicht aus.
Die zu definierende Architektur bedarf einer Koppelung der Basistopologie über eine Gateway-Struktur hin zu den Fahrerassistenzsystemen, die Eigenintelligenz besitzen. Dies ist beispielhaft nachfolgend in Bild 1 dargestellt.

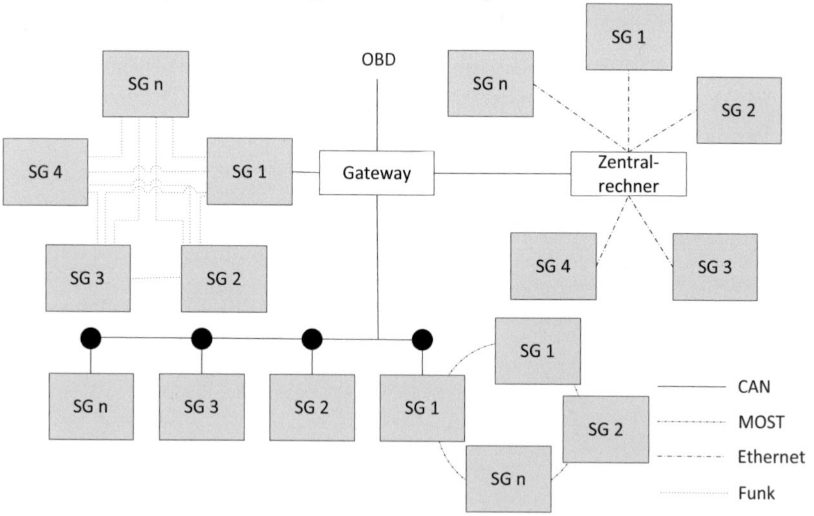

***Bild 1:** Klassische hybride E/E-Architektur für zukünftige Fahrerassistenzsysteme [4]*

Bild 1 zeigt den Grundansatz einer hybriden E/E-Topologie mit verschiedenen Bussystemen. Unten links ist eine lineare Busanordnung zu sehen, bei der es sich um Komfortkomponenten handeln könnte, die aus Kostengründen aus einer bestehenden E/E-Architektur zu übernehmen sind. Daran angegliedert ist ein MOST-Ring (Media Oriented Systems Transport) zur Abdeckung der Telematikbedarfe. In der linken Bildhälfte befindet sich eine Maschenstruktur, die für ein Funknetzwerk stehen könnte, wie es für Car-2-X benötigt wird, oder die auch für Fahrberechtigungsthemen einsetzbar wäre. Die rechte Bildhälfte könnte eine Fahrerassistenztopologie darstellen, deren Daten von einer zentralen Rechenstelle bearbeitet werden [4].

Diese zukünftig durch Sensordatenfusion komplexer werdenden und diversitäre Systemzusammenhänge müssen auch vom Personal in der Werkstatt diagnostizierbar sein. Die Diagnose im Fahrzeug ist möglichst intelligent zu gestalten. Nur so kann der Fehler zeitnah mit qualitativ hochwertiger (Vor-)Arbeit beseitigt werden, auch wenn die Ursache des aufgetretenen Verhaltens außerhalb des abgeschlossenen Fahrzeugsystems liegt. Hierbei ist allerdings zu beachten, dass für den Kunden immer die Funktion im Vordergrund steht und nicht die Umsetzung. Eine hoch komplexe, technische Lösung hinter einem Assistenzsystem generiert für den Kunden keinen Mehrwert, wenn dieses nicht zuverlässig funktioniert. Deshalb sollte bei der Auslegung des Gesamtsystems bereits auf Robustheit und Diagnosefähigkeit desselben geachtet werden. Für den Kunden ist im Fehlerfall nicht nachvollziehbar, warum „bei so viel Technik“ der Fehler nicht umgehend gefunden werden kann, sondern viel Zeit in die Analyse investiert wird. Aus Kundensicht muss ein regelmäßig gewartetes Fahrzeug immer einsatzbereit sein und darf nicht liegen bleiben [3].

2.2 Systemübergreifende Diagnose

Derzeit besitzt jedes Steuergerät eine eigene Diagnose, die auf die Bedürfnisse des Gerätes zugeschnitten wird. Sie beinhaltet alle notwendigen Ereignisse zu angeschlossener Peripherie sowie benötigten Eingangssignalen mittels Timingüberwachung. Dieses Vorgehen war bis dato ausreichend, da auftretende Fehler auf diesem Wege analysiert und behoben werden konnten. Durch die Realisierung neuer Assistenzfunktionen, die nicht mehr nur in einem Steuergerät ablaufen, ist hier ein neuer Ansatz zu finden. Dieser könnte über eine Systemdiagnose realisiert werden, die, wie in Bild 2 dargestellt, nicht ein einzelnes Steuergerät überwacht (in grau), sondern den Gesamtprozess (in schwarz). Daraus würde eine Rückmeldung über die korrekte Durchführung der Signalkette an die anfordernde Instanz erfolgen. Dargestellt ist die Eigendiagnose der Steuergeräte, zu der es teilweise noch Schnittmengen mit Software-Funktionen und deren Diagnosen gibt.

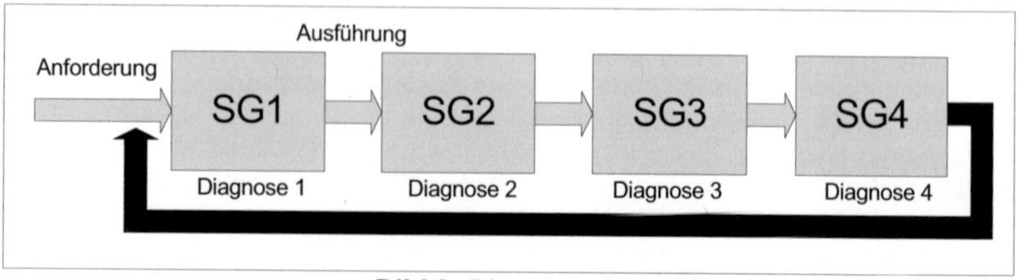

Bild 2: *Diagnoseablauf [3]*

Bisher löste eine Bedienanforderung des Nutzers eine Funktionskette aus. Es gibt jedoch keine Instanz, die den Gesamtablauf bis zur Ausführung überwacht. Das war bis dato auch nicht notwendig, da nur interne Störgrößen im System Fahrzeug auftraten. Durch die Einführung und Weiterentwicklung von Assistenzsystemen mit Umfeldsensorik kommen externe, situationsbezogene Faktoren hinzu, die zu einem Systemausfall führen können. Es reicht nicht mehr aus, dass immer nur das letzte Steuergerät in der Funktionskette einen Fehlereintrag ablegt. Für eine qualifizierte Fehleranalyse müssen mehr Daten von diesen „umsichtigen" Assistenzsystemen verfügbar sein. Nur so können systematisch bedingte Fehler außerhalb der Entwicklungsabteilung zielführend analysiert werden.

Hierfür müssen alle Eingangsgrößen plausibilisiert werden. Befinden sich diese außerhalb des spezifizierten Wertebereiches und somit außerhalb ihrer Gültigkeit, dann ist die Auswirkung auf das Gesamtsystem zu bewerten. Falls die Werte ungültig sind und sich das System abschaltet, sollten feste Alternativwerte hinterlegt sein. Diese ermöglichen es dem Fahrer, mit seinem Fahrzeug bis in die nächste Werkstatt zu kommen. Aus Systemdiagnosesicht muss jedes Steuergerät die ihm situationsbedingt zur Verfügung stehenden Informationen aufbereiten und in einer Notlauffunktion bearbeiten. Diese beinhaltet keinerlei Komfortfunktionen, sondern dient lediglich der navigierten Fahrt in die Werkstatt.

Der Datendurchsatz einer überwachenden Instanz ist sehr hoch. Hinzu kommt, dass die Durchführung sehr nahe am zu überwachenden System stattfinden muss und die Eingangskombinationen in der Fahrzeugumgebung geradezu unendlich sind. Um in dieser Umgebung einen Fehler analysieren zu können, ist eine Fahrzeugdatenaufzeichnung unumgänglich. Erfolgt diese Aufzeichnung mittels eines Ringspeichers, können nicht nur die aktuellen Daten, sondern auch Informationen vor dem Fehlerauftrittszeitraum für die Analyse betrachtet werden. Damit auch die Fahrzeugumgebung für die Fehleranalyse herangezogen werden kann, sollten aktuelle Bilder oder Videos der Fahrzeugumgebung im gleichen Zeitraster abgespeichert werden. Für diese Datenmengen muss ausreichend Speicherplatz zur Verfügung stehen. Auch die benötigte Rechenperformance darf nicht außer Acht gelassen werden, da meist mehrere Prozesse parallel überwacht werden müssen. Die Alleinnutzung einer einzeln stehenden Komponente wird in zukünftigen Systemen nur noch selten vorkommen [3].

2.3 Lösungsansatz

2.3.1 Hybride Adressierung für die Diagnostizierung verteilter Funktionen

Für die Umsetzung der Systemdiagnose hochvernetzter Assistenzsysteme reichen die bisherigen Adressierungsverfahren nicht mehr aus. Mit der physikalischen Adressierung, die es ermöglicht, Steuergeräte einzeln anzusprechen, wurden bisher Fahrerassistenzsensoren wie Radar oder Ultraschall einzeln diagnostiziert. Dieses Vorgehen war ausreichend, da die Ableitung der Zusammenhänge im Diagnosetester umsetzbar war. Durch die zunehmende Sensorvernetzung für die Umsetzung hoch komplexer Fahrerassistenzsysteme ist dies aber nur noch bedingt möglich, da für die Funktionsfehleranalyse auch die Bussignale selbst eine große Rolle spielen. Auf sie kann über die OBD-Dose nicht zugegriffen werden.
Die funktionale Adressierung, die beispielsweise mit dem UDS-Befehl (Unified Diagnostic Services) 28 01 für die temporäre Deaktivierung der Sendebotschaften bei einem Flashvorgang genutzt wird, ist die oben beschriebene Herangehensweise nicht zielführend. Der Grund liegt darin, dass alle Steuergeräte angesprochen werden. Die Reduzierung auf funktionsabhängige Adressierung ist jedoch nicht vorgesehen.

Um dennoch die notwendige Diagnose umsetzen zu können, bedarf es einer hybriden Adressierung. Diese neue Adressierungsart sollte als dritte Ebene eingeführt werden. Mit ihr können alle an einer Assistenzfunktion beteiligten Steuergeräte gebündelt angefragt werden, um das Gesamtsystem zu diagnostizieren. Im Gegensatz zur funktionalen Adressierung werden nicht alle Steuergeräte angesprochen, sondern nur jene, die an der verteilten Funktion beteiligt sind. Im nächsten Schritt kann über das vorzusehende Diagnosesteuergerät eine Funktionsüberprüfung durchgeführt werden, in dem der Ablauf gemäß Bild 2 erfolgt. Durch diese Vorgehensweise können zukünftig hoch vernetzte Assistenzfunktionen zielführend diagnostiziert werden.

Für die Umsetzung ist jedoch eine Änderung in der Toolkette notwendig, in der die Adressierungsart hinterlegt werden muss.

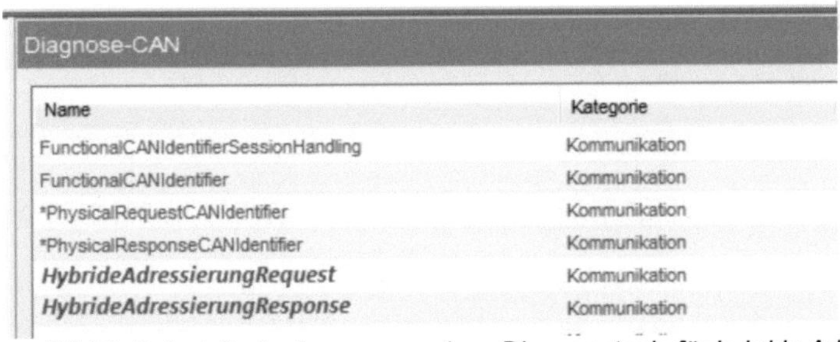

Bild 3: *Beispielhafte Anpassung eines Diagnosetools für hybride Adressierung*

Im weiteren Verlauf können durch diese Anpassung nun alle beteiligten Steuergeräte mit einem Befehl angesprochen werden.

2.3.2. Umsetzung in der E/E-Architektur

Der entworfene E/E-Architekturvorschlag ist in Bild 4 visualisiert. Er kann grundsätzlich in vier Teilbereiche untergliedert werden:

- FAS/Chassis/Safety Flexray
- Powertrain CAN FD
- Telematik CAN FD
- Komfort CAN

2.3.2.1 Komfort CAN

Am Komfort-CAN sind alle Steuergeräte mit niedrigem Kommunikationsbedarf in der Gesamtvernetzung angebunden. Es handelt sich beispielsweise um die Klimaanlage, die ein in sich geschlossenes System mit mehreren Sensoren und Aktoren darstellt, die diskret oder über Subbussysteme angebunden sind. Die Signale werden über den Komfort-CAN übertragen beziehungsweise von anderen Steuergeräten, wie einem zentralen Komfortsteuergerät, das verschiedene Modelle beinhaltet, auf dem Bus für alle Teilnehmer bereitgestellt. Ansteuersignale zur Luftklappenstellung für den Umluft-Betrieb sind nicht zeitkritisch oder relevant für eine Sicherheitsfunktion. Die benötigten Bedientasten sind über ein LIN-Bedienpanel direkt mit dem Klimasteuergerät verbunden oder könnten alternativ durch ein Klimaeinstellmenü im Infotainment-Anzeigegerät ersetzt werden. Diese Lösung hätte den Vorteil, dass für eine Design-Änderung lediglich die Software anzupassen ist, aber keine hochpreisigen Interieur-Werkzeuge. Da sich der Kommunikationsbedarf zwischen den einzelnen Komfort-Teilsystemen erhöhen wird, wurde für eine zukunftssichere Buskapazität die Übertragungsgeschwindigkeit auf 500kBit/s festgelegt. Diese Übertragungsrate ermöglicht eine ausreichende Signalübertragungsgeschwindigkeit für die optische Aktoren-Ansteuerung, wie beispielsweise die Totwinkelüberwachungsanzeige im Außenspiegel. Diese wird vom Türsteuergerät vorgenommen. Auf die Einführung eines Bussystems, wie Flexray oder Ethernet, wurde im Komfortzweig verzichtet. Hier hält sich der Kosten- zu Nutzenfaktor in Grenzen. Mit der Vorgehensweise, lediglich die Busgeschwindigkeit anzuheben, können bereits existierende CAN-Steuergeräte mit der bewährten Sensorik und Aktorik weiterhin eingesetzt werden. Dies schafft Einsparungspotential bei der Entwicklungszeit, den Entwicklungskosten und dem Absicherungsaufwand.

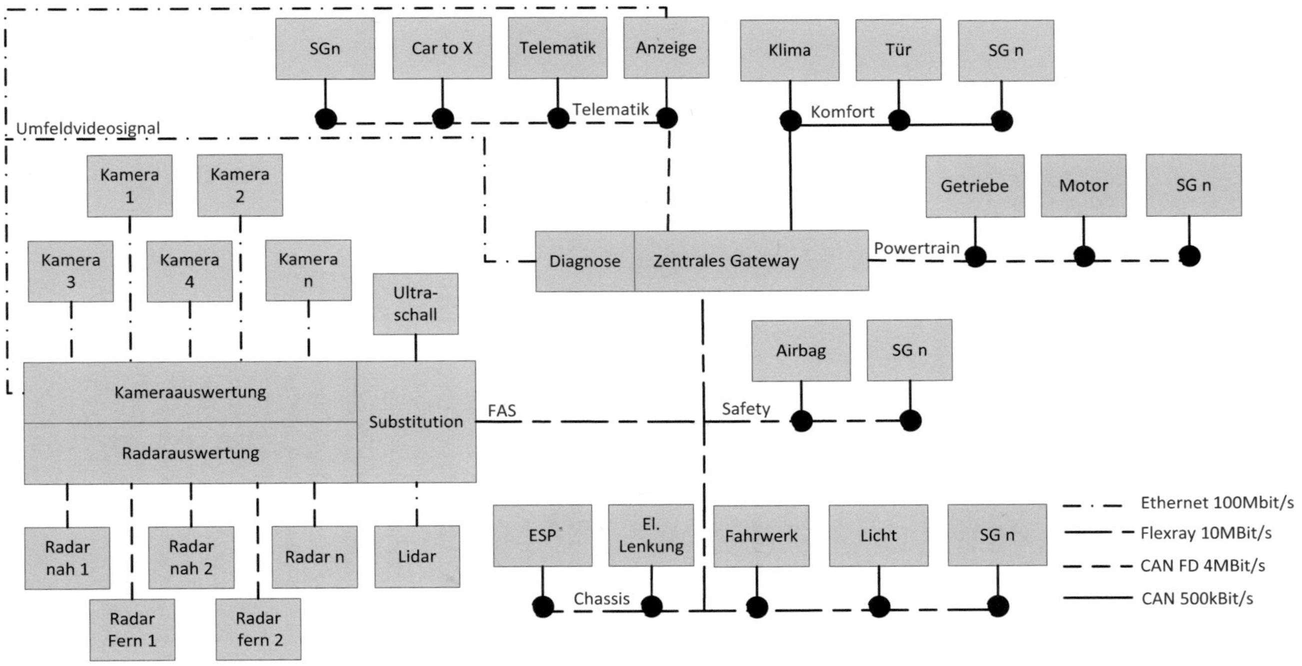

***Bild 4**: Entworfener E/E-Architekturvorschlag zur hinreichenden Umsetzung der diskutierten Diagnoseumfänge*

2.3.2.2 Telematik CAN FD

Der Telematik-Zweig wurde durch den Einsatz von CAN FD für zukünftige Anzeige- und Navigationskonzepte vorbereitet. Die größte Änderung im Vergleich zu bekannten E/E-Architekturen ist der Wegfall von LVDS (Low Voltage Differential Signalling) -Leitungen zu diversen Kameras, die für Rückfahr- oder Rundumkameras bisher meist diskret an das Anzeigemedium angeschlossen wurden. Die Kameras sollen ihren Funktionsfokus nicht mehr im Bereich Komfortsysteme haben, sondern während des Fahrbetriebs dauerhaft für Fahrspurerkennung, Lokalisierung und ähnliche Themen genutzt werden. Aus diesem Grund wird das zentrale Anzeigemedium bei Funktionsaktivierung über eine Punkt-zu-Punkt Ethernet-Verbindung direkt vom Fahrerassistenzsteuergerät mit dem Rundumsichtbild versorgt. Das Anzeigemedium, das für die Geschwindigkeitsanzeige genutzt wird, muss lediglich den Videostream einblenden. Durch die Integration eines Car-to-x Knotens können externe Infrastrukturinformationen mit einbezogen werden. Dazu zählen ein freier Parkplatz, Umwelteinflüsse oder Kraftstoffpreise zur Navigationsberechnung. Da es bisher noch kein standardisiertes Busübertragungsprotokoll gibt, muss hierfür ein ausreichender Vorhalt gemacht werden. Um den unbefugten Eingriff in die Fahrzeugarchitektur möglichst gering zu halten, wurde diese Komponente an den Telematik-Zweig gekoppelt, da so keine Eingriffe in Momentenschnittstellen jeglicher Art erfolgen können. Die erste Schutzebene stellt hierbei die zu integrierende Steuergeräte-Firewall dar sowie das zentrale Gateway, dessen Routingeigenschaften im Fahrbetrieb nicht geändert werden dürfen.

2.3.2.3 Powertrain CAN FD

Damit die Powertrain-Komponenten nicht geändert werden müssen, verbleiben diese am CAN-Bus. Das zentrale Gateway wird in diesem Fall als Flexray-auf-CAN Übersetzer genutzt. Dies erspart teure Motor- und Getriebesteuergeräte-Entwicklungen. Um auch diesen E/E-Architekturzweig zukunftssicher aufzustellen, wurde ein CAN FD vorgesehen, damit insbesondere die Momentenschnittstelle durch höhere Übertragungsgeschwindigkeiten schneller und mit einer höheren Auflösung geregelt werden kann. Dadurch wird die stärkere Einbindung von Karteninformationen für die Fahrstrategie und die Integration der daraus resultierenden Kraftstoffeinsparpotenziale erzielt. Es wird die Möglichkeit geschaffen, dem Triebstrang mitzuteilen, dass nach einem kurzen Anstieg laut Navigationsroute ein Gefälle folgt, in dem der Energiespeicher wieder gefüllt werden kann. Ausgehend von Informationen zu Ampelschaltzeiten, die über das Car-to-x Steuergerät ins Fahrzeug gelangen, kann die Fahrstrategie für energieeffizientes Durchfahren von Innenstädten entwickelt werden. Durch die geschaffene Möglichkeit der Auswertung der täglichen Arbeitswegroute kann die Triebstrangstrategie individuell angepasst und der Kraftstoffverbrauch kundenspezifisch optimiert werden.

2.3.2.4 FAS/Chassis/Safety Flexray

Im vierten E/E-Architekturzweig wurden die drei Teilumfänge Fahrerassistenz, Chassis und Safety zusammengefasst. Grund hierfür ist, dass sich der Kommunikationsaufwand dieser drei Umfänge für zukünftige Funktionen weiter intensivieren wird.

Innovative, crashvorbereitende Maßnahmen können nicht umgesetzt werden, da die Signalübertragungszeit im Fall eines erkannten und verifizierten Ereignisses zu lange dauert. In einer solchen Situation zählt jede Millisekunde, die durch Übertragungsgeschwindigkeit und Routings maximiert wird. Befinden sich alle beteiligten Steuergeräte an demselben Bus, können crash-relevante Informationen direkt ausgetauscht werden. So kann die erhöhte Sicherheit der Insassen gewährleistet werden. Auch die ESP-Regelung profitiert von dieser Anordnung, da die Regelung verbessert werden kann, wenn die Beschleunigungswerte des Giratensensors aus dem Airbag-Steuergerät schneller übertragen werden. Weitere zeitkritische Chassis-Funktionen, wie der Lenkeingriff beim Ausweichassistent, sind mit der ESP-, der Fahrwerkregelung und der Umweltsituation abzustimmen. Ohne ausreichende Signalübertragungsgeschwindigkeit, die auch noch abgesichert werden muss, können innovative Funktionen nicht umgesetzt werden. Aus diesem Grund wurden die Fahrerassistenzfunktionen ebenfalls an das gleiche Bussystem wie die Chassis-Komponenten angeschlossen.

Durch diesen Ansatz und das Bussystem Flexray können Daten sicher, schnell und in fest definierten Zeitabständen übertragen werden. Der Einsatz von Ethernet wird in diesem Zweig als kritisch angesehen, da Daten nur Punkt-zu-Punkt und nicht an alle Teilnehmer übertragen werden. Des Weiteren fehlt die Erprobungstiefe des neu einzuführenden Protokolls, das bei Lenk- und Bremseingriffen obligatorisch vorhanden sein muss. Eingesetzt wird Ethernet jedoch in Bereichen, aus denen es bereits im Alltag nicht mehr weg zu denken ist – in der Videosignal-Übertragung. Die Anbindung erfolgt im ersten Schritt als Punkt-zu-Punkt Verbindung ohne echte Busanordnung. Lidar wird aufgrund des hohen Rohdatenaufkommens ebenfalls über eine Ethernet-Verbindung an das zentrale Fahrerassistenzsteuergerät angebunden. Für Radar und Ultraschall reicht eine CAN Anbindung aus. Sie hat den Vorteil, dass die Komponenten nicht geändert werden müssen, sondern können direkt aus den aktuellen Serienfertigungen übernommen werden.

2.3.2.5 Integration Diagnosesteuergerät

Damit diese komplexen Zusammenhänge der erarbeiteten E/E-Architektur auch von einer Werkstatt zu diagnostizieren sind, wurde ein Diagnosesteuergerät vorgesehen. Um, wie oben beschrieben, alle Daten im Fehlerfall aufzeichnen zu können, sollte diese Funktion in einem möglichst zentral angeordneten Steuergerät mit möglichst vielen Busanbindungen realisiert werden. Durch die Integration in das zentrale Gateway können diese Bedingungen zum größten Teil umgesetzt werden. Der Ringspeicher ist so auszulegen, dass der komplette Busdatenverkehr 5 Sekunden vor und 10 Sekunden nach dem Fehler aufgezeichnet werden kann inklusive eines Fahrzeugumgebungsbildes pro Sekunde. Um an diese Information zu gelangen, muss diese vom Fahrerassistenzsteuergerät abgegriffen werden. Hierfür wird der Übertragungsweg auf das zentrale Anzeigedisplay im Fahrzeug genutzt. Dieses Signal muss der Diagnosefunktionalität als eine Art live-stream zur Verfügung stehen: Auch bei nicht fahrerassistenzfunktionsrelevanten Fehlern kann ein Umgebungsbild zur Fehlersituationsbewertung hilfreich sein.

Die Auslösebedingungen für die Datenaufzeichnung variieren je nach Fahrzeugausstattung. Versucht der Fahrzeugführer das Fahrzeug innerhalb einer Minute 5-mal zu starten oder betätigt mehrfach denselben Knopf, kann von einer Fehlbedienung ausgegangen werden. Die Ursache liegt jedoch beim Fahrer, der sich in einer Situation befindet, in der das Fahrzeug nicht die gewünschte Reaktion zeigt. Die Werkstatt kann auf Basis der Datenaufzeichnung daraufhin mit dem Kunden die Funktion überprüfen und auf dessen Bedürfnisse eingehen [3]. Für die verteilten Funktionen muss das Diagnosesteuergerät jedoch selbst die Abläufe überwachen, wie in Bild 2 dargestellt. Es reicht nicht mehr aus sich auf Systemdiagnosebotschaften oder den Fehlereintrag der letzten Komponenten zu verlassen. Der komplette Funktionsablauf muss überprüft werden. Für die funktionale Umsetzung in der Diagnostizierung wurde hierfür in Kapitel 2.3.1. die hybride Adressierung eingeführt. Sie ermöglicht, nicht mehr nur ein Steuergerät zu adressieren, sondern alle an der Funktion beteiligten Steuergeräte mit ihren Teilfunktionen.

Über die Busanbindung zum Car-to-X Steuergerät können dann die komprimierten Daten auf einen zentralen Server mit automatisierten Auswertalgorithmen übertragen werden.

3. Zusammenfassung und Ausblick

Da die Anzahl der Fahrerassistenzfunktionen in naher Zukunft herstellerübergreifend deutlich zunehmen wird, bedarf es einer möglichst effektiven Methode, die eine zielführende Diagnose in der Werkstatt erlaubt. Für eine erfolgreiche Fehlersuche in verteilten zukünftigen Fahrerassistenzfunktionen wird die Einführung einer hybriden Adressierung empfohlen. Sie ermöglicht, die Gesamtarchitektur funktionsorientiert zu adressieren. Die Umsetzung in der Diagnosetool-Landschaft sowie die Integration in das Diagnoseprotokoll muss in den nächsten Schritten untersucht werden. Des Weiteren ist über die Integrationsmöglichkeiten eines Diagnosesteuergerätes in die E/E-Architektur nachzudenken, das nicht die einzelnen Steuergeräte, sondern die Ausführung einer Anforderung überwacht. Die Analyse sollte hierbei durch intelligente Diagnosealgorithmen direkt im Fahrzeug erfolgen und das Ergebnis an eine zentrale Rechenstelle weitergeleitet werden, damit nur im Bedarfsfall Daten übertragen werden müssen.

Die hybride Adressierung sollte weiterführend auch auf die Tauglichkeit zur Überprüfung von Fahrerassistenzsystemen bei der Hauptuntersuchung untersucht werden. Gäbe es eine Standardisierung im Diagnoseprotokoll, könnte über die OBD-Schnittstelle ausgelesen werden, ob die Funktionen und die dafür erforderlichen Sensoren in Ordnung sind oder ob der weitere Einsatz im Straßenverkehr zu überdenken ist. So könnten hohe Investitionskosten in allen Prüfstellen eingespart werden. Es müsste lediglich eine Prüfroutine analog zur Abgasanlage hinzugefügt werden.

Literatur

[1] Kraftfahrtechnisches Taschenbuch, Springer Vieweg Verlag, 28. Auflage, 2014, ISBN 978-3-6580-3800-7.

[2] K. Reif (Hrsg.): Batterien, Bordnetze und Vernetzung, Vieweg+Teubner Verlag; 1. Auflage 2010; ISBN 978-3-83481310-7.

[3] B. Bäker, A. Unger (Hrsg.) und 40 Mitautoren, Diagnose in mechatronischen Fahrzeugsystemen VI, Ansatz für die Diagnostizierung zukünftiger hochvernetzter Assistenzsysteme (J. Rieger), Expert Verlag, ISBN 978-3-8169-3221-5.

[4] IST Niedersachsen, AAET2015 Automatisierungssysteme, Assistenzsysteme und eingebettete Systeme für Transportmittel, Methodik zur Bewertung von E/E-Architekturen zukünftiger Fahrerassistenzsysteme (Jens Rieger), ISBN 978-3-937655-34-5.

[5] W. Zimmermann, R. Schmidgall, Bussysteme in der Fahrzeugtechnik - Protokolle, Standards und Softwarearchitektur, 5. Auflage 2014,ISBN 978-3-658-02419-2.

10 Das Offboard Diagnostic Information System

Dipl.-Ing. **Carsten Schnier**, Dr.-Ing. **Will Specks**, Volkswagen AG, Wolfsburg

Abstract

The *Offboard Diagnostic Information System* is the new developped car diagnostic system for all brands of Volkswagen Group. It consists of different components and brings improvements for every user group. The system rollout is completed a short while ago.

Kurzfassung

Das *Offboard Diagnostic Information System* ist das neu entwickelte Fahrzeugdiagnosesystem für alle Marken des Volkswagen Konzerns. Es besteht aus mehreren Komponenten und bringt Verbesserungen für alle Nutzergruppen. Der Rollout wurde gerade vollständig abgeschlossen.

1. Rückblick - Bisherige Entwicklung

Mit der Einführung des ersten elektronischen Steuergerätes im Fahrzeug bestand 1988 bei Volkswagen gleichzeitig Bedarf für eine Reparaturlösung für Werkstätten. Beginnend mit dem Jahr 1988 hat sich die Anzahl der diagnostizierbaren Fahrzeugmodelle auf heute 51 Modelle gesteigert.

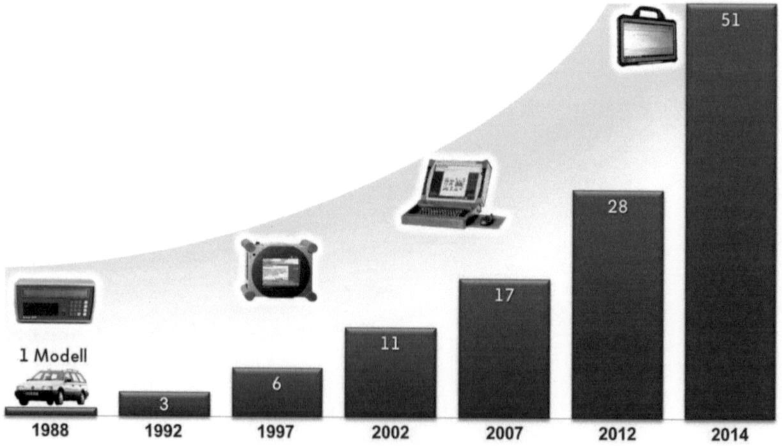

Bild 1: *Fahrzeugmodelle mit Diagnose: Steigerung von 1988 bis 2014*

An jede neue Generation Diagnosesystem wurde gleichermaßen die Anforderung gestellt, auch alle vorhergehenden Fahrzeugmodelle diagnostizieren zu können.

2. Warum ein neues Diagnosesystem im Volkswagen-Konzern?

Der wichtigste Grund für die Einführung eines neuen Diagnosesystems waren die gestiegenen Anforderungen sowohl aus Sicht des Fahrzeugherstellers als auch aus Sicht der Werkstatt.

- Höhere Systemgeschwindigkeit und Leistungsfähigkeit
- Entfall vieler manueller Eingaben zugunsten von automatischer Erkennung
- Datenverteilung online statt per DVD
- Mehr Informationen auf einen Blick durch Integration mehrerer Herstellersysteme auf einem Laptop (Diagnose, Teile, techn. Zusatzinformationen, ...)
- Vereinfachter Weg für Support-Anfragen, Bearbeitung mittels Ticketsystem
- Neues Content-Erstellsystem mit Konzern-Datenbasis (vorher Marken-Basis)

Der Schritt von einer proprietären, geschlossenen Hersteller-Lösung zu einem offenen Windows-System auf handelsüblichen Laptops war schon vor einigen Jahren erfolgt.

3. Die vier Komponenten des neuen Fahrzeugdiagnosesystems

Das neue Fahrzeugdiagnosesystem besteht aus vier Komponenten, die in der Entwicklung, in der Produktion und in der Kundendienst-Werkstatt eingesetzt werden. Sie unterscheiden sich grundlegend in Bezug auf Eigenschaften, Zielgruppe und Anzahl der Anwender.

- Entwicklungstester
- Werkstatt-Diagnosesystem
- Content-Erstellsystem
- Lizensierungskomponente

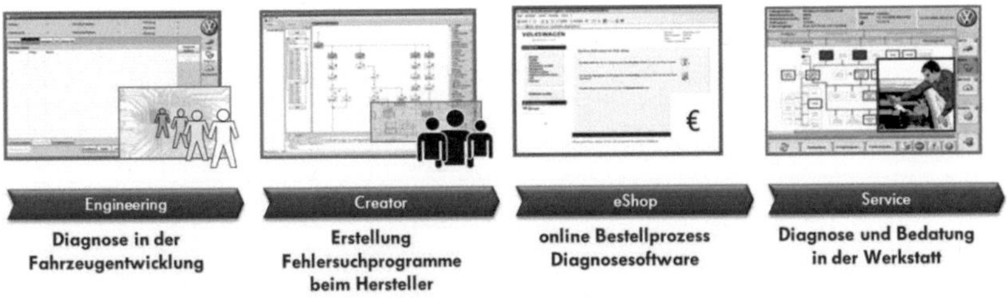

Bild 2: *Die vier Komponenten des Fahrzeugdiagnosesystems*

3.1 Die Werkstatt-Lösung *Service*

Das Fahrzeugdiagnosesystem ist ein zentrales Werkzeug beim Service Partner bzw. in der Werkstatt, es verbindet Hersteller und Kundenfahrzeug.
Über das Fahrzeugdiagnosesystem ist der Hersteller in der Lage, eine Vielzahl von Funktionen zu realisieren. Die wichtigsten Anwendungen sind:

- Geführte Fehlersuche und Geführte Funktionen
- Software-Aktualisierung
- Einbau von Ersatzteilen mit anschließender elektronischer Anpassung
- Freischalten von Zusatzfunktionen („Software als Produkt")
- Erstellen des Abrechnungsnachweises der durchgeführten Arbeiten (Protokoll)
- Eigendiagnose

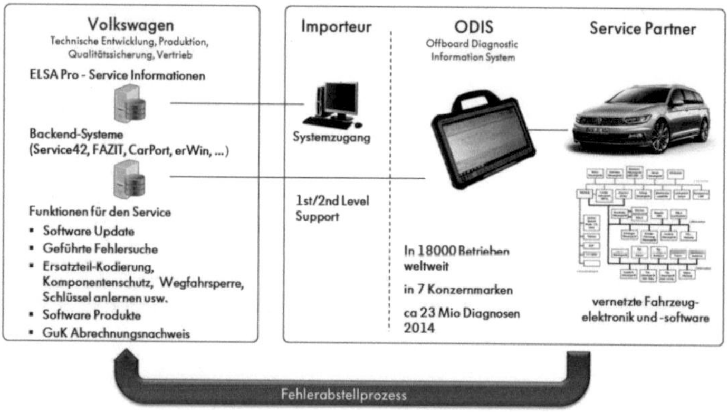

Bild 3: *Das Fahrzeugdiagnosesystem verbindet Hersteller und Kundenfahrzeug*

Eine aus Werkstatt-Sicht notwendige Neuerung ist die Darstellung der Steuergeräte in Form eines Vernetzungsbildes. Darin können die im Fahrzeug tatsächlich vorhandenen Steuergeräte und ihr aktueller Zustand über die Farbgebung schnell erfaßt werden.
Die für das jeweilige Steuergerät verfügbaren Funktionen können direkt im Vernetzungsplan aufgerufen werden.

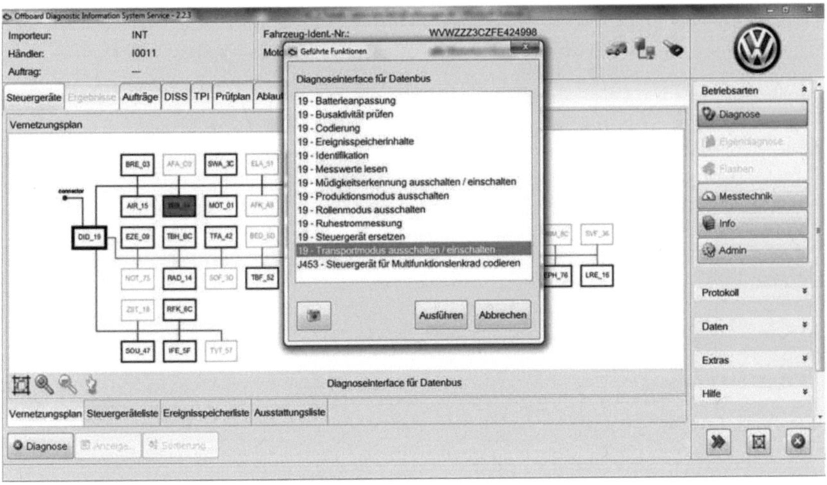

***Bild 4:** Ansicht der Werkstatt-Bedienoberfläche mit Vernetzungsplan*

3.1.1 Herausforderung weltweiter Rollout

Der Rollout der Komponente Service des neuen *Offboard Diagnostic Information System* vollzog sich in zwei Stufen – zunächst als Pilot im Jahr 2011 bei drei kleineren Importeuren und danach in den Jahren 2012 bis 2014 bei allen Importeuren und Werkstätten in der gesamten Welt.
Um den Fortschritt des Rollouts messen zu können, hatte man zu Beginn definiert, unter welchen Bedingungen ein Rollout als vollzogen gilt. Auf Werkstatt-Basis gilt ein Rollout als erfolgt, wenn die folgenden Punkte erfüllt sind:

- für die Anwender hat eine ODIS-Schulung stattgefunden
- mindestens ein ODIS-Diagnosesystem ist in der Werkstatt vorhanden
- mindestens ein Diagnoseprotokoll ist von diesem Diagnosesystem online versendet worden.

Weltweit waren insgesamt ca. 18.000 Betriebe mit ca. 70.000 Diagnosesystemen in den Rollout einzubeziehen. Ende 2014 wurde ein Nutzungsgrad von 96% erreicht, das bedeutet in absoluten Zahlen ca. 500.000 Diagnoseprotokolle pro Woche. Damit wird der weltweite Rollout insgesamt als abgeschlossen betrachtet.

3.1.2 Das Online-Verteilkonzept

Für das Vorgänger-Diagnosesystem wurden von Volkswagen DVD erstellt, auf der Aktualisierungen für Applikation und Content enthalten waren. Die Inhalte dieser Datenträger wurden in die jeweilige Landessprache übersetzt und in ausreichender Stückzahl an den Importeur geliefert. Dieser hat die Verteilung an die Werkstätten in seinem Markt übernommen. Nachteilig war an der Verteilweise insbesondere, daß die Datenträger-Lieferungen manchmal lange im Zoll festgehalten wurden und daß die neuen Daten von den Werkstätten oft erst mit Verzögerung installiert wurden.

Durch die Online-Verteilung sollen diese Nachteile beseitigt werden. Gleichzeitig erhält Volkswagen über die Online-Anbindung die Möglichkeit, bei Bedarf zwischenzeitlich Korrekturen zu verteilen.
Die Verteilung der Daten erfolgt über sogen. Mirror-Server, die bei Volkswagen und bei den Importeuren platziert sind. In den Werkstätten werden die Daten auf einem eigenen Server bereitgehalten. Die Server synchronisieren sich täglich, so daß die Verteilzeiten von Volkswagen über den Importeur bis auf den Werkstatt-Server im Bereich von 2-3 Tagen liegen.

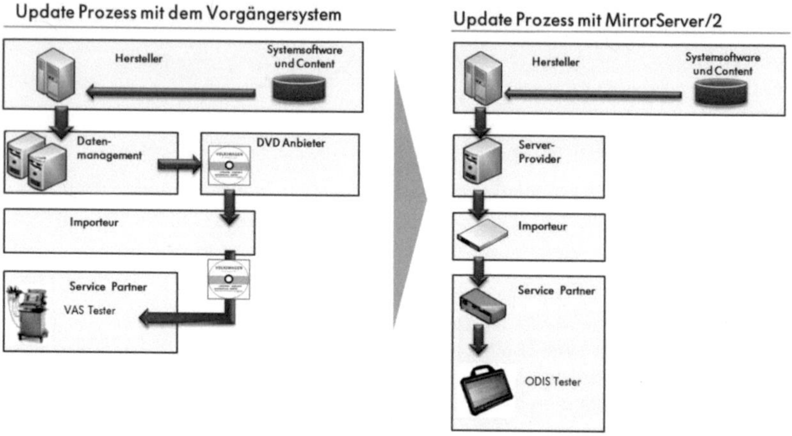

Bild 5: *Mirror-Server Infrastruktur zur weltweiten Datenverteilung*

3.1.3 Das Support-Konzept

Es war ein wichtiges Ziel des neuen Diagnosesystems, dem Anwender Anfragen und Rückmeldungen zum System möglichst einfach zu machen. Hierfür wurde eine eigene Support-Taste auf der Bedienoberfläche eingeführt, die jederzeit erreichbar ist. Mit dem Betätigen dieser Taste wird eine E-Mail geöffnet, in die der Anwender seine Anfrage formuliert. Beim Versenden werden der E-Mail automatisch Protokolldaten des aktuellen Vorganges zugefügt, die für die weitere Analyse notwendig sind. Diese E-Mail wird vom Importeur bearbeitet, der die Anfrage bzgl. Anwenderfehler, Software-Aktualität u.ä. plausibilisiert.
Danach antwortet der Importeur dem Anwender entweder direkt oder er übersetzt den Vorgang ggf. in englische bzw. deutsche Sprache und gibt ihn incl. Protokolldateien in ein Ticket-System ein. In diesem Fall wird das Ticket an eine zentrale Stelle versendet, von wo die Anfrage nach einer Voranalyse gezielt an Lösungsgruppen bzw. Fachleute übergeben wird. Dort führt man eine detaillierte Analyse durch und antwortet danach dem Importeur über den gleichen Weg.
Der Importeur übersetzt ggf. zurück in die Landessprache und sendet dann die Antwort per Mail an den Anfragenden. Der Importeur bleibt in die Antwort eingebunden,

damit er später eingehende ähnliche Anfragen direkt beantworten kann. Bestenfalls baut der Importeur eine eigene Wissensdatenbank auf, in der er die eingehenden Anfragen zusammen mit der Antwort ablegt.

3.2 Das Content-Erstellsystem *Creator*

An insgesamt zehn Standorten erstellen ca. 150 Anwender Inhalte für das Diagnosesystem.

Bisher wurde für die Erstellung der Geführten Fehlersuche das Erstellsystem DES von Fa. Siemens benutzt. Jede Marke im Volkswagen-Konzern arbeitete auf einer eigenen Datenbank, Wiederverwendung zwischen den Marken war unter diesen Randbedingungen nur durch Kopieren möglich.
Das neue Content-Erstellsystem *Creator* ist so ausgelegt, daß alle Anwender innerhalb des Konzerns auf einer gemeinsamen Datenbank arbeiten. So soll der Austausch von Programmen, Wiederverwendung und Verlinkung deutlich vereinfacht werden mit dem Ziel, die Qualität zu erhöhen und den Aufwand gleichzeitig zu senken.
Weiterhin wendet das neue Erstellsystem deutlich schärfere Prüfkriterien (z.B. bzgl. Variablendeklaration und Typprüfung) auf die erstellten Programme an, auch diese Maßnahme soll die Qualität erhöhen.

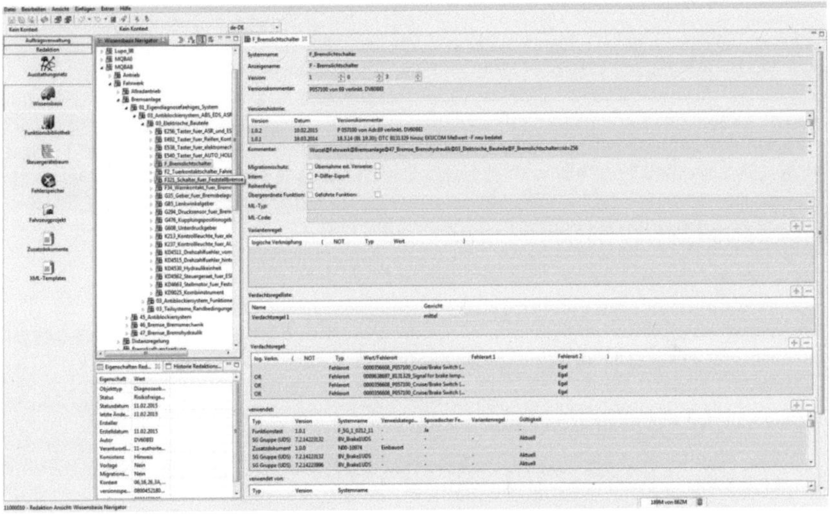

Bild 6: *Arbeitsoberfläche ODIS Creator*

Das Content-Erstellsystem *Creator* ist verbunden mit den folgenden IT-Systemen:

- Bilddatenbank
- Übersetzung (aktuell wird in 23 Sprachen übersetzt)
- Sprachprüfung (Terminologie)

In das Content-Erstellsystem werden regelmäßig aktuelle ODX-Diagnosedaten geladen. Diese Daten werden von der Technischen Entwicklung fahrzeugbezogen bereitgestellt und müssen vor dem Import aufbereitet werden.

Mit dem neuen Diagnosesystem sollen auch alle älteren Fahrzeugmodelle diagnostizieren werden. Daraus resultiert die Anforderung, die in den vergangenen 15 Jahren erstellten ca. 150.000 GFS-Programme in das neue Diagnosesystem zu überführen. In den vorhandenen GFS-Programmen wird sowohl ODX als auch KWP2000 sowie K-Line/ KWP1281 verwendet.

Diese Datenmigration stellte sich als sehr anspruchsvolle Aufgabe heraus, da u.a. durch die strengeren Prüfkriterien des neuen Systems eine umfangreiche teilautomatisierte Prüfung und Anpassung der existierenden Programme erfolgen mußte.
Bei der Migration wurden die bislang in einer Access-Datenbank abgelegten Objekte in XML-Objekte umgewandelt. Zusätzlich wurden viele vorher separat gehaltene Daten zu den XML-Objekten zugefügt.

3.2.1 Rollout *Creator*

Der Wechsel auf das neue Erstellsystem Creator vollzog sich in zwei Phasen:

In Phase 1 wurde die Werkstatt-Komponente *Service* bereits in den Werkstätten eingesetzt, während die Datenerstellung noch im Altsystem erfolgte. Das bedeutete, daß die im Altsystem erstellten Programme der Geführten Fehlersuche zunächst in das neue Format migriert, getestet und danach online an die Werkstätten verteilt wurde. Diese Art der Altdatenaufbereitung mußte für jede Datenbereitstellung erneut erfolgen und erzeugte einen großen personellen und maschinellen Aufwand. Teilweise wurden die im Altsystem vorhandenen Daten manuell angepaßt, um Aufwand und Risiken der noch folgenden Migrationsvorgänge zu senken. Für die Prüfung der migrierten GFS-Programme wurden umfangreiche Testfälle erstellt, die vor jeder Verteilung der Daten an die Werkstätten bestanden werden mußten.

In Phase 2 erfolgte der Wechsel vom alten auf das neue Content-Erstellsystem. Damit verbunden war die endgültige Migration der Bestandsdaten in das neue Erstellsystem. Der Wechsel erfolgte für die einzelnen Konzernmarken nacheinander, den Anfang machte die Marke VW Pkw im Sommer 2013, hier wurde aus Gründen der Absicherung einige Monate parallel im Alt- und im Neusystem gearbeitet. Als letzte Marke wechselt Audi im April 2015 auf das neue Erstellsystem.
Für alle Standorte wurden Schulungen und zugehörige Unterlagen zentral von der Fachabteilung in Wolfsburg organisiert und vor Ort durchgeführt, als Trainer wurden erfahrene Erstellsystem-Nutzer gewonnen.

3.2.2 Datenbereitstellung

Aus dem Content-Erstellsystem *Creator* können drei unterschiedliche Datenbereitstellungen erzeugt werden:

- **Vollständige Bereitstellung**
  Das gesamte Datenpaket wird aus der Erstellumgebung bereitgestellt und kann für Erstinstallationen genutzt werden. Die vollständige Bereitstellung wird ca. 2 mal pro Jahr erzeugt.

- **Inkrementelle Bereitstellung**
  Basierend auf einer vorhergehenden vollständigen Bereitstellung werden die Delta-Inhalte extrahiert und als Aktualisierung verteilt. Erzeugung bei Bedarf.

- **Hotfix**
  Aufgrund einer Fehlfunktion wird eine Fehlerbehebung erstellt und zur Verifikation als „Hotfix" an die betreffende Werkstatt übermittelt. Nach Bestätigung der Wirksamkeit wird die Korrektur in Form einer Inkrementellen Bereitstellung allen Nutzern bereitgestellt.
  Ein Hotfix hat eine geringe Größe und kann deshalb per Mail versendet werden. Aufgrund der Kurzfristigkeit der Erstellung wird der Hotfix nicht übersetzt.

Für eine Erstinstallation auf einem Werkstatt-Diagnosesystem muß zunächst eine vollständige Bereitstellung und danach alle auf dieser Basis erstellten Inkrementellen Bereitstellungen installiert werden.

3.3 Der Entwicklungstester *Engineering*

Während der Fahrzeugentwicklung benötigt die Technische Entwicklung ein Werkzeug, mit sie Versuchsträger bearbeiten kann. Typische Anwendungen sind Zugriff auf Entwicklerfunktionen in neuen Steuergeräten und Software-Aktualisierungen. Für diesen Zweck müssen neue Datenprotokolle und Formate frühzeitig implementiert werden. Der Entwicklungstester *Engineering* wird von ca. 8.000 Anwendern in der technischen Entwicklung und z.T. auch in der Produktion genutzt.

3.4 Die Lizensierungskomponente *eShop*

Eine Lizenz für die Nutzung des *Offboard Diagnostic Information Systems* erwerben die ca. 280 Importeure in einem Online-Bestellprozeß über die Lizensierungskomponente *eShop*.
Freien Werkstätten (sogen. Unabhängige Marktbeteiligte UMB) muß gemäß der europäischen Gesetzgebung die Möglichkeit gegeben werden, eine zeitlich begrenzte Lizenz für die Werkstattkomponente *Service* zu erwerben. Diese Lizenz wird ebenfalls online erworben (erWin). Die UMBs nutzen die gleiche Anwendung wie Volkswagen-Kundendienstwerkstätten, lediglich die Art der Lizensierung ist unterschiedlich.

4. Organisatorische Auswirkungen

Im Rahmen der verbesserten Wiederverwendungs- und Zusammenarbeitsmöglichkeiten ergeben sich sowohl neue Chancen als auch neue Risiken, die u.a. aus der gemeinsamen Konzern-Datenbasis resultieren. Zu den Chancen zählt die Möglichkeit einer neuen, flexibleren Arbeitsverteilung unter den Standorten und Konzern-

Marken. Gleichzeitig hat sich das potentielle Risiko gesteigert, da unabsichtlich veränderte oder gelöschte Daten jetzt mehrere oder alle Konzern-Marken betreffen können. Neue organisatorische Regelungen sind hier eine notwendige Maßnahme, Systemanpassungen werden basierend auf den gemachten Erfahrungen ebenfalls notwendig werden.

5. Ausblick

Nach dem Rollout aller Teilkomponenten des *Offboard Diagnostic Information System* und einer ersten Nutzungsphase folgt wie geplant die Phase der weiteren Stabilisierung und der Umsetzung zusätzlicher Anwenderanforderungen.

Für das Werkstattsystem *Service* werden derzeit die Analysemöglichkeiten verbessert, um auf Basis von Diagnoseprotokollen die Abläufe und Fehlermöglichkeiten in der Vielzahl der möglichen Werkstatt-Situationen genauer nachvollziehen zu können.

Am Content-Erstellsystem *Creator* sollen insbesondere Anpassungen zur Erhöhung der Bedienfreundlichkeit und zur Optimierung der Debug-Möglichkeiten umgesetzt werden. Außerdem wird die Aufbereitung der ODX-Daten optimiert.

Die Erweiterungen am Entwicklungstester *Engineering* werden insbesondere durch die technische Weiterentwicklung und die diagnose-relevanten Innovationen getrieben.

Das Thema „Zeitbedarf pro Diagnosedurchgang" bzw. Geschwindigkeitssteigerung insgesamt wird weiterhin ein Dauerthema zur kontinuierlichen Optimierung bleiben, an dem alle Beteiligten intensiv weiterarbeiten.

11 Trends für Applikationswerkzeuge

Dipl.-Inform. **Thomas Kotschenreuther**, Dipl.-Inform. **Armin Rupalla**,
RA-Consulting GmbH, Bruchsal

Abstract

Current developments as e.g. electric powertrains and the availability of cheap Ethernet chips trigger the integration of Ethernet into vehicles. Currently the focus is on the high bandwidth of 100Mb/s, but in the long term also the 1Gb/s is a target. In parallel with the integration of Ethernet into the vehicles, also the already used standards have to be adapted to the new technology, or where necessary, new standards have to be set up.

With the new technologies also the complexity is rising. Thus adapted architectures are required. As finally the user has to be able to handle these MCD-systems, also new usability concepts have to be developed and either be integrated into existing tools, or new tools have to be developed to meet the requirements.

Kurzfassung

Die Notwendigkeit der Einführung von Ethernet im Fahrzeugbau ergibt sich aus diesen aktuellen technologischen Entwicklungen im Elektronikbereich. Es ist abzusehen, dass mittelfristig nur höhere Bandbreiten ab 100 Mb/s oder langfristig im Gigabit-Bereich den wachsenden Bandbreitenbedarf decken können. Die Einführung von Ethernet in die bestehenden Kommunikationssysteme bedingt die technologische Vorbereitung und die Standardisierung unterschiedlichster automobilkonformer Protokollebenen, wie z.B. eines deterministischen Protokoll-Stacks.

Wegen der zunehmenden Komplexität und der Notwendigkeit neuer Architekturen und 'Usability'-Konzepte müssen sich die MCD-Softwarewerkzeuge (MCD – Measurement, Calibration, Diagnostics) verändern, und manche werden vollständig neu entwickelt werden müssen. Unter Berücksichtigung der Notwendigkeit zur Integration der MCD-Funktionen und der neuesten technischen Trends wurde eine Referenzarchitektur für ein integriertes MCD-Toolset konzipiert, die den neuen Anforderungen genügen kann.

1. Einleitung

Aktuelle Entwicklungen, wie z.B. neue Antriebsstrangkonzepte für Hybridfahrzeuge, neue Abgassysteme (z.B. SCR-Abgasnachbehandlung) und funktionale Erweiterungen (z.B. Start/Stopp-Systeme, Rekuperation und Batterien für die Speicherung von Antriebsenergie) in den vergangenen Jahren haben Auswirkungen auf Anforderungen an die Diagnosefunktionalität. Strengere Anforderungen an die Genauigkeit der OBD-Funktionen und auch die Vorgaben, den Betrieb des Fahrzeuges umfangreicher zu überwachen (In-Use-Monitoring) und Fehler permanent zu dokumentieren, sorgen für zusätzliche funktionale Erweiterungen der Steuergerätesoftware. Dies führt dazu, dass inzwischen die Algorithmen der Eigendiagnose von Steuergeräten einen bedeutenden Anteil am gesamten Source Code einnehmen. Bereits heute kann der für die Eigendiagnose eines Motorsteuergerätes erforderliche Umfang rund 50 % des gesamten Quellcodes ausmachen.

Die steigende Komplexität der Steuergeräte wiederum führt zur Erhöhung der Anzahl von einstellbaren Parametern in den verwendeten Algorithmen. Und dieser Trend scheint auch für die nächste Zukunft weiter anzuhalten. Damit verbunden steigt auch die Datenmenge, die am Bandende ins Fahrzeug geschrieben werden muss. Da z.B. das Schreiben in der Produktion eine zeitkritischer Aufwand ist, steigt damit auch der Bedarf an performanten Bustechnologien, wie Ethernet, welche ein effizientes Programmieren der Steuergeräte erlauben.

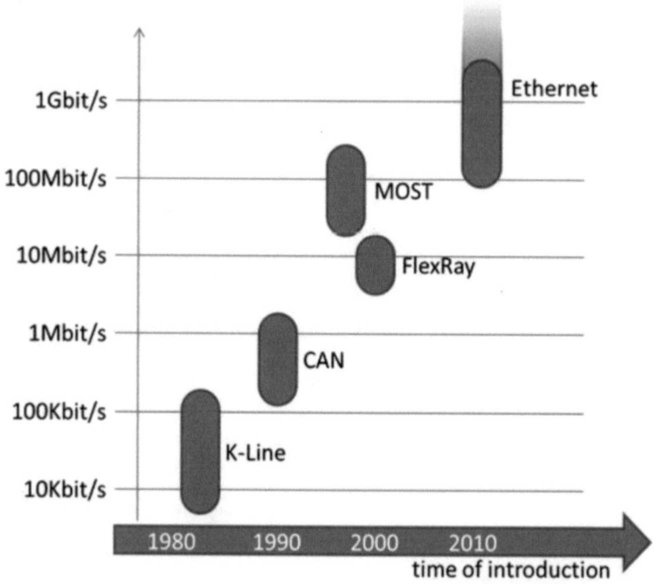

***Bild 1:** Datenraten unterschiedlicher Bustechnologien im Fahrzeug*

Abbildung 1 zeigt die Datenraten verschiedener allgemeiner Bustechnologien im Fahrzeug.

Die Notwendigkeit der Einführung von Ethernet im Fahrzeugbau ergibt sich aus den aktuellen technologischen Entwicklungen im Elektronikbereich. Es ist abzusehen, dass mittelfristig nur höhere Bandbreiten ab 100 Mb/s oder langfristig im Gigabit-Bereich den wachsenden Bandbreitenbedarf decken können. Das im Consumer-Markt bereits erprobte und bewährte Ethernet ist bis zu Gigabit-Übertragungsbreiten skalierbar und bietet sich somit auch für die Automobilindustrie als zukunftsfähige

Technologie an. Diese unterscheidet sich allerdings in Ihren Konzepten und technischen Komponenten grundlegend von den bislang im Automobilbereich eingesetzten Technologien. Die Einführung von Ethernet in die bestehenden Kommunikationssysteme bedingt die technologische Vorbereitung und die Standardisierung unterschiedlichster automobilkonformer Protokollebenen, wie z.B. eines deterministischen Protokoll-Stacks.

Ein Großteil der technischen Innovationen im Fahrzeugbau dieser und der nächsten Dekade resultieren aus Entwicklungen in den elektronischen Systemen. Zum Beispiel werden Fahrerassistenzsysteme wie Geschwindigkeitsregelung, Fahrstreifenerkennung und Abstandsradar immer weiter ergänzt und ermöglichen in ihrer Kombination bereits in naher Zukunft komplexe Steuerungsfunktionen für Serienfahrzeuge. Immer leistungsfähigere elektronische Komponenten ermöglichen im Verbund immer mehr neue Funktionen und neue Technologien wie z.B. das autonome Fahren. Dies bedingt die Kommunikation bzw. den koordinierten Informations- und Datenaustausch zwischen den Systemen. Die fahrzeuginterne Vernetzung muss damit für die erhöhten Anforderungen an die Kommunikation bzgl. Durchsatz, Genauigkeit und Synchronisation weiter entwickelt werden..

In den vergangenen Jahrzehnten wurden von der Automobilindustrie zahlreiche Bussysteme wie CAN, LIN, FlexRay und MOST entwickelt und standardisiert, um den spezifischen Anforderungen an die Vernetzung im Gesamtfahrzeug bzw. dessen Subsystemen (z.B. Antriebsstrang, Karosserie, Diebstahlschutz und Infotainment) gerecht zu werden.

Allerdings hat der Fortschritt der letzten Jahre die Systeme zur Vernetzung im Fahrzeug an Ihre Grenzen gebracht. Gerade der notwendige Datendurchsatz ist mit diesen Technologien schon in absehbarer Zeit nicht mehr zu realisieren. Hinzu kommt die Kommunikation von und nach außen wie z.B. Car-to-X für die Fahrerassistenz und Verkehrsteuerung sowie die Anbindung des Automobils ans Internet, die mit den aktuellen Kommunikationstechnologien im Fahrzeug nicht darstellbar ist.One potential solution can be seen in adopting the "Ethernet" and "IP" technologies. These are well established in the IT and other industries, but are new to the field of automotive engineering. They are widely used to connect computers of all kinds and are promising candidates for a technological transfer into automotive network systems.
Wichtigstes Argumente für den Einsatz von Ethernet im Kraftfahrzeug ist die große Bandbreite und der dadurch zu erreichende Durchsatz an Datenströmen. Während CAN und FlexRay im Bereich von 1 bzw. 10 Mb/s liegen, erreicht Fast Ethernet 100 Mb/s. Im Consumer-Bereich ist Gigabit-Ethernet Stand der Technik und erreicht dort heute 10 Gb/s und mehr.

Die Ethernet-Technologie: Ethernet ist aufgrund einer strengen Trennung der Kommunikationsschichten auf höhere Bandbreiten skalierbar. Die Bitübertragungsschicht (durch die die Bandbreite limitiert wird) kann ausgetauscht werden, ohne dass sich dadurch die Schnittstelle zu den höheren Protokollebenen ändern würde.
Eine hervorragende Kompatibilität zum Internet Protocol (IP) ermöglicht die für die Fahrzeugelektronik wichtige Schnittstelle nach außen für den Diagnosezugang mit DoIP (Diagnostics over Internet Protocol, ISO 13400) oder die Anbindung an Internetdienste.

Eine direkte Übernahme der Technik aus dem Consumer-Bereich ist allerdings nur sehr bedingt möglich. Stecker, Kabel und Modulationsverfahren wurden nie für den Einsatz in Kraftfahrzeugen konzipiert. Sie genügen deshalb auch nur sehr eingeschränkt den spezifischen Anforderungen bezüglich der allgemeinen Robustheit, elektromagnetischen Verträglichkeit und der Kosten.

Die Automobilindustrie setzt hierbei auf Reduced Twisted Pair Gigabit Ethernet (gem. IEEE-Arbeitsgruppe 802.3bp). Die Auswahl der Vernetzungstechnologie für eine bestimmte Anwendung orientiert sich letztlich am Verhältnis von Kosten zu Nutzen. Ethernet wird daher nicht sofort und auch nur in Teilen etablierte Systeme wie z.B. LIN als kostengünstiges Low-Cost-System für kleine Subsystem wie Sitzsteuerung oder CAN als Kommunikationssystem für die Sensorik oder das sich gerade in der Einführung befindliche CAN-FD-System ersetzen oder auch nur ergänzen. Für einige Anwendungsfälle (z.B. Messen und Kalibrieren im Fahrzeugentwicklungsprozess) zeichnet sich jedoch bereits heute ab, dass sie vielversprechende Kandidaten für den Ersteinsatz sind.

Moderne Fahrzeuge sind, insbesondere im Bereich der Ober- und Luxusklasse, mit annähernd 100 Steuergeräten für die unterschiedlichsten Funktionen ausgestattet. Jedes Steuergerät bzw. jede Anwendung verlässt sich in der einen oder anderen Weise darauf, dass das Netzwerk bestimmten Ansprüchen genügt. Wird diese Anforderung nicht erfüllt, dann sind Fehlfunktionen die unausweichliche Folge. Somit bestehen hohe Anforderungen an die Dienstgüte (Quality of Service (QoS) einer neu einzuführenden Kommunikationstechnologie.

2. EtherCAT

EtherCAT (Ethernet for Controller and Automation Technology) ist ein Echtzeit-Ethernet, das sich gerade in der Messtechnik der Automobilindustrie durchsetzt. Das im IEC-Standard 61158 [29] offengelegte Protokoll eignet sich für harte wie weiche Echtzeitanforderungen in der Automatisierungstechnik. Die Schwerpunkte der Entwicklung von EtherCAT lagen auf kurzen Zykluszeiten (≤ 100 µs), niedrigem Jitter für exakte Synchronisierung (≤ 1 µs) und niedrigen Hardwarekosten. Der exakten Synchronisierung kommt bei EtherCAT eine besondere Bedeutung zu. Der leistungsfähigste Ansatz zur Synchronisierung ist der exakte Abgleich verteilter Uhren. Dabei wird die Uhrzeit der Hauptuhr über EtherCAT zu den Nebenuhren übertragen. Dabei können effektive Datenraten von über 100 Mbit/s - physikalisch zukünftig auch bis 1 Gbit/sec - erreicht werden.

Aktuelle EtherCAT Messsysteme erlauben Messzyklen bis 10µs. Diese hohen Datenraten sind notwendig für die Entwicklung von Antriebssystemen, insbesondere bei aktuellen Entwicklungen, wie rein elektrischen oder hybriden Antrieben.

EtherCAT-Systeme sind reine Zusatzsysteme, d.h. sie werden für spezielle Aufgaben zusätzlich im Fahrzeug verbaut, sie werden aber nicht als Bestandteil des Produktes Fahrzeug integriert. Dennoch erlaubt EtherCAT eine transparente Integraton in Ethernet basierte Systeme, und damit in bestehende Mess- und Kalibriersysteme. Ebenso wird in der Regel eine Umsetzung von EtherCAT nach XCP bereitgestellt, so dass sich dadurch auch die EtherCAT-Systeme in vorhandene XCP-basierte Systeme integrieren lassen. Durch die gemeinsame Basis Ethernet/IP kann auch der gleiche Transport verwendet werden.

3. Diagnostics over IP - DoIP

Der Themenkomplex 'Diagnose' gewinnt dadurch zunehmend an Bedeutung für die Automobilindustrie und ist – neben den Infotainment-Systemen – massiv von der Einführung des Ethernet im Fahrzeug betroffen.

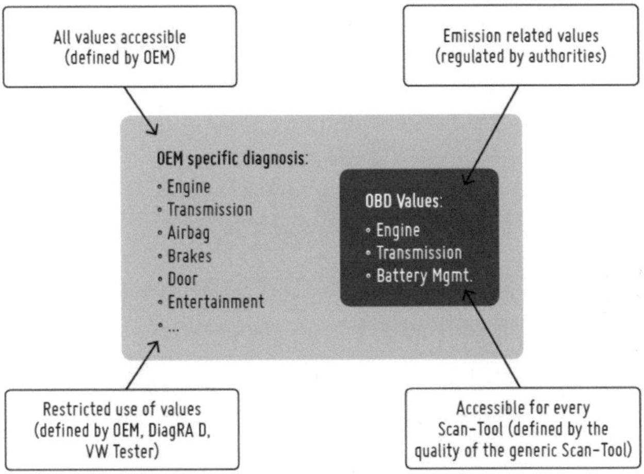

Bild 2: *Unterschied zwischen OEM-spezifischer und OBD Diagnose (Quelle: RA Consulting GmbH)*

Diagnosefunktionen lassen sich in die folgenden Bereiche aufteilen:

1. Diagnosefunktionen für OEM-spezifische Werkstattester
2. Scan-Tool Funktionen für OBDII/EOBD/HD-OBD/WWH-OBD Diagnose
3. Erweiterte Entwicklerfunktionen

Die Einführung von Ethernet im Kraftfahrzeug bedeutet einen technologischen Sprung für die Leistungsfähigkeit der On-Board- wie auch der Off-Board-Kommunikationssysteme.

Unter Fahrzeugdiagnose im engeren Sinne verstehen wir alle Maßnahmen, die dem Erkennen von Fehlfunktionen in Kraftfahrzeugen und der Eingrenzung des technischen Fehlverhaltens dienen sowie die speziellen Funktionen für deren Behebung wie das Flashen von Steuergeräten, die Parametrierung, die Kodierung und das Löschen von Fehlern nach der Beseitigung ihrer Ursache. Außerdem muss unterschieden werden zwischen OBD-Diagnose, erweiterte Diagnose der Hersteller und Diagnose mit geführter Fehlersuche für den Service. Für spezifische Aufgaben werden spezielle Diagnosedienste vorgehalten, die mit definierten Zugängen (z.B. Seed and Key) autorisiert werden.

In der Einleitung von ISO13400 wird der Zweck der Norm erklärt sowie die Art und Weise, wie in dieser Norm bereits vorhandene Industrienormen angewandt werden [5].

Die Norm soll dazu dienen, eine genormte Fahrzeugschnittstelle mit folgenden Eigenschaften zu beschreiben:

- Trennung der fahrzeuginternen Netzwerktechnik von der Anforderungen der Fahrzeugschnittstelle zu externen Prüfausrüstungen
- Bietet eine langzeitstabile externe Fahrzeugkommunikationsschnittstelle
- Anwendung von bereits vorhandenen Industrienormen zur Definition von langzeitstabilen Kommunikationsstandards auf dem Stand der Technik, die geeignet sind für die gesetzlich vorgeschriebene Diagnosekommunikation sowie für herstellerspezifische Anwendungsfälle,
- einfache Anpassbarkeit an neue physikalische Datenverknüpfungsschichten durch die Nutzung von vorhandenen Anpassungsschichten.

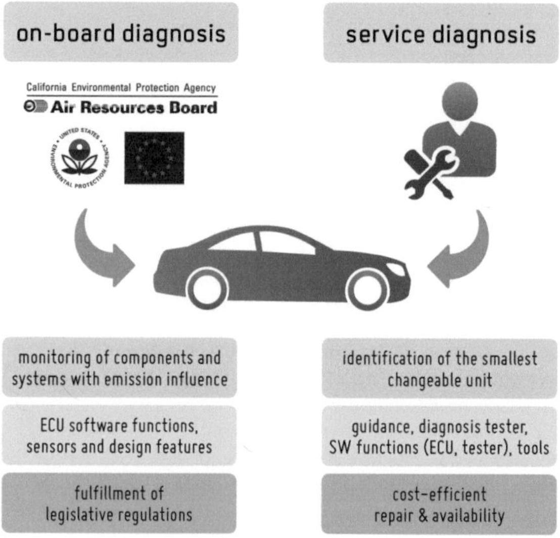

Bild 3: *Aktuelle Anforderungen an OBD und Service-Diagnose (Quelle: Robert Bosch GmbH)*

Dies wird dadurch erreicht, dass das System auf dem 'Open Systems Interconnection (OSI) Basic Reference Model' aufbaut, das in den Normen ISO/IEC 7498 und ISO/IEC 10731 definiert ist, in denen die Kommunikationssysteme in sieben Schichten aufgeteilt sind. Die Abbildung auf dieses Modell zeigt Abbildung 4.

<table>
<tr><th>Applicability</th><th>OSI 7 layers</th><th colspan="3">WWH-OBD document reference</th></tr>
<tr><td rowspan="7">Seven layers according to ISO/IEC 7498-1 and ISO/IEC 10731</td><td>Application (layer 7)</td><td colspan="3">ISO 27145-3 / ISO 14229-1</td></tr>
<tr><td>Presentation (layer 6)</td><td colspan="3">ISO 27145-2 / SAE J1979-DA /SAE J2012-DA / SAE J1930-DA
SAE J1939 Appendix C (SPNs), SAE J1939-73 Appendix A (FMIs)</td></tr>
<tr><td>Session (layer 5)</td><td colspan="3">ISO 14229-2</td></tr>
<tr><td>Transport (layer 4)</td><td rowspan="2">ISO 15765-4 DoCAN /
ISO 15765-2 DoCAN</td><td rowspan="4">ISO 27145-4</td><td rowspan="2">ISO 13400-2 DoIP
TCP & IP</td></tr>
<tr><td>Network (layer 3)</td></tr>
<tr><td>Data link (layer 2)</td><td rowspan="2">ISO 15765-4 DoCAN /
ISO 11898-1, -2 CAN</td><td rowspan="2">ISO 13400-3 DoIP /
IEEE 802.3</td></tr>
<tr><td>Physical (layer 1)</td></tr>
</table>

Bild 4: *Erweiterte und gesetzlich vorgeschriebene für OSI-Schichten geltende WWH-OBD-Diagnose-Spezifikationen [12]*

Das DoIP-Protokoll wurde in der ISO13400 [19], Straßenfahrzeuge - Diagnosekommunikation über das Internet-Protokoll (DoIP) genormt. Die Norm wurde wie folgt gegliedert:

- Teil 1: Allgemeine Informationen und Definitionen der Anwendungsfälle
  Use-Case-Beschreibung und Darstellung der Szenarien zu der Kommunikation zwischen Prüfausrüstung und Fahrzeugen auf Basis einer Ethernet-Verbindung (LAN und WLAN). Die Beschreibungen in der ISO 13400-1:2011 beinhalten die Umsetzung verschiedene Anwendungsschichten wie z.B.:
  - erweiterte Fahrzeugdiagnose (über die gesetzlich vorgeschriebenen Funktionen hinausgehende Systemdiagnose, nicht-abgasrelevante Systemdiagnose);
  - WWH-OBD (World-Wide Harmonized On-Board Diagnostics) gem. ISO 27145-2 und ISO 27145-3.
- Teil 2: Dienste der Transport- und Netzwerkschicht
  Definition der Anforderungen an die Diagnosekommunikation zwischen externer Prüfausrüstung und Komponenten der Fahrzeugelektronik über das Internet-Protokoll (IP) sowie über das 'Transmission Control Protocol' (TCP) und das 'User Datagram Protocol' (UDP). Dies beinhaltet die Definition der Anforderungen an das Fahrzeug-Gateway (z.B. für die Einbindung in ein bestehendes Computernetzwerk) und Anforderungen an die Prüfausrüstung (z.B. zur Erkennung und Herstellung der Kommunikation mit einem Fahrzeug).
- Teil 3: Kabelgebundene Schnittstelle basierend auf IEEE 802.3

In Teil 2 der ISO13400 werden zusätzlich zur Beschreibung von Mechanismen zum Auffinden von DoIP-Teilnehmern in Netzwerken und der Definition von Anforderungen an diese festgelegt.

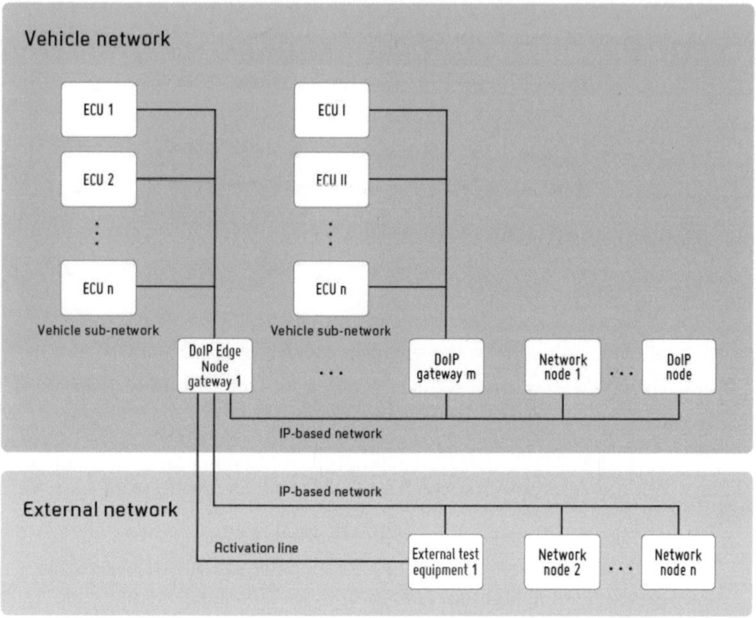

Bild 5: *Funktionsübersicht der Architektur des Fahrzeugnetzwerks [5]*

Abbildung 5 zeigt ein Beispiel für die Architektur des Fahrzeugnetzwerks. Die Anforderungen der Norm ISO13400 beinhalten, dass alle DoIP-Einheiten die erforderlichen Funktionen umsetzen wie z.B.:

- Jede DoIP-Einheit in einem Fahrzeugnetzwerk soll diesen Protokollstandard umsetzen.
- MAC-Adressen sollen gem. IEEE 802.3 einmalig sein.
- Alle DoIP-Einheiten eines kabelgebundenen Fahrzeugnetzwerks sollen die selbe Internet-Protokoll-Version umsetzen, d.h. entweder IPv4 gem. IETF RFC 791 oder IPv6 gem. IETF RFC 2460.
- Jede DoIP-Einheit (IPv4 und IPv6) soll TCP gem. IETF RFC 793 umsetzen.
- Jede DoIP-Einheit soll Signale vom Port TCP_DATA empfangen, um die Kommunikation mit der Prüfausrüstung herzustellen, die den Anschluss an diesen TCP-Port herzustellen versucht.
- Jede DoIP-Einheit soll <n+1> TCP-Datenbuchsen unterstützen, wobei <n> die Anzahl der gleichzeitig bestehenden TCP-Datenverbindungen darstellt, die von der entsprechenden DoIP-Einheit unterstützt werden.
- Bei der Verwendung von IPv4 soll jede DoIP-Einheit das Verhalten des DHCP-Clients gem. IETF RFC 2131 umsetzen.
- Bei der Verwendung von IPv6 soll jede DoIP-Einheit das Verhalten des DHCPv6-Clients gem. IETF RFC 3315 umsetzen.

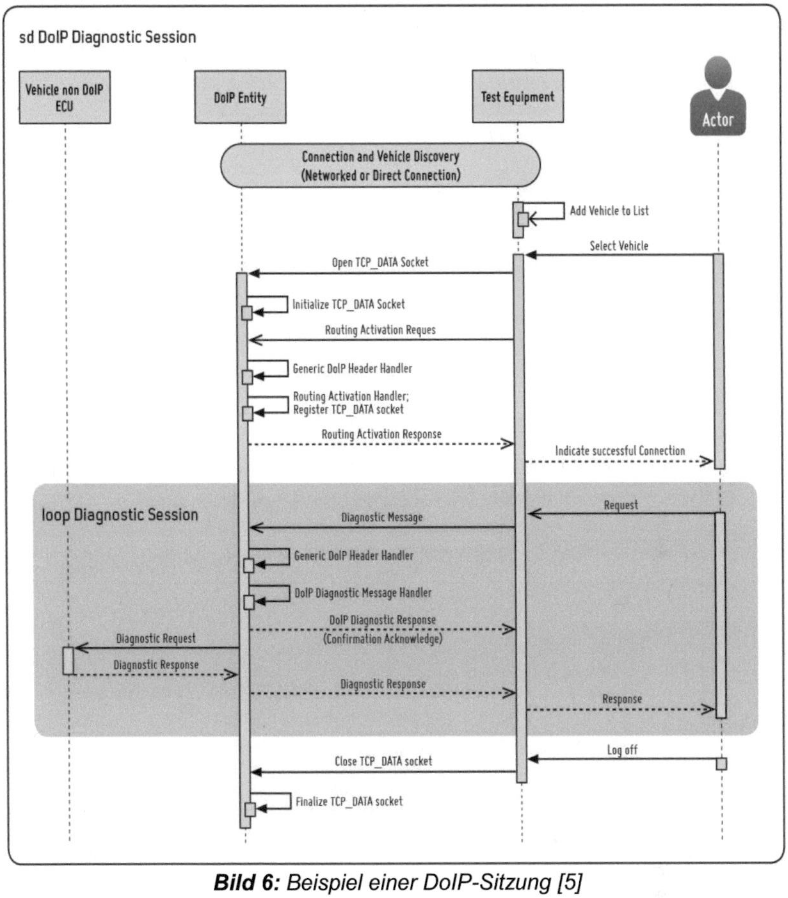

Bild 6: *Beispiel einer DoIP-Sitzung [5]*

Als erster Schritt zur Herstellung einer Verbindung von der externen Prüfausrüstung zur DoIP-Einheit im Fahrzeug muss ein Socket geöffnet werden. Dies muss vor dem Austausch von Nachrichten erfolgen. Sobald eine Buchse vorhanden ist, müssen einige Initialisierungsschritte durchgeführt werden. Ein Timer für die initiale Inaktivität und ein Timer für allgemeine Inaktivität müssen zugewiesen und gestartet werden.

Um das Routing auf der initialisierten Verbindung zu aktivieren, sendet die angeschlossene externe Prüfausrüstung eine 'Routing Activation Request Message' and die DoIP-Einheit. Wenn die externe Prüfausrüstung berechtigt ist und wenn weniger als <n> aktive Verbindungen angemeldet sind, wird der entsprechende Initial-Timer angehalten und – in der Annahme, dass keine weitere Authentifizierung oder Bestätigung erforderlich ist – der Status der Buchse auf 'Angemeldet' gesetzt ['Routing aktiv']. Gültige DoIP-Meldungen (z.B. DoIP-Diagnosemeldungen) können jetzt gerouted oder verarbeitet werden. Die wird der externen Prüfausrüstung durch eine positive

'Routing Activation Response'-Meldung mitgeteilt. Der allgemeine Timer wird neu gestartet und bleibt aktiv.

Beim Empfang von Daten jeglicher Art ruft die DoIP-Einheit zuerst den 'DoIP Header Handler' auf. Wenn die Datenlast aus einer Diagnosemeldung besteht, wird zur Verarbeitung der Last der 'Diagnostic Message Handler' aufgerufen.

Im Falle einer UDS-konformen Diagnosemeldungs-Nutzlast sendet das Ziel-Steuergerät eine Diagnoserückmeldung zur externen Prüfausrüstung zurück.

Wenn die externe Prüfausrüstung die Verbindung nicht mehr braucht, wird diese immer über TCP/IP-Protokoll-Mechanismen geschlossen. Die DoIP-Einheit löst dann den Abschlussprozess für die Verbindung aus. Dieser Abschluss gibt die entsprechenden Ressourcen frei, damit die Buchse wieder für eine neue Verbindung zur Verfügung steht. Falls die Verbindung nicht geschlossen wurde, werden die Ressourcen nach einem Timeout vom 'General Inactivity Timer' oder nach Durchführung eines 'Alive Check' freigegeben.

Bei der Kommunikation über ein DoIP-Gateway und entsprechender Segmentierung der DoIP-Botschaften muss beachtet werden, dass erst mit dem Routing auf den Zielbus begonnen wird, wenn der Diagnose-Request komplett im Gateway eingetroffen ist ('store and forward'). Somit ergeben sich, verglichen mit dem reinen Layer-2 Routing bei CAN, zusätzliche Verzögerungen [5].

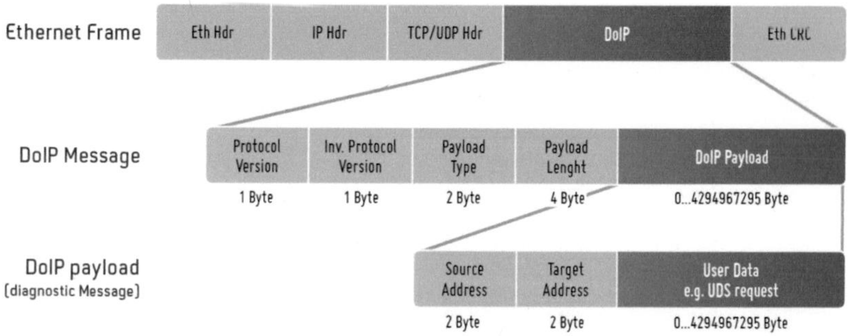

Bild 7: *Aufbau des DoIP Protokolls*

Diagnose-Requests und -Responses haben bei UDS on IP keine 4KB-Limitierung wie sie bei UDS on CAN üblich war. Dies ermöglicht für den DoIP-Fall größere Nachrichten, wie in Abbildung 7 dargestellt.

4. Messen, Kalibrieren und Diagnose (MCD)

Durch die Verwendung von Ethernet für Mess- und Kalibrier- und Diagnoseaufgaben wird eine zentrale Transportschicht verwendet, die alle Anwendungsfälle unterstützen kann. Im Vergleich zum bisher verwendeten CAN stellt der Transport zum einen eine deutlich gesteigerte Bandbreite zur Verfügung, zum anderen ist Ethernet mittlerweile eine Standardschnittstelle an heutigen PC-Systemen.

5. Auswirkung auf MCD-Werkzeuge (z.B. DiagRA®X MCD)

Zurzeit führen mehrere Technologiesprünge und die offenen Problemstellungen zu vermehrten Aktivitäten der ASAM im Bereich MC. Diese Technologiesprünge erzwingen zurzeit eine fundamentale Neugestaltung der Architektur von MC-Systemen. Daher verwenden die die aktuellen Entwicklungen der RA-Consulting weitestgehend ASAM-Standards, um die unterschiedlichen Funktionen bereitstellen zu können. Abbildung 8 zeigt die Grundstruktur, die eine Abbildung der oben genannten Anwendungsfälle durch das Werkzeug erlaubt.

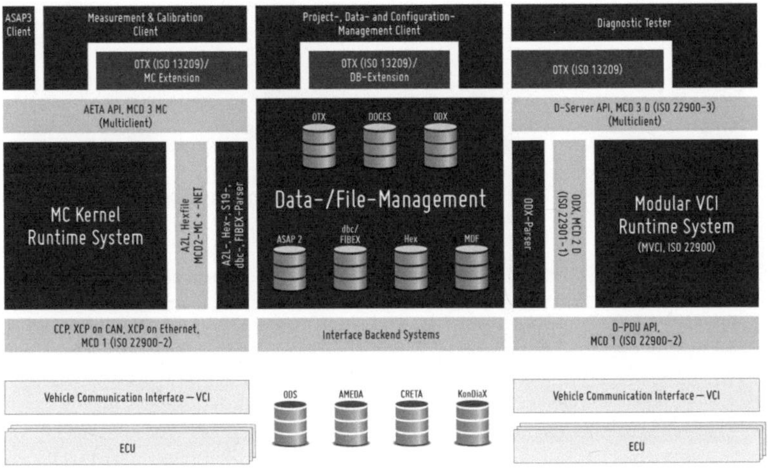

***Bild 8:** MCD Toolset Referenzarchitektur (Quelle: RA Consulting GmbH)*

Neue Technologien erlauben es, MCD-Werkzeuge zu entwickeln, die performant arbeiten, und dennoch benutzerfreundlich bedienbar sind. Diese sollten weitestgehend standardisierte Schnittstellen verwenden, wie z.B. D-PDU-API [16], MCD3-MC/-D API [15], Standarddateiformate, wie A2L, ODX, PDX, DCM, HEX, S19, sowie quasi Standardformate, wie CAN-DB von Vector-Informatik.

Damit sollen wichtige Anforderungen an die Tool-Chain endlich gelöst werden:

- Erhöhter Effizienzgewinn bei Applikation (nutzergruppenorientiert)
- Spezielle Features und Ablaufsteuerungen für einzelne Nutzergruppen (Touchscreen-/Panelbedienung)
- Anpassung der UI an Stand der Technik (heute Windows 8 oder 9)
- Toolwechsel innerhalb eines ECU-Projekts gewünscht
- Innovationsdruck durch Wettbewerb
- Schnelle Umsetzung von Spezialfunktionen

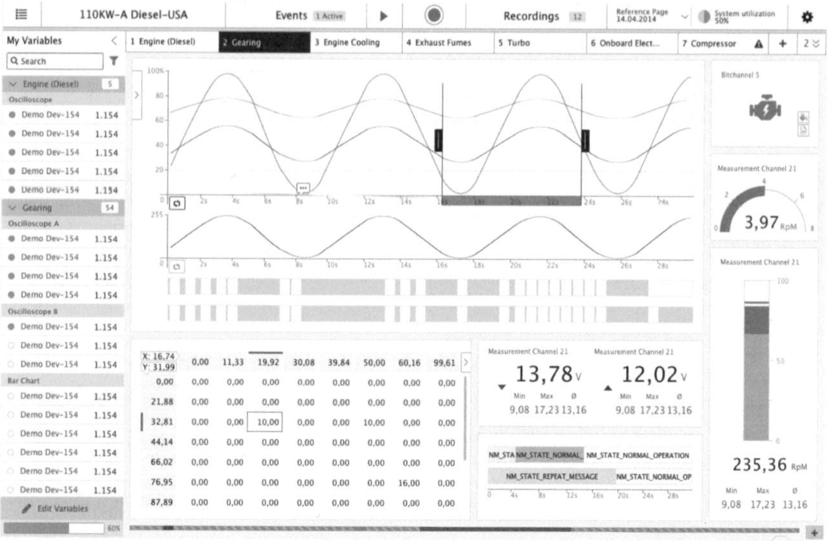

Bild 9: *Benutzerschnittstelle des 'New Generation DiagRA MCD Toolset' (RA Consulting GmbH)*

Leider besteht nach unserer Sicht trotz der zahlreichen Initiativen noch eine sehr bedeutende Standardisierungslücke im MC-Bereich. Die Emulator-Schnittstellen im Steuergerät müssen noch in Teilen standardisiert werden, um vollständig und offen und somit interoperabel zu werden.

6. Zusammenfassung

Die Integration von Ethernet in der Fahrzeugelektronik für mehr als nur Infotainment-Anwendungen eröffnet viele Möglichkeiten zur Weiterentwicklung des Automotive Electronics Engineering. Neue Technologien bei den elektronischen Komponenten erfordern höhere Bandbreiten für die Kommunikation innerhalb des Fahrzeugs wie auch für die externe Car-to-X-Kommunikation. Gesetzgeber berücksichtigen dies bereits bei der Aktualisierung von diagnosebezogenen Vorschriften. Erste Projekte zum Einsatz von Ethernet wurden bereits erfolgreich umgesetzt. Die Normierung ist dabei der Schlüssel zur kostengünstigen Nutzung von Ethernet während aller Phasen des Automotive Electronics Engineering.
Wegen der zunehmenden Komplexität und der Notwendigkeit neuer Architekturen und 'Usability'-Konzepte müssen sich die Tools verändern, und manche werden vollständig neu entwickelt werden müssen.
In der Automobilindustrie wird die Ethernet-Technologie zur rechten Zeit und am rechten Ort ihren Platz einnehmen.

Literatur

[1] SAE International, J1979-DA, Digital Annex of E/E Diagnostic Test Modes.

[2] ISO - International Organization for Standardization, ISO 27145 (all parts), Road vehicles - Implementation of World-Wide-Harmonized On-Board Diagnostics (WWH-OBD) communication requirements, 2012.

[3] UNITED NATIONS, Global technical regulation No. 5 - Technical requirements for on-board diagnostic systems (OBD) for road vehicles (ECE/TRANS/180/Add.5), 2007.

[4] ISO - International Organization for Standardization, ISO 14229 (all parts), Road vehicles - Unified Diagnostic Services (UDS), 2013.

[5] ISO - International Organization for Standardization, ISO 13400 (all parts), Road vehicles - Diagnostic communication over Internet Protocol (DoIP), 2011.

[6] H. Frank (2012), Diagnosewerkzeuge für WWH-OBD, http://www.allelectronics.de/texte/anzeigen/47292/Diagnosewerkzeuge-fuer-WWH-OBD.

[7] ASAM MCD-1 (XCP): Universal Measurement and Calibration Protocol – Protocol + Transport Layer Specification, Version 1.2.0, Base Standard by ASAM e.V., 2014.

[8] C. E. Spurgeon, J. Zimmerman, Ethernet – The Definitive Guide, 2nd edition, O'Reilly 2014.

[9] J. Rieger, "Ansatz für die Diagnostizierung zukünftiger hochvernetzter Assistenzsysteme", in: *Diagnose in mechatronischen Fahrzeugsystemen VI*, Expert 2013.

[10] P. S. Correia, M. Serra, A. Camek, "Fahrzeugdiagnose 2020 – Mit Sicherheit in die Zukunft", in: *Diagnose in mechatronischen Fahrzeugsystemen V*, Expert 2012.

[11] A. Patzer und R. Zaiser, XCP – Das Standardprotokoll für die Steuergeräte-Entwicklung, 2nd edition, specialist publication by Vector Informatik GmbH, no ISBN, Stuttgart 2014.

[12] CARB: OBD II Regulations: Section 1968.2 (15), International Standard, 2012.

[13] ISO 13209-2: Open Test sequence eXchange format (OTX) - Part 2: Core data model specification and requirements, International Organization for Standardization 162.

[14] SAE International, J1979-DA, Digital Annex of E/E Diagnostic Test Modes.

[15] MVCI Server API ISO 22900-3

[16] PDU-API ISO 22900-1

[17] Open Diagnostic Data Exchange - ISO 22901 or ODX Standard (MCD-2 D): http://www.asam.net/nc/home/asam-standards.html

[18] IEC standard 61158

[19] P. Hank, System: Automotive Ethernet - The Road Ahead, eMobility eMotion, Toulouse, September 2013.

[20] P. Stoss, A. Rupalla, HD OBD – Comparison of OBD Scan-Tool Diagnostics Based on SAE J1979, SAE J1939 and ISO27145, in: *On-Board Diagnostics (OBD) IV*, Expert 2011.

12 Ganzheitliche Diagnostik / Holistic Diagnostics

Dr. **Norbert Waleschkowski**, M.Sc. **Ronny Giera**, Semantis Information Builders GmbH, Oberursel

Abstract

Vehicle diagnosis today – as well as the diagnosis of other engineered systems – targets to read diagnostic trouble codes from the ECUs at first and then to process these trouble codes one by one while following the principles of guided failure search (GFS). In medical diagnosis this approach is totally unacceptable. Complex clinical pictures require a holistic approach. It can easily be shown that the GFS-approach is unable to achieve this goal because it suffers from proper architectural principles. It also offers too less means and granularity to model deep diagnostic knowledge. A holistic approach requires to rely on fundamental architectural principles according to the well-known guideline "form follows function" from architecture. Furthermore, it is analysed which concepts und constructs are useful in order to achieve a sound and holistic diagnosis. Some arguments are discussed while having a look to the knowledge-based Raptor Diagnostic Suite as an example.

Kurzfassung

Die heutige Fahrzeugdiagnose – überhaupt die heutige Diagnose technischer Geräte und Systeme – ist darauf ausgerichtet, zunächst alle Fehlercodes der Steuergeräte auszulesen und anschließend mittels geführter Fehlersuche (GFS) einen Fehlercode einen nach dem anderen abzuarbeiten. In der medizinischen Diagnostik wäre diese Vorgehensweise undenkbar und auch nicht akzeptabel. Bei komplexen Krankheitsbildern ist ein ganzheitlicher Ansatz, d.h. die umfassende Betrachtung und Berücksichtigung des gesamten Krankheitsbildes und Nutzung eines umfassenden Informations- und Methodenpools unerlässlich. Wie gezeigt wird, bietet das GFS-Prinzip hierfür mit seinen DTC-spezifischen Prüfabläufen zu wenig Struktur und unzureichende Mittel. Ein ganzheitlicher Diagnoseansatz erfordert, dass grundlegende Architekturprinzipien gemäß dem Leitprinzip der Architektur "form follows function" eingehalten werden. Es wird ferner untersucht, welche Konzepte und Konstrukte zu einer guten und ganzheitlichen Diagnose beitragen. Die Argumente werden am Beispiel der wissensbasierten Raptor Diagnostic Suite diskutiert.

1. Einleitung - Holistische Diagnostik

Wenn ein Fahrzeug heute in eine Werkstatt kommt, sieht die Vorgehensweise zur Fehlersuche typischerweise wie folgt aus: Unter Verwendung eines rechnergestützten Diagnosesystems liest der Techniker die Fehlerspeicher der Steuergeräte aus und arbeitet dann mittels eines Prüfablaufs, der einen oder einige wenige Fehlercodes behandelt, einen Fehlercode nach dem anderen ab. Die Fehlersuche läuft unter der Überschrift "Geführte Fehlersuche" (GFS). Das Prinzip der GFS wird in [1] wie folgt beschrieben: "Die geführte Fehlersuche (GFS) verwendet von Experten erstellte Fehlersuchprogramme, die genau auf die Fehler, die in einem bestimmten Fahrzeug auftreten können, abgestimmt sind. Dabei ist es notwendig, für jeden möglichen DTC (Diagnostic Trouble Code) ein Fehlersuchprogramm zu erstellen. Eine besondere Schwierigkeit besteht dabei in der Abdeckung aller Varianten eines Fahrzeugs bzw. Fahrzeugteilsystems, ... da sich Fehler in unterschiedlichen Fahrzeugvarianten darstellen und auch Prüf- und Reparaturanweisungen stark variieren können."

Eine vergleichbare Vorgehensweise in der medizinischen Diagnostik wäre nicht nur sehr ineffizient und teuer, sondern in einigen Fällen sogar lebensgefährlich. Klagt etwa ein Patient über Abgeschlagenheit, Muskel- und Gliederschmerzen, Übelkeit und Kopfschmerzen, weiße Hautflecken, hohes Dauerfieber, Erbrechen, Hautausschlag usw., so wird jeder erfahrene Arzt das Krankheitsbild in seiner Gesamtheit betrachten. Dann kommt er schnell zu Diagnosekandidaten wie Ebola, Lassa- oder Dengue-Fieber.

Würde der Arzt dagegen eine Diagnosestrategie verwenden, wie sie heute bei der Diagnose technischer Systeme eingesetzt wird, müsste er jedes einzelne Element des Krankheitsbildes - ähnlich einer DTC-Liste - nacheinander und unabhängig voneinander untersuchen. Bei isolierter Betrachtung weisen z.B. Muskel- und Gliederschmerzen u.a. auf Durchblutungsstörungen, Gelenkrheuma, Polyarthritis oder einen grippalen Infekt hin, hier allesamt Fehldiagnosen. Ähnliches gilt bei isolierter Betrachtung für alle übrigen Elemente. Es ist offensichtlich, dass eine solche Diagnosestrategie für komplexe Krankheitsbilder ungeeignet als auch intuitiv wenig intelligent erscheint.

2. DTC-spezifische Prüfabläufe vs. ganzheitliche Diagnostik

Es ist verhältnismäßig leicht, für einen einzelnen Fehlercode einen Prüfablauf zu entwerfen, der dann in der Werkstatt genau nachvollzogen werden muss. Es ist aber aufgrund der kombinatorischen Explosion der Möglichkeiten schwierig, auf diese Art und Weise Prüfabläufe für komplexe Fehlerbilder zu entwickeln. Dies gilt insbesondere dann, wenn die Fehlercodes aus verschiedenen Teilsystemen bzw. von verschiedenen Steuergeräten stammen und/oder wenn zusätzlich noch Symptome berücksichtigt werden müssen.

DTC-spezifische Prüfabläufe führen außerdem zu einer hohen Redundanz von Prüfschritten, die in der Folge häufig in ähnlicher, aber eben nicht gleicher Form vorliegen. Ganz typisch hierfür sind etwa Leitungs- oder Steckerprüfungen. Diese unterschiedliche Form gleicher Sachverhalte in voneinander getrennten und unabhängigen Prüfabläufen ist in der Lage, Servicetechniker zu verunsichern: "Ist das jetzt nur ähnlich oder wirklich gleich?" oder "Habe ich das nicht schon mal gemacht?". Ein Beispiel: Im Rahmen eines Prüfablaufs sei es erforderlich, eine Leitungsverbindung auf Kurzschluss oder Unterbrechung zu prüfen. Wenn der nächste DTC untersucht wird, weiß der neue Prüfablauf nichts von diesen bereits durchgeführten Prüfschritten und wird dieselben bei Bedarf noch einmal und wahrscheinlich in einer anderen Form vorschlagen. Es fehlt zum einen ein Diagnosegedächtnis und zum anderen die Sicherstellung einheitlicher Anweisungen. Ähnliches gilt beim Auftreten von Mehrfachfehlern oder bei voneinander abhängigen Fehlern. Hier wären zumindest Sequenzen von Prüfabläufen erforderlich, die "voneinander wissen". Ist das jetzt dieselbe Prüfung wie vorher? Kann das letzte Prüfergebnis verwendet werden? Oder ist eine Aktualisierung des Prüfschritts erforderlich? Notwendige Voraussetzung für eine Unterstützung in diesen Fragen sind ein Information Sharing, standardisierte Anweisungen und ein Diagnosegedächtnis.

Dazu ein Beispiel: Das Steuergerät eines Teilsystem liefere einen Fehlercode wegen unplausibler Signale eines Sensorwertes, welche es über den Bus von einem anderen Steuergerät oder Sensor erhält. Dieser Fehler sei die Folge einer Unterspannung im Bordnetz. Dieses Steuergerät sowie Steuergeräte weiterer Teilsysteme liefern wegen der Unterspannung zusätzlich einen entsprechenden Fehlercode. Die Kombination mehrerer gleicher Fehlercodes ist ein starker Indikator für das Vorliegen einer Unterspannung im Bordnetz. Es ist also sinnvoll, zunächst die Unterspannung zu beheben und anschließend das Problem des unplausiblen Signals zu untersuchen, das danach möglicherweise nicht mehr vorliegt.

Ein aufmerksamer und erfahrener Servicetechniker wird sicher aufgrund der Kombination der entsprechenden Fehlercodes auch eigenständig auf eine Unterspannung im Bordnetz schließen können. Dies liegt aber allein in der Kompetenz des individuellen Servicetechnikers und darf nicht als Systemleistung (des Diagnosesystems) angesehen werden. Andernfalls werden dagegen möglicherweise erst einmal andere Prüfabläufe durchgeführt, bis man dann schließlich auf die entscheidenden Fehlercodes stößt, deren Prüfabläufe hoffentlich das Teilsystem-übergreifende Problem erkennen. Es liegt auf der Hand, dass eine ganzheitliche Diagnosestrategie einen derartigen Fehler zielgerichtet und damit viel schneller finden kann.

Ganzheitliche Diagnostik umfasst aber weit mehr. Unter ganzheitlicher Diagnose versteht man die Untersuchung eines Gegenstandes bzw. Systems – hier eines Fahrzeugs bzw. eines Fahrzeugsystems – in seiner Ganzheit (über den Rand des Teilsystems hinaus) und meint eine umfassende, weitsichtige und vorausschauende Einbeziehung und Berücksichtigung möglichst vieler Aspekte und Zusammenhänge.

So könnten z.B. Informationen bzw. Wissensquellen der folgenden Art herangezogen werden:

- **Kombinationen von Symptomen und Fehlercodes**
  Wie oben ausgeführt, können bestimmte Kombinationen von Symptomen und /oder Fehlercodes starke Indikatoren für bestimmte Fehler sein.

- **Informationen über die Begleitumstände, unter denen eine Fehlfunktion aufgetreten ist.**
  Unter welchen Umständen/Bedingungen sind die Probleme aufgetreten? Dabei kann es sich z.B. um Wetterbedingungen oder Fahrbedingungen handeln.

- **Informationen über die Funktionsweise und den konstruktiven Aufbau des Systems**
  Die kontextabhängige Bereitstellung der zugehörigen technischen Pläne (z.B. Stromlaufpläne) und die unmittelbare Verfügbarkeit detaillierter technischer Informationen zu den Bauteilen unterstützen den Diagnoseprozess signifikant. Diese Informationen tragen erheblich zu einem ganzheitlichen Systemverständnis bei.

- **Wissen über bekannte Diagnosefälle (Referenzfälle) aus dem Feld**
  Mit systemtechnischen Information bzw. technischen Produktinformationen informieren Hersteller ihre Werkstätten über aktuelle Problemstellungen an ihren Fahrzeugen und deren Behebung. Dieser Weg wird gewählt, wenn es nicht möglich oder zu aufwendig ist oder zu viel Zeit beansprucht, bestehende Prüfabläufe anzupassen oder neue zu erstellen. Diese Informationen werden den Werkstätten allerdings oft nur in Form von Textdokumenten zur Verfügung gestellt. Wünschenswert wäre dagegen deren Operationalisierung.

- **Wissen über die Häufigkeiten, unter denen ein Fehler auftritt.**
  Wissen über die Fehlerwahrscheinlichkeiten oder relativen Häufigkeiten kann in vielen Diagnosesituationen den Diagnoseprozess oft entscheidend verkürzen. Dieses Wissen ist in riesigen Datenmengen verborgen und kann mit geeigneten Methoden extrahiert und operationalisiert werden. Heute muss das Schlagwort "In the knowledge lies the power" des KI[1]-Pioniers Edward Feigenbaum um "In the data lies the power" ergänzt werden (vgl. auch unsere Ausführungen in [4]). Die operative Nutzung dieses Wissens setzt aber aufgrund seiner schieren Masse der auszuwertenden und ggf. zu pflegenden Daten die Existenz einer automatischen Lernkomponente voraus.

3. Architekturbetrachtungen

Ganz offensichtlich ist die klassische GFS in Form von starren Prüfabläufen wenig geeignet, einen ganzheitlichen Diagnoseansatz zu unterstützen. Damit stellt sich die Frage nach einer geeigneten Architektur, wie Softwaresysteme gebaut sein müssen, um eine ganzheitliche Diagnose zu unterstützen.

Es gibt große Analogien zwischen der Baukunst und der Software-Entwicklung; der Begriff der Architektur wurde nicht zufällig auf die Informatik übertragen. Betreiben wir zunächst etwas Etymologie. Der Begriff Architektur leitet sich ab vom altgriechischen Wort ἀρχιτέκτων (architekton: oberster Baumeister) und meint die Kunst bzw. die Wissenschaft des planvollen, durchdachten Entwurfs von Bauwerken. Darin steckt der Begriff τέχνη (technē) für Technik, Kunst, Fertigkeit, Handwerk, List. Es ist bemerkenswert, dass im Altgriechischen nicht zwischen Technik, Handwerk und Kunst unterschieden wird.

Moderne Informatiker sehen offensichtlich Parallelen und wollen ebenfalls nicht zwischen Kunst und Technik unterscheiden. So konstatiert Jim Mc Carthy[2], einer der Väter der KI: "It is unfortunate that software development isn't yet generally recognized as an art form that happens to have technical aspects." Er schließt sich damit dem berühmten Informatiker Donald E. Knuth an, der sein mehrbändiges Standardwerk "The Art of Computer Programming" nannte. Und es geht weiter. Der in der Informatik wohlbekannte und weitverbreitete Begriff des Entwurfsmusters (Design Pattern) stammt ebenfalls aus der klassischen Architektur. Er wurde vom amerikanischen Architekturtheoretiker Christopher Alexander in seinen Werken "A Pattern Language" und "A Timeless Way of Building" eingeführt.

---

[1] KI ≙ Künstliche Intelligenz, von AI ≙ Artificial Intelligence
[2] Jim Mc Carthy: Dynamics of Software Development, Redmond, Wash. 95

Spätestens seit dem Bauhaus lassen sich Architektur und Funktionalität ohnehin nicht mehr trennen. Eine gute Architektur ist kein Selbstzweck mit dem Ziel, schön auszusehen, sondern ist in erster Linie echte Funktionalität. Im Bauhaus-Gründungsmanifest [2] von 1919 schreibt Walter Gropius denn auch gleich zu Beginn: „Das Endziel aller bildnerischen Tätigkeit ist der Bau.“ Dieser Zusammenhang zwischen Architektur und Funktionalität wird auch im sog. Gestaltungsleitsatz der Architektur "form follows function" (FFF) ausgedrückt.

Kommen wir zurück zu den klassischen Prüfabläufen. Das Aneinanderreihen von Prüfabläufen kann man nicht wirklich als Architektur bezeichnen; es ist lediglich ein einfaches heuristisches Prinzip. In vermeintlicher Ermangelung eines durchdachten und umfassenden ganzheitlichen Konzepts verwendet man einen zeitaufwendigen "brute force"-Ansatz, um die Komplexität einer großen Diagnoseaufgabe durch viele kleine, elementare Prüfabläufe abzudecken. Das kann aber konstruktionsbedingt nur eingeschränkt und zu einem gewissen Grad gelingen, wie wir oben bereits dargelegt haben.

Wir wollen einen Vergleich derart anstellen, dass wir einen Prüfablauf mit einem Individuum gleichsetzen. Jedes Individuum unterscheidet sich von allen übrigen. Ein Prüfablauf entspricht danach z.B. einem frühzeitlichen Selbstversorger, der autonom in einer einfachen Holzhütte mit kleinem Garten wohnt und sich um alles selbst kümmern muss. Er erfährt nie, was in anderen Prüfabläufen passiert und teilt seine Ergebnisse auch nicht mit anderen; er agiert völlig autonom. Dabei muss er vieles tun, was in ähnlicher Form auch in anderen Prüfabläufen passiert. Manchmal macht er dies etwas besser, manchmal etwas schlechter als andere Prüfabläufe. So werden viele Prüfschritte – Prüfabläufe setzen sich aus Prüfschritten zusammen – oft in ähnlicher, aber nicht gleicher Form nebeneinander existieren, ohne sich ihrer Koexistenz bewusst zu sein. In einigen Prüfabläufen fehlen diese Prüfschritte oft ganz. Das Wort Wiederverwendung gibt es in der Sprache der Prüfabläufe nicht. Folglich gibt es auch den Begriff Spezialisierung und Spezialist nicht. Um mit Bertolt Brecht zu sprechen: "Größere Gebäude kennen sie nicht als solche, die ein einzelner zu bauen imstande ist." (aus "Originalität", in: Geschichten von Herrn K.)

Die Menge aller Prüfabläufe entspricht einer großen Ansammlung von Hütten mit Garten, also einem großen Dorf aus Prüfabläufen. Eine Infrastruktur gibt es nicht; das Prinzip der Arbeitsteilung und Spezialisierung ist unbekannt. Ein derartiges Dorf schafft aber ohne ergänzende Maßnahmen keine Verbesserung, sondern führt zu weiteren Nachteilen. Man denke nur an die erschwerte Beseitigung von Unrat etc. Dagegen gab es schon in den großen Zivilisationen des Altertums – etwa im antiken Rom – öffentliche Bäder und Toiletten, öffentliche Brunnen und Badehäuser, zentrale Verwaltungen, Kanalisation etc. Dies erfordert aber ein grundlegend anderes Verständnis von Städtebau und Gemeinwesen und setzt tiefe Erkenntnisse über Prinzipien der Zusammenarbeit, Organisation und Architektur voraus.

4. Ein holistischer Ansatz erfordert eine Architektur

Das Problem isolierter Prüfabläufe besteht in fehlender Arbeitsteilung, Spezialisierung und Wiederverwendung, also im Kern auf dem Fehlen allgemeiner Architektur- und Designprinzipien. Alle Prüfabläufe existieren nebeneinander, sie agieren autonom und unabhängig. Sie können nacheinander und unabhängig voneinander erstellt werden.

Diese Vorgehensweise besitzt einerseits den Charme großer Einfachheit und Schlichtheit. Wenn ein neuer Prüfablauf erstellt wird, muss dieser keine Rücksicht auf bereits implementierte Prüfabläufe nehmen. In der Praxis wird zwar ein gewisser Grad an Wiederverwendung durch eine Art Modularisierung (Unterprogrammtechnik) gewisser Ablaufteile erreicht, die aber am grundlegenden Problem nichts wesentliches ändert.

Diesem Nutzen sind aber auch seine korrespondierenden Kosten gegenüberzustellen. Welchen Preis hat dieses Prinzip? Es führt zu einer hohen Redundanz, deren Vermeidung eine erhebliche Vereinfachung mit sich bringen würde. Es fehlen alle Formen der Kooperation, der Spezialisierung und der Wiederverwendbarkeit. Die Prüfabläufe bilden auch keine höhere innere Struktur. Vergleicht man dieses einfache Prinzip mit der menschlichen Vorgehensweise bei der Diagnose, lässt sich keinerlei Analogie entdecken. Menschen arbeiten nicht nach fest verdrahteten Abläufen. Das GFS-Prinzip mag in mancherlei Hinsicht durchaus nützlich sein, es bildet aber keinesfalls menschliches Verhalten ab.

Die Ganzheitslehre bzw. der Holismus (altgr. ὅλος (holos): ganz) vertritt die Auffassung, dass ein System als Ganzes funktioniert und dies nicht vollständig aus dem Zusammenwirken aller seiner Einzelteile verstanden werden kann. Bereits Aristoteles lehrte: „Das Ganze ist mehr als die Summe seiner Teile“ (verkürztes Zitat). Laotse kommt zu einem ähnlichen Schluss: "Die Summe der Teile ist nicht das Ganze."

Unter Ganzheitlichkeit versteht man die Betrachtung und Behandlung einer Sache (etwa eines Gegenstandes oder einer Beziehung) in seiner Ganzheit; sie umfasst eine umfassende, weitsichtige und vorausschauende Berücksichtigung möglichst vieler Aspekte und Zusammenhänge[3]. Ganzheit liegt dann vor, wenn diese Sache in ihrer systemischen Vollständigkeit aller Teile unverletzt und vollständig vorliegt.

Wenn man betrachtet, wie insbesondere kompetente und erfahrene Techniker Diagnose betreiben, so stellt man fest, dass sie ein breites Spektrum unterschiedlicher Wissenselemente und Strategien einsetzen. Sie verwenden Erfahrungswissen, kennen typische Fehlerbilder, erinnern sich an bestimmte Fehlersituationen, verstehen tiefliegende technisch-physikalische Zusammenhänge, und sie lernen ständig hinzu. Offenbar wählen Menschen mit steigender Kompetenz und Erfahrung automatisch einen ganzheitlichen Zugang, wenn sie komplexe Diagnoseaufgaben lösen. Dabei verwenden sie ein breites Spektrum von Wissensquellen und Problemlösungsstrategien. Was liegt eigentlich näher, als diese Ansätze, Konzepte und Strategien abzubilden und miteinander zu verknüpfen?

[3] http://de.wikipedia.org/wiki/Ganzheitlichkeit

5. Das wissensbasierte Architekturkonzept

Wir skizzieren im Folgenden grundlegende Konzepte und Architekturprinzipien der Raptor Diagnostic Suite[4]. Die Raptor Diagnostic Suite ist eine wissensbasierte und lernfähige Diagnoseumgebung einer neuen Generation, die unter der Leitlinie entwickelt wurde, die starren GFS-Prüfabläufe durch adaptive, intelligente und ganzheitliche Diagnoseanwendungen abzulösen.

Jedes Diagnosekonzept wie etwa ein Fehler, ein Bauteil, ein Test (Prüfschritt), eine Reparatur, ein (Diagnose)Fall, eine Messung, eine Beziehung zwischen zwei Objekten oder eine Bedingung für ein Objekt, z.B. einen Test, wird als ein eigenständiges Objekt repräsentiert. Alle diese Objekte werden in einer Wissensbasis mitsamt ihren Beziehungen untereinander hinterlegt. Wird für einen diagnostischen Sachverhalt ein Objekt benötigt, so wird nicht etwa eine neue Instanz dieses Objekts angelegt, sondern es wird das identische Objekt referenziert. Wird eine Kopie erzeugt, so handelt es sich nicht um das identische, sondern um ein eigenständiges Objekt mit einer eigenen Identität. Damit ist jedes Diagnosekonstrukt grundsätzlich wiederverwendbar. Anstelle einer Vielzahl von nebeneinander existierenden – hochredundanten – Prüfabläufen liegt eine redundanzfreie Repräsentation aller Diagnosekonzepte vor.

In der Wissensverarbeitung trennt man – im Gegensatz zu klassischen Systemen – stringent zwischen dem Wissen und der Inferenz (von lat. inferre: hineintragen, folgern, schließen), also zwischen der Repräsentation und der Verarbeitung von Wissen (vgl. auch [3] und [6]). Die folgende Abbildung veranschaulicht das grundlegende Architekturprinzip:

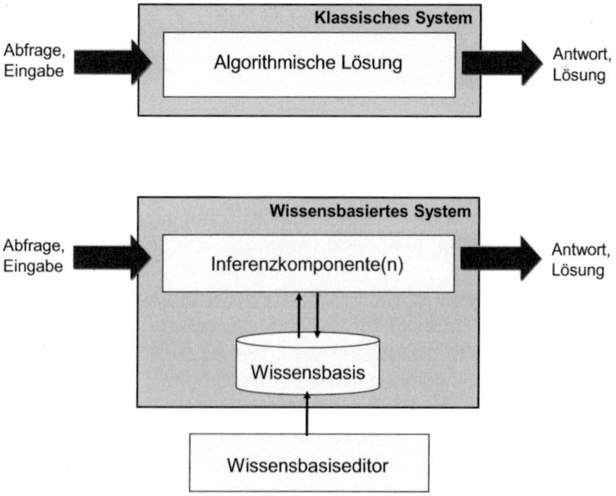

Bild 1: *Klassische vs. wissensbasierte Systeme*

[4] Die Raptor Diagnostic Suite ist ein Softwareprodukt der Fa. Semantis Information Builders GmbH, Oberursel, http://semantis-ib.de

Auf das in einer Wissensbasis abgelegte Wissen unterschiedlichster Art können verschiedene Inferenzmechanismen angewendet werden. Damit können aus ein- und derselben Wissensbasis – je nach Inferenzstrategie und Diagnosesituation – verschiedene Abläufe erzeugt werden. Entscheidend ist also die konsequente Trennung von Wissen und Ablauf. In klassischen Lösungen besteht diese Trennung nicht; hier sind Wissen und Ablauf im Programmcode "fest verdrahtet".

Im Folgenden werden die wichtigsten Diagnosemethoden [vgl. [3], [6]] aufgeführt und skizziert:

- **Kausale Fehlernetze**
  Mit kausalen Fehlernetzen wird das Fehlverhalten eines Systems in Form kausaler Ursache-Wirkungs-Zusammenhänge beschrieben, aus denen verschiedene Diagnoseabläufe generiert werden können. Im Fehlernetz selbst steckt kein Ablaufwissen.

- **Fallbasierte Diagnose**
  Bei der fallbasierten Diagnose werden Ähnlichkeitsbetrachtungen zwischen der aktuellen Diagnosesituation und gelösten Fehlerfällen aus der Vergangenheit angestellt.

- **Modellbasierte Diagnose**
  Bei der modellbasierten Diagnose wird auf der Grundlage funktionaler Modelle die physikalisch-technische Wirkungsweise eines Systems beschrieben, oft quantitativ. Zur Diagnose werden Verdachtsursachen generiert und durch das funktionale Modell propagiert, bis das simulierte Modellverhalten dem beobachteten Systemverhalten entspricht. Die Verdachtsursache ist dann ein Diagnosekandidat.

- **Modellorientierte Methodik**
  Bei der modellorientierten Diagnose wird auf der Grundlage qualitativer funktionaler Modelle die technische Wirkungsweise eines Systems beschrieben, etwa in Form annotierter Funktionsdiagramme (Stromlaufpläne, hydraulische oder mechanische Wirkungsmodelle etc.). An diesen funktionalen Modellen können sich dann weitere Mechanismen orientieren, um etwa Zusammenhänge oder Wirkbeziehungen für bestimmte Prüfsituationen ermitteln und darstellen zu können. Aus diesen funktionalen Modellen sowie aus diagnoseorientierten kontextunabhängigen Bauteilbibliotheken werden dann Diagnoseanwendungen generiert, die im Nachgang weiter bearbeitet werden können.

- **Statistische Diagnose**
  Unter der statistischen Diagnose versteht man ein Verfahren, das sich auf statistisch ermittelte, also erlernte Wahrscheinlichkeiten und Zusammenhänge stützt, um Diagnoseprobleme schneller und effizienter lösen zu können.

(Anmerkung: Die Entscheidungsbaummethodik gehört nicht zu den wissensbasierten Diagnosestrategien, da hier nicht zwischen Wissen und Ablauf getrennt wird. Es handelt sich um eine klassische und verbreitete Flow-Chart-Technik zur Modellierung vorgedachter Entscheidungsbäume; Wissen und Ablauf sind hier untrennbar miteinander verbunden.)

Viele Diagnosesysteme stützen sich nur auf eine Form der Wissensrepräsentation und der Inferenz. Hybride Diagnosesysteme unterstützen mehrere Diagnosestrategien. Damit lassen sich die Vorteile verschiedener Methoden kombinieren. Die Raptor Diagnostic Suite ist eine solche hybride Diagnoselösung, in der die folgenden Diagnosestrategien integriert werden:

- kausale Fehlernetze,
- die fallbasierte Diagnose,
- die modellorientierte Methodik,
- die Entscheidungsbaummethodik und
- die statistische Diagnose.

Die Aufzählung verdeutlicht bereits die ganzheitliche Charakteristik. Menschen kombinieren zur Lösungsfindung auch unterschiedliche Wissenselemente und Lösungsstrategien. Sie erinnern sich an frühere Fälle, kennen typische Fehlerbilder, verfügen über physikalisch-technisches Wissen etc.

Die Kombination verschiedener Inferenzmaschinen macht allerdings nur dann Sinn, wenn alle Inferenzmaschinen auf derselben Wissensbasis arbeiten. Ein reines Nebeneinander ist sinnlos und erzeugt keinen Mehrwert. Die folgende Abbildung veranschaulicht das Prinzip.

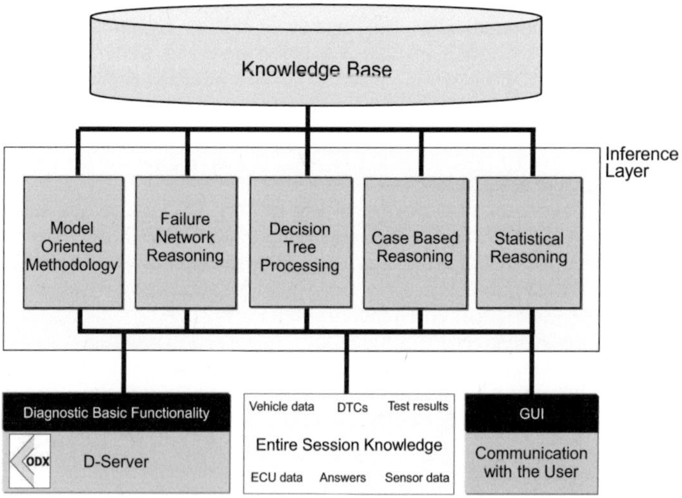

***Bild 2:** Die Inferenzmaschinen arbeiten parallel und teilen ihr Wissen*

Die Abbildung verdeutlicht den holistischen Ansatz, indem es folgende Prinzipien verdeutlicht:

- Wissen wird in seiner Gesamtheit – in einer Wissensbasis – zur Verfügung gestellt.

- Für die unterschiedlichen Wissenselemente stehen geeignete Repräsentationsformen bereit.
- Jedes Wissensobjekt ist wiederverwendbar.
- Wissenselemente und Abläufe sind strikt getrennt.
- Für den Ablauf stehen spezialisierte Inferenzmechanismen bereit.
- Alle Erkenntnisse werden geteilt.

Damit stehen die grundsätzlichen Mechanismen für einen holistischen Ansatz zur Verfügung. Jede Inferenzkomponente führt ihre Aufgaben aus und zieht ihre spezifischen Schlussfolgerungen, die wiederum allen anderen Komponenten zur Verfügung gestellt werden.

6. Beispiele für eine ganzheitliche Diagnose

Wir skizzieren im Folgenden exemplarisch einige repräsentative Beispiele für eine ganzheitliche Diagnose am Beispiel der Modellierung mit der Raptor Diagnostic Suite. Dabei beziehen wir uns auf ein Fahrzeugteilsystem (z.B. ABS).

- **Verwendung von DTCs und Symptomen:**
  Ein klassischer Prüfablauf behandelt einen oder einige wenige DTCs. In einer ABS-Wissensbasis werden dagegen grundsätzlich alle auftretenden ABS-Fehlercodes verwendet. Liegt z.B. ein bestimmter Fehlercode vor, so werden in der Wissensbasis die korrespondierenden Fehlerobjekte informiert und als "bestätigt" markiert. Diese markierten Bereiche der Wissensbasis werden von der zuständigen Inferenzkomponente fokussiert. Dieser Mechanismus funktioniert für alle vorliegenden DTCs und ist ebenso für Symptome gleichzeitig verwendbar. Durch dieses Prinzip kann das gesamte Fehlerbild holistisch analysiert werden; eine isolierte Einzelbetrachtung wird dadurch vermieden.

- **Kombinationen von mehreren Symptomen und Fehlercodes**
  Wir beziehen uns auf das medizinische Beispiel aus der Einführung. Der Diagnosekandidat "Ebola" oder "Lassafieber" wird dann bestätigt, wenn die besagte Kombination aus Symptomen oder eine repräsentative Teilmenge vorliegt. Die einzelnen Symptome – z.B. Gliederschmerzen – können darüber hinaus weitere Fehlerknoten wie etwa "Gelenkrheuma" bestätigen. Der Diagnosekandidat "Ebola" ist aber spezifischer als der Diagnosekandidat "Gelenkrheuma". Eine geeignete Inferenzkomponente wird daher den Diagnosekandidaten "Ebola" bevorzugt inspizieren, ohne den anderen Diagnosekandidaten zu verwerfen.

- **Wiederverwendung von Objekten:**
  Wir nehmen an, dass bei z.B. 10 Fehlercodes ein bestimmter Prüfschritt – ein Test T – auszuführen ist. Anstatt diesen nun 10-mal zu kodieren, wird einfach in diesen 10 Fällen ein- und dasselbe Testobjekt referenziert, das dann zur Laufzeit ausgeführt wird. Wird dieses Testobjekt T modifiziert, betrifft dies alle beteiligten Bereiche. Die Vorteile der Redundanzvermeidung und der Einheitlichkeit sind offensichtlich.

- **Systemtechnische Informationen bzw. Technische Produktinformationen**
  Diese Informationen (s. Einleitung) werden den Werkstätten heute nur in Form von Textdokumenten zur Verfügung gestellt. In einer relevanten Diagnosesituation muss dem Servicetechniker die Existenz dieses Dokuments bekannt sein, und er muss selbst aktiv danach suchen. Viel einfacher ist dagegen die sofortige Operationalisierung, z.B. in Form eines Fallobjekts (dokumentierter Diagnosefall). Zur Modellierung werden – bereits existierende – Testobjekte mit diesem Fall verlinkt. Wird im Rahmen der Diagnosesitzung nun einer dieser Testschritte ausgeführt, wird dieser Diagnosefall sozusagen "informiert" und "aktiviert" und dem Benutzer bei ausreichend hoher Ähnlichkeit zur Inspektion angeboten.

- **Verwendung von interaktiven Funktionsmodellen:**
  Ein umfassendes Systemverständnis über die zu diagnostizierenden Systeme ist für eine gute Diagnose essentiell. Die Raptor-Suite stellt dem Benutzer über den ganzen Diagnoseprozess interaktive Funktionsdiagramme – z.B. Stromlaufpläne – zur Verfügung. Markierte Bereiche visualisieren den aktuellen Inferenzfokus, also den im Augenblick untersuchten Bereich. Der Benutzer hat damit jederzeit den Überblick über die Funktionsweise und den konstruktiven Aufbau, also die verwendeten Bauteile mit ihren detaillierten technischen Informationen.

- **Verwendung von erlernten Informationen**
  Die Raptor Suite ist ein lernfähiges Diagnosesystem. Die erlernten Informationen fließen auf verschiedene Art und Weise in die Diagnose ein. Zum einen passt der Raptor sein eigenes Inferenzverhalten automatisch dem gelernten Wissen an, zum andern werden diese Informationen dem Benutzer auch über intelligente Assistenten präsentiert. Weiter informiert eine kontinuierliche Einfärbung aller beteiligten Bauteile von grün (fehlerfrei/unverdächtig) über gelb bis rot (fehlerhaft/verdächtig) in den interaktiven Funktionsmodellen – die sog. Verdachtsverteilung – über die aktuelle Fehlerwahrscheinlichkeit in der augenblicklichen Diagnosesituation.

- **Freiheitsgrade**
  Die Raptor-Suite kann den Benutzer durch den gesamten Diagnoseprozess führen. Sie erlaubt es ihm aber auch, aktiv in den Diagnoseprozess einzugreifen und den Fokus auf die Bereiche zu legen, die er für verdächtig hält. Zu diesem Zweck stellt der Raptor intelligente Assistenten zur Verfügung, die den Benutzer über die aktuellen Fehlerwahrscheinlichkeiten der Bauteile informieren, ähnliche Fälle präsentieren, die aktuellen Fehlerkandidaten anzeigen etc. Er kann also stets auf der Grundlage angebotener und begründeter Informationen auswählen und so die Initiative ergreifen.

Der kritische Leser mag einwenden, dass nicht jedes o.a. Element für sich einen sofort erkennbaren und greifbaren Beitrag für eine ganzheitliche Diagnose leistet. So steht der Beitrag für die Kombination aus Symptomen und Fehlercodes außer Frage, aber welchen Beitrag etwa liefern die Freiheitsgrade? Liefern sie überhaupt einen? Es verhält sich ähnlich wie beim eingangs geschilderten medizinischen Sachverhalt. Oft ist es erst die Gesamtheit aller verfügbaren Informationen und Instrumente, die in einem komplexen Zusammenspiel zu einem Beitrag führen. Der Wert der Freiheitsgrade besteht u.a. darin, dieses Zusammenwirken aller Elemente aktiv zu unterstützen. Das Ganze ist eben mehr als die Summe seiner Teile.

7. Fazit

Ganzheitlichkeit ist ein wesentliches und unverzichtbares Merkmal für eine gute Diagnose. In der medizinischen Diagnostik, die auf eine weit längere Tradition als die technische Diagnose zurückblicken kann, ist sie unverzichtbar. In der industriellen Praxis hat sich dagegen ein Standard etabliert, der auf Prüfabläufen nach dem Prinzip der GFS beruht. Aber auch noch so gut durchdachte und sorgfältig konstruierte Prüfabläufe besitzen inhärente, nicht behebbare Mängel wie die Unfähigkeit für einen ganzheitlichen Ansatz. Diese Mängel sind auf das Fehlen grundlegender Architekturprinzipien wie Wiederverwendbarkeit, Arbeitsteilung und Spezialisierung zurückzuführen. Dazu kommt die Reduzierung der Abbildbarkeit diagnostischen Wissens auf ein einziges heuristisches Prinzip. Moderne Diagnosesysteme einer neuen Generation, die ein breites Arsenal an Konzepten zur Wissensrepräsentation anbieten und ein ganzes Bündel moderner Diagnosestrategien umfassen, stehen bereit, um eine neue Phase in der technischen Diagnostik einzuleiten.

Literatur

[1] O. Krieger, A. Breuer, T. Müller, „Intelligente Fahrzeugdiagnose mit variabler Prüfstrategie“, in: B. Bäker, A. Unger (Hrsg.): *Diagnose in mechatronischen Fahrzeugsystemen*, Expert-Verlag, Renningen 2008.

[2] W. Gropius, Staatliches Bauhaus in Weimar 1919 - 1923. (Hrsg. vom Staatlichen Bauhaus, Weimar und Karl Nierendorf in Köln), Bauhaus Verlag, Weimar und München 1923. (Bauhaus-Manifest).

[3] N. Waleschkowski, „Lernfähige wissensbasierte Diagnosesysteme“, in: B. Bäker, A. Unger (Hrsg.): *Diagnose in mechatronischen Fahrzeugsystemen IV*, Expert-Verlag, Renningen, 2011.

[4] N. Waleschkowski, R. Giera, „Optimierung der Diagnose durch maschinelles Lernen aus Felddaten“, in: B. Bäker, A. Unger (Hrsg.): *Diagnose in mechatronischen Fahrzeugsystemen V*, Expert-Verlag, Renningen, 2012.

[5] N. Waleschkowski, R. Giera, „Visualisierung von Diagnoseprozessen“, in: B. Bäker, A. Unger (Hrsg.): *Diagnose in mechatronischen Fahrzeugsystemen VIII*, TUDpress, Dresden, 2014.

[6] N. Waleschkowski, Wissensbasierte Diagnostik, Vorlesungsskriptum, Hochschule Darmstadt, Fachbereich Informatik, WS 2012/3.

13 OBD in AUTOSAR – Erfahrungen mit einer generischen Diagnose-Lösung

Dipl.-Ing. (FH) **Alexander Ditte**, Vector Informatik GmbH, Stuttgart, Dr.-Ing. **Thomas Necker**, Vector Informatik GmbH, Stuttgart

Kurzfassung

Durch die zunehmende Elektrifizierung des Antriebsstrangs werden immer mehr Steuergeräte OBD-relevant. Durch unterschiedliche Gesetzgebung oder sogar unterschiedliche Interpretation der Gesetzgebung sind angepasste Lösungen für verschiedene Märkte, Fahrzeugtypen und OEMs erforderlich. Auf der anderen Seite ersetzt standardisierte Basissoftware für Steuergeräte immer mehr proprietäre Lösungen.
Die Vereinbarkeit von spezialisierten Anforderungen und einer Standard-Lösung wie AUTOSAR ist eine Herausforderung, die eine hochgradig konfigurierbare Diagnose-Lösung und eine wohldurchdachte Werkzeugkette erfordert.
In diesem Artikel wird über die Erfahrungen bei der Entwicklung einer standardisierten AUTOSAR OBD Lösung berichtet. Diese wurde in enger Zusammenarbeit mit mehreren OEMs für unterschiedliche Märkte entwickelt. Des Weiteren wird ein Ausblick auf aktuelle Standardisierungsentwicklungen für OBD und die zugehörigen Erweiterungen in AUTOSAR gegeben.

Abstract

The rapid spread of electrically assisted drives leads to a growing number of ECUs that become relevant for on-board diagnostics (OBD). Here, different legislation and even different interpretation of legislation require specialized solutions for several markets, vehicle types and OEMs. On the other hand AUTOSAR as a standardized basic software stack replaces proprietary solutions for more and more ECUs due to cost and robustness reasons.
Bringing together specialized requirements and a standard solution like AUTOSAR poses several challenges and results in a highly configurable diagnostic solution that is supported by an elaborate tooling.
This article presents experiences from the development of a standard AUTOSAR OBD solution that was introduced for and in close co-operation with several OEMs for different markets. It also gives an outlook to forthcoming standardization efforts for OBD and the corresponding enhancements in AUTOSAR.

1. Einleitung

Seit einigen Jahren setzen mehr und mehr Automobilhersteller auf die Elektrifizierung des Antriebsstrangs. Dies reicht von Mildhybridfahrzeugen, bei denen der Elektroantrieb zur Leistungssteigerung dient und Bremsenergie zurückgewonnen werden kann (Rekuperation) bis hin zu Plug-In Hybridfahrzeugen (PHEV)[1], die mittlerweile beachtliche Distanzen rein elektrisch zurückgelegen können.

Da Hybridfahrzeuge neben einem elektrischen Motor auch immer einen Verbrennungsmotor besitzen, müssen die vom Gesetzgeber vorgeschriebenen Abgasgrenzwerte eingehalten und mittels der On-Board Diagnose überwacht werden.

Die nachfolgende Abbildung zeigt eine Auswahl an klassischen Systemen mit OBD Relevanz sowie Systeme, die durch die Elektrifizierung und verschärfte Emissions-Anforderungen entweder OBD-relevant geworden sind oder komplett neu eingeführt wurden.

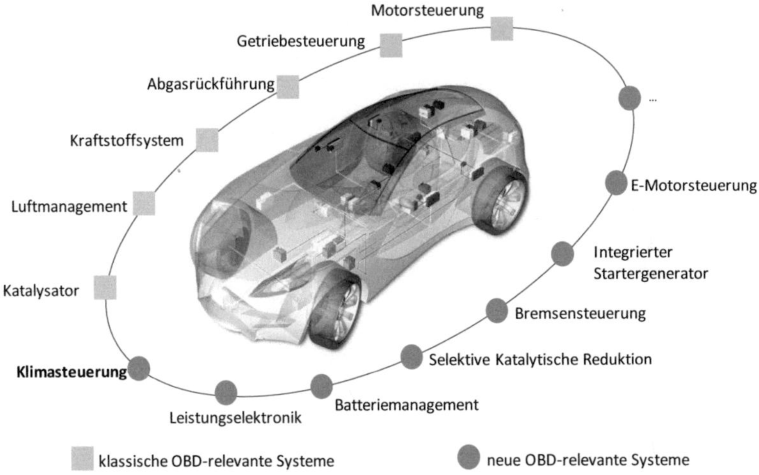

Bild 1: *Beispiele für Systeme mit OBD-Relevanz*

Ein Beispiel für eines der Systeme, die durch die Elektrifizierung OBD-relevant geworden sind, ist die Klimasteuerung. Der Klimakompressor wird hier für das aktive Temperaturmanagement der Batterie genutzt, um eine Betriebstemperatur zwischen -10°C und +40°C zu gewährleisten. Des Weiteren darf der Temperaturunterschied zwischen den einzelnen Zellen nur wenige Grad betragen. Damit hat die Klimasteuerung zwar keinen direkten Einfluss auf die Fahrzeugabgase, sehr wohl aber auf die elektrische Reichweite und die Batterieleistung. Außerdem kann der Betrieb des elektrischen Klimakompressors zu unerwünschten Motorstarts führen, falls die Batterie entlastet werden muss.

[1] Rein elektrische Fahrzeuge (EV) werden hier nicht betrachtet, da für sie noch keine OBD-Anforderungen gelten.

Für die Unterstützung von OBD in der AUTOSAR-Basissoftware gibt es die folgenden Haupttreiber:

Immer mehr Zulieferer sehen sich durch die eingangs geschilderte Entwicklung der Elektrifizierung des Antriebsstrangs mit der OBD-Thematik konfrontiert. Hierbei ist für eine erfolgreiche Projektdurchführung oft kein ausreichendes OBD-Wissen vorhanden, beziehungsweise kann dieses nicht in der kurzen Projektlaufzeit aufgebaut werden. Da die Zulieferer ihre Steuergeräte oder die darauf laufende Software mit möglichst geringem Anpassungsaufwand auch für andere Projekte einsetzen möchten, spielt hier standardisierte Software eine große Rolle.

Bei den OEMs ist das OBD-Wissen über die Fachabteilungen hinweg nicht homogen verteilt. Einige Bereiche haben über die Jahre extrem viel Erfahrung mit OBD gesammelt, andere hatten bisher keinerlei Berührungspunkte mit dieser Thematik. Hier zeigt sich ein weiterer Vorteil von Standardsoftware, bei der die Anforderungen nur einmal zentral abgeklärt werden und die daraus resultierende Software für mehrere Steuergeräte und Baureihen eingesetzt wird. Dies bietet auch Vorteile bei der späteren OBD-Zertifizierung.

AUTOSAR hat sich als Industriestandard für Automotive Echtzeit-Controller durchgesetzt. Da AUTOSAR auch für Steuergeräte im Antriebsstrang entwickelt wurde und dieser Bereich schon seit langem OBD-Themen aufgreifen musste, besteht eine gute Ausgangsbasis für die Unterstützung von OBD in einem AUTOSAR Basissoftware Stack.

1.1 AUTomotive Open Sytem ARchitecture

Der AUTOSAR-Standard umfasst neben der Embedded Software auch den Konfigurations-Ablauf und die Austauschformate. Dadurch ist es möglich, Basissoftware-Module verschiedener Hersteller zu mischen.

Das nachfolgende Bild zeigt die Aufteilung eines Basissoftware-Stacks in logische Blöcke und die darin enthalten Module. Abhängig von den Anforderungen und dem Funktionsumfang des jeweiligen Projekts werden die notwendigen Module zu einem Gesamt-Stack integriert.

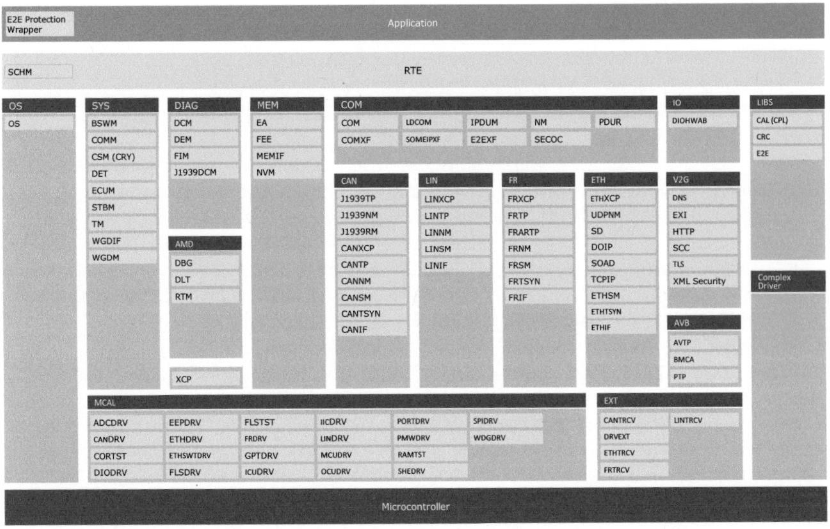

Bild 2: *Module eines Vector MICROSAR 4 Basissoftware Stacks*

Aus Sicht der Basissoftware setzt die Gruppe der Diagnosemodule die softwareseitigen OBD Anforderrungen um.

<u>DCM – Diagnostic Communication Manager</u>

- Überwachung der Diagnosetimings und Sessions
- Verarbeitung der Diagnoseanfragen
- Implementiert die Kommunikationsprotokolle UDS (ISO14229-1), OBD II (ISO15031-5, SAE J1979-DA), WWH-OBD (ISO27145-3)

<u>DEM – Diagnostic Event Manager</u>

- Fehlerspeicherung inklusive Umgebungsdaten
- Behandlung OBD relevanter Fehler entsprechend der gesetzlichen Anforderungen

<u>FIM – Function Inhibition Manager</u>

- Fehlerreaktion, z.B. die Abschaltung einzelner Funktionalitäten aufgrund bestimmter Fehlerkonstellationen oder eines einzelnen Fehlers
- Findet Verwendung in der Folgefehlerunterdrückung
- Wird vom DEM zum Deaktivieren der Ratio Increments verwendet (IUMPR)

<u>J1939DCM – Diagnostic Communication Manager für das J1939 Protokoll</u>

- Zyklische Übertragung des Fehlerstatus des Steuergeräts
- Verarbeitung der Diagnoseanfragen
- Implementiert das Kommunikationsprotokoll SAE J1939-73

1.2 On-Board Diagnose

OBD hat seinen Ursprung im Kalifornien der 80er Jahre. Durch die starke Luftverschmutzung zu dieser Zeit machte die CARB (California Air Resources Board, kalifornische Luftreinhaltungsbehörde) Vorgaben zur Überwachung elektrischer Komponenten, die Einfluss auf das Abgasverhalten des Fahrzeugs haben. Da das direkte Messen der vom Fahrzeug ausgestoßenen Emissionen aus verschiedensten Gründen nicht praktikabel ist, wird ein Fahrzeug durch die Zulassungsbehörde einmalig zertifiziert und fortan technisch überwacht.

Kurz darauf wurde von der CARB und der US EPA (United States Environmental Protection Agency, Umweltschutzbehörde der USA) OBD II eingeführt, welches das Überwachen aller abgasbeeinflussender Prozesse und Systeme fordert.

Ab dem Jahr 2000 haben viele andere Länder und Regionen basierend auf OBD II ihre eigenen Anforderungen hinsichtlich der On-Board Diagnose definiert, so dass es in den verschiedenen Regionen und Ländern mittlerweile eine Vielzahl unterschiedlicher OBD-Ausprägungen gibt. Hierzu zählen z.B. OBD II in den USA, EOBD in Europa und JOBD in Japan.

Das Weltforum zur Harmonisierung fahrzeugtechnischer Vorschriften entschied 2001, eine neue globale technische Verordnung zur On-Board Diagnose für Schwerlastfahrzeuge und -motoren zu etablieren. Inhalt vieler Diskussionen war, diese Regulierung zu einem späteren Zeitpunkt auch auf den Bereich der Personenkraftfahrzeuge auszudehnen, und somit die regionalen OBD-Anforderungen zu harmonisieren.

In den Regionen oder einzelnen Ländern werden die Gesetze laufend angepasst. Es werden neue Emissionsgrenzwerte festgelegt, technische Gegebenheiten wie z.B. die Elektrifizierung der Fahrzeuge eingearbeitet und bestehende Anforderungen werden präzisiert. Durch die Vorab-Standardisierung werden DTCs [9], PIDs [8] und vieles mehr im Vorfeld von der SAE definiert.

Die verschiedenen OBD-Anforderungen lassen sich grob wie folgt auf die einzelnen Fahrzeugbereiche unterteilen:

- OBD II, EOBD, JOBD
    - Light Duty – PKWs
    - Medium Duty – kleinere LKWs
- WWH-OBD, HD-OBD
    - Heavy Duty – schwere LKWs

2. Herausforderungen

2.1 Anforderungen

Im Gegensatz zu den UDS-Anforderungen beschreibt AUTOSAR bei den OBD-Anforderungen lediglich den Rahmen, d.h. es werden die Schnittstellen, Konfigurationselemente und Teilaspekte des OBD-Verhaltens beschrieben, die eigentliche Funktionalität dahinter jedoch nicht.

Die Gesetze sind an vielen Stellen nicht im Detail spezifiziert und werden erst bei der eigentlichen Fahrzeugzertifizierung mit der Zulassungsbehörde festgelegt. Dadurch macht jeder OEM mit seiner individuellen System- und Netzwerkarchitektur eigene Erfahrungen mit den Zulassungsstellen, welche dann häufig in OEM-spezifischen Zusatz-Anforderungen für OBD münden.

Die Basis aller Anforderungen bilden immer die Gesetze beziehungsweise die Vorgaben der Zulassungsbehörden. Diese sind stets zu erfüllen. Darüber hinaus gilt es, OBD-, Projekt- und UDS-Lastenhefte des OEMs sowie die AUTOSAR-Spezifikationen zu erfüllen. Oft sind diese umzusetzenden Lastenhefte aus den unterschiedlichen Quellen inkonsistent zueinander oder nicht klar gegeneinander abgegrenzt.

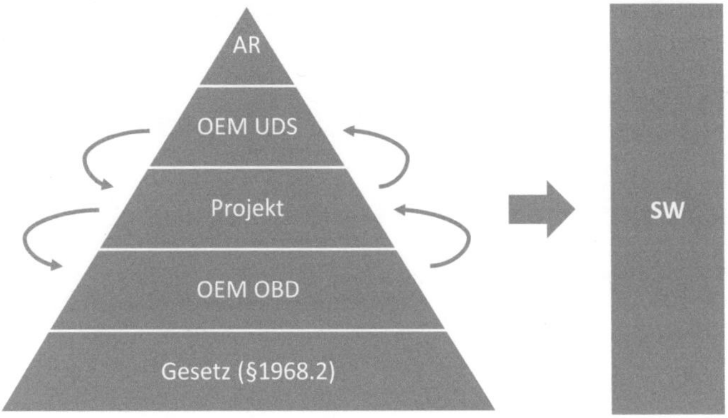

Bild 3: *Anforderungen an die Basissoftware*

Durch dieses Umfeld müssen mit jedem OEM, der die Unterstützung von OBD in seiner Basissoftware benötigt, viele Abstimmungsrunden durchgeführt werden.

Die nachfolgende Liste greift einige Beispiele für die divergierenden Anforderungen der einzelnen OEMs auf:

- OBD Freeze Frame
    - Unterschiedliche Ablage und Ausgabezeitpunkte
    - Anzahl intern verfügbarer Freeze Frames
- Unterschiedliche Randbedingungen zum Entfernen von Permanent DTCs nach dem Löschen des Fehlerspeichers
- Zusätzliche Datenausgabe im UDS Service $19
    - OBD Freeze Frame
    - Aging Counter (hoch und runter zählend)
    - OBD DTC Nummer als 2 Byte und 3 Byte Nummer

Des Weiteren gibt es Unterschiede im Sprachgebrauch, wodurch die Aufwände für die Anforderungsabstimmungen nochmals steigen.

2.2 Umsetzung

Ein wichtiger Aspekt für die Umsetzung eines AUTOSAR Moduls als Produkt, ist der Ansatz der Single Source. Hierbei werden alle Anforderungen an ein Modul in einem gemeinsamen Quelltext gepflegt. Dies beinhaltet z.B. im Falle des Fehlerspeichers die Umsetzungen der UDS-, OBD-, J1939- und OEM-Anforderungen in einem einzigen C-Code (siehe Abbildung 4). Dabei muss die Software von Kleinststeuergeräten mit ca. 20 DTCs bis hin zu großen Steuergeräten mit über 1000 DTCs skalieren. Bei einer späteren Software-Lieferung an ein konkretes Projekt werden nicht lizensierte Code- und Dokumentationsanteile herausgefiltert. Nachdem der Kunde seine projektspezifische Diagnosekonfiguration durchgeführt hat, sind nur noch die für sein Projekt relevanten Code-Abschnitte aktiv.

Das bietet zum einen den Vorteil, dass neue Features zentral umgesetzt und getestet werden können. Zum anderen wird der Reifegrad der Software durch einen breiten Einsatz (OEMs, Zulieferer, Steuergeräte) dieser gemeinsamen Codeanteile erhöht.

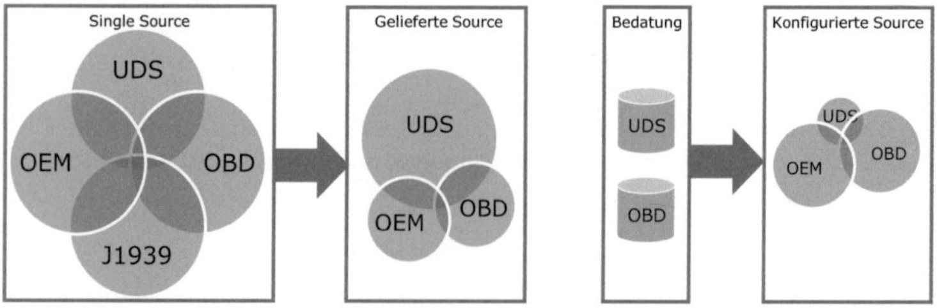

Bild 4: *Von der Single Source zur konfigurierten Software*

Eine nicht unerhebliche Herausforderung stellt die Unterstützung der beim Zulieferer und OEMs etablierten Arbeitsabläufe dar.

Hier ist zum Beispiel für das Rapid Prototyping die Kalibrierung der kompilierten Softwarekonfiguration zu nennen. Bislang setzen viele Zulieferer und OEMs auf das Kalibrieren über CCP und XCP mittels eines Werkzeugs wie CANape oder INCA. Die internen Konfigurationsstrukturen des Fehlerspeichers weisen oft komplexe Querabhängigkeiten auf, die aus Gründen der Skalierbarkeit und des Ressourcenverbrauchs in einer optimierten bzw. gepackten Form vorliegen. Diese lassen sich kaum oder nur sehr aufwändig in einer A2l-Datei beschreiben. Hierfür bietet AUTOSAR das sogenannte Postbuild-Verfahren an.

Über Postbuild-Loadable können ausgewählte Fehlereigenschaften, wie z.B. die DTC-Nummer oder die Anzahl der fehlerhaften Zyklen bis zum Bestätigen des Fehlereintrags, noch nach dem Kompiliervorgang verändert werden. Hierfür werden dann die entsprechenden Stellen im Datensatz werkzeuggestützt (z.B. DaVinci Configurator Pro) modifiziert und in das Steuergerät geflasht.

Einen etwas anderen Ansatz für das Variantenmanagement im Serieneinsatz bietet Postbuild-Selectable. Hier werden zum Konfigurationszeitpunkt die unterschiedlichen Varianten erstellt, welche dann beim Aufstarten des Steuergerätes ausgewählt werden können. Dies ist z.B. nützlich für die Bedienung unterschiedlicher Märkte (EU, US etc.) mit dem gleichen Software-Stand.

Als ein weiteres Beispiel sind die unterschiedlichen Formate zur Diagnosebedatung zu nennen. Die Unterstützung dieser Vielzahl an Austauschformaten und deren Ausprägungen stellt besondere Herausforderungen an den Importer. Die verwendeten Formate reichen von ASAM ODX [4] und CANdela (CDD) über AUTOSAR Diagnostic Extract bis hin zu Excel.

3. Zusammenfassung und Ausblick

In diesem Artikel wurden Herausforderungen und Erfahrungen beschrieben, die bei der Umsetzung einer OBD-Lösung für AUTOSAR gesammelt wurden. Diese steht mittlerweile abgestimmt auf die spezifischen Anforderungen verschiedener OEMs als Produkt zur Verfügung und wird in einer breiten Palette von Steuergerätetypen eingesetzt.

Die anfängliche Suche der OEMs nach einer OBD-Lösung für Ihre neuen Steuergeräte war aus einzelnen Projekten motiviert. Nach und nach haben sich ihre Interessen hin zu einer einheitlichen Lösung über unterschiedliche Steuergeräte hinweg verschoben. Dies senkt die Abstimmungsaufwände und minimiert die Risiken für die Zertifizierung.

Für Zulieferer ist die Lösung einerseits eine einheitliche Software-Plattform für den Einsatz ihres Steuergeräts bei unterschiedlichen OEMs, die aber andererseits auch auf die spezifischen Anforderungen dieser OEMs zugeschnitten ist. Außerdem werden nicht-funktionale Anforderungen wie z.B. zur Skalierbarkeit erfüllt. Sie lässt sich im Rahmen von heterogenen Stacks einfach in bestehende Software-Architekturen integrieren.

Auf der Basis der hier geschilderten Erfahrungen wurde WWH-OBD mit zwei führenden LKW-Herstellern in AUTOSAR standardisiert. Die betroffenen Komponenten

DCM und DEM werden als nächstes dementsprechend erweitert. Dabei wird der Ansatz der einheitlichen Software-Plattform beibehalten, um eine einfache Portierung der Diagnoseapplikation zu ermöglichen.

Des Weiteren wird die CARB in den kommenden Monaten die OBD II Anforderungen für das Modelljahr 2019 finalisieren. Mögliche Einflüsse auf die Basissoftware müssen analysiert und unter anderem in AUTOSAR diskutiert und gegebenenfalls definiert werden. Die hieraus resultierenden Anforderungsänderungen werden dann wiederrum in den entsprechenden Modulen umgesetzt.

Weitere Merkmale wie beispielsweise die Unterstützung von OBD über das J1939 Protokoll sind in AUTOSAR beschrieben und werden bei Bedarf umgesetzt.

Ein spannender Punkt bleibt die Zukunft von OBD. Nach aktuellen Hochrechnungen wird z.B. der 2 Byte DTC-Raum im Jahr 2020 aufgebraucht sein. Deswegen gibt es die Bestrebung, OBD basierend auf UDS (wo 3 Byte DTCs verwendet werden) zu etablieren. Die Frage ob und wie WWH-OBD hier eine Rolle spielen wird, ist derzeit Gegenstand vieler Diskussionen.

Abkürzungen

A2I	ASAM MCD-2 MC language
AUTOSAR	AUTomotive Open System Architecture
CARB	California Air Resources Board
CCP	CAN Calibration Protocol
CDD	Candela Diagnostic Data
DCM	Diagnostic Communication Manager
DEM	Diagnostic Event Manager
DTC	Diagnostic Trouble Code
ECU	Electronic Control Unit
EOBD	European OBD
EV	Electric Vehicle
FIM	Function Inhibition Manager
HD OBD	Heavy Duty OBD
IUMPR	In-Use Monitor Performance Ratio
JOBD	Japan OBD
MIL	Malfunction Indicator Lamp
OBD	On-Board Diagnose
ODX	Open Diagnostic Data Exchange
OEM	Original Equipment Manufacturer
PHEV	Plug-In Hybrid Electric Vehicle
PID	Parameter Identifier
SAE	Society of Automotive Engineers
UDS	Unified Diagnostic Services
US EPA	United States Environmental Protection Agency
WWH-OBD	World Wide Harmonized OBD
XCP	Universal Measurement and Calibration Protocol

Literatur

[1] AUTOSAR Spezifikationen: www.autosar.org.

[2] ISO 14229: Road vehicles – Unified diagnostic services (UDS).

[3] ISO 15031: Road vehicles – Communication between vehicle and external equipment.

[4] ISO 22901: Road Vehicles – Open diagnostic data exchange (ODX).

[5] ISO 27145: Road vehicles – Implementation of World-Wide Harmonized On-Board Diagnostic (WWH-OBD) communication requirements.

[6] OBD II Spezifikationen: www.arb.ca.gov.

[7] On-Board Diagnostics Meets AUTOSAR, Dr.-Ing. Thomas Necker, Dipl.-Ing. Oliver Garnatz, ATZ Extra, October 2013.

[8] SAE J1979-DA: Digital Annex of E/E Diagnostic Test Modes.

[9] SAE J2012: Diagnostic Trouble Code Definitions (Äquivalent zu ISO/DIS 15031-6).

[10] SAE J1939-73: Application Layer Diagnostics.

14 OTX wird erwachsen – Neues aus der Standardisierung

Dr.-Ing. **Jörg Supke**, emotive GmbH & Co. KG, Ostfildern-Stuttgart

Abstract

The presentation gives an overview of the current work related to the further standardization of OTX. Particular, it shows the high potential of OTX as an integrator of various standards in vehicle electronics with the example of Measurement, Calibration and Diagnostics.

Kurzfassung

Die Präsentation gibt einen Überblick über die aktuellen Arbeiten zur weiteren Standardisierung von OTX. Sie zeigt insbesondere das hohe Potential von OTX als Integrator verschiedener Standards in der Fahrzeugelektronik am Beispiel von Measurement, Calibration und Diagnostics.

1. Was ist OTX?

In der Vergangenheit wurden Testabläufe oft prosaisch beschrieben oder als Flow-Chart Diagramme in „Visio“ gezeichnet. Diese Spezifikation wurde dann für verschiedene Zielsysteme meist immer wieder neu „von Hand“ programmiert. Es ist leicht nachzuvollziehen, dass dies weder effizient noch prozesssicher ist.

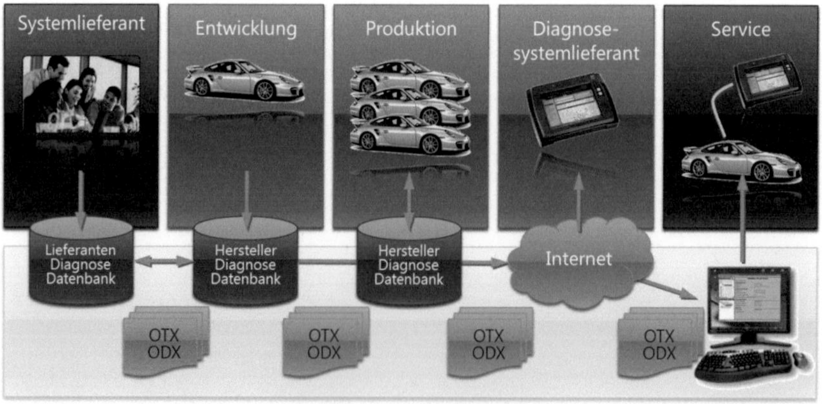

Bild 1: *Austausch von standardisierten Diagnosedaten über alle Phasen des Fahrzeuglebenszyklus (Single Source)*

In der Automobilindustrie wurde daher der neue OTX Standard (Open Test sequence eXchange) entwickelt. OTX ist ein in der ISO 13209 standardisiertes Plattform und Tester unabhängiges Beschreibungsformat für ausführbare Prüfsequenzen. Die XML basierte Testablaufsprache bietet die vielversprechende Möglichkeit, Prüfabläufe über Abteilungs-, Tool- und Prozessgrenzen hinweg auszutauschen, siehe Bild 1. Das in den Abläufen gespeicherte Know-how geht nicht verloren, sondern kann selbst nach vielen Jahren wieder verwendet werden.

OTX enthält die im Umfeld der Automobilindustrie notwendigen Elemente, wie beispielsweise für die Spezifikation, Ablaufsteuerung und Fehlerbehandlung oder für die Interaktion mit dem Benutzer, die Diagnosekommunikation sowie das Messen, Steuern und Regeln. Es kann aber auch einfach über standardisierte Erweiterungsmechanismen um neue Funktionen erweitert werden.

Weiterhin bildet OTX verschiedene Basiskonzepte ab, welche die praktischen Erfahrungen bei der Erstellung, Pflege und dem Ausführen von Testsequenzen widerspiegeln. OTX integriert sich nahtlos in bestehende Standards wie ISO 22900 (Diagnoselaufzeitsystem MVCI) und ISO 22901 (ODX), siehe Bild 2. Ziel von OTX ist letztlich der Austausch und die Archivierung von verifizierten, praxiserprobten Prüfsequenzen.

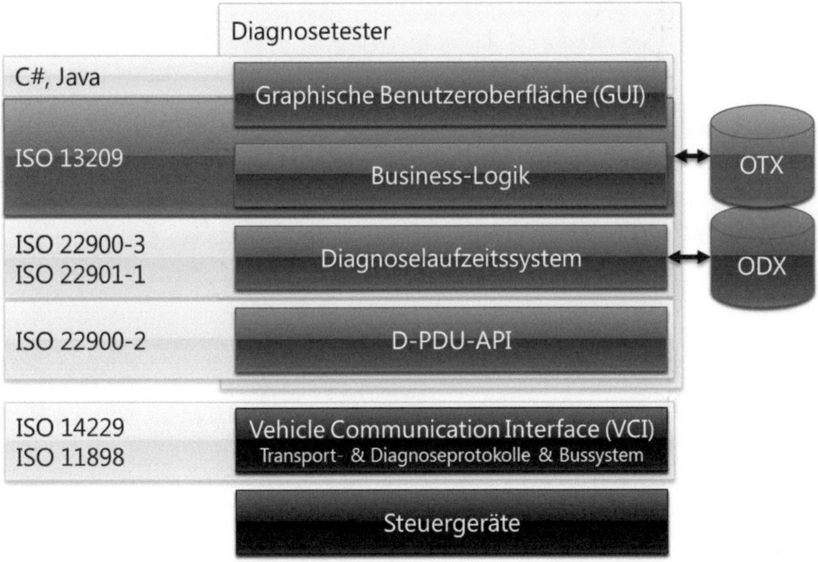

Bild 2: *Einbindung von OTX in bestehende Standards*

Zusammenfassend kann man sagen, dass mit OTX und ODX eine vollständige, datengetriebene Lösung für die gesamte Diagnoseprozesskette vorliegt. Mit der Unterstützung durch geeignete graphische Softwarewerkzeuge wird dadurch der Diagnoseentwicklungsprozess prozesssicherer, einfacher und produktiver.

Vorteile:

- Deutliche Vereinfachung zum Lösen Diagnose spezifischer Aufgaben
- Zur Entwurfszeit Diagnose spezifisch validierbar
- Strikte Trennung zwischen Testlogik und Laufzeitimplementierung
- Automotive spezifische Konzepte für Prozess- und Varianten-Management
- Standardkonform erweiterbar
- Herstellerunabhängig
- Wiederverwendbar
- Kann als verbindendes Glied verschiedene, bisher getrennte Standards zusammenführen

1.1 Bibliotheken

Ein Prüfablauf besteht aus einer oder mehreren Aktivitäten. Alle Aktivitäten sind in OTX-Bibliotheken thematisch gruppiert. Die OTX-Basisbibliothek (Core) enthält alle Aktivitäten für die allgemeine Prüflogik, wie beispielsweise Prozeduraufrufe, Zuweisungen, Verzweigungen, Schleifen, Aktivitäten für die parallele Ausführung und Fehlerbehandlung. Alle anderen, nachfolgend gelisteten Erweiterungsbibliotheken erweitern den auch standalone lauffähigen Core um spezifische Funktionen, siehe Bild 3.

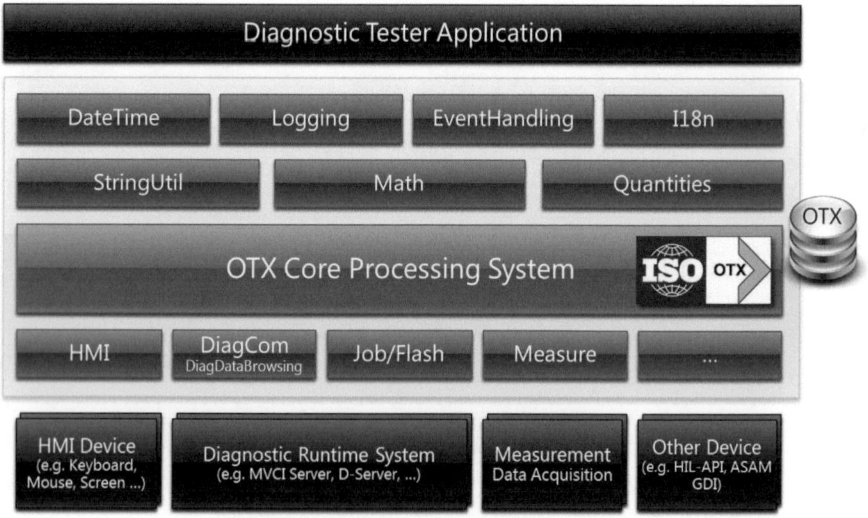

Bild 3: *OTX-Bibliotheken (Extensions)*

- **DiagCom**
  Die DiagCom-Bibliothek erlaubt den Zugriff auf ein standardisiertes Diagnoselaufzeitsystem nach ISO 22900 (MVCI-Server) für die Off-Board Diagnose-Kommunikation mit dem Fahrzeug.

- **DiagDataBrowsing**
  Die DiagDataBrowsing-Bibliothek baut auf der DiagCom-Bibliothek auf und liefert zur Laufzeit Informationen über die Diagnosedaten.

- **Flash**
  Flash erweitert die DiagCom-Bibliothek um Aktivitäten für den Zugriff auf die Flash-Daten eines ODX Containers. Es können Flashsequenzen erzeugt und somit Steuergeräte neu programmiert werden.

- **Job**
  Die Job-Bibliothek erweitert die DiagCom um den Zugriff auf die Job-API eines MVCI-Servers.

- **HMI**
  Die HMI Bibliothek enthält Aktivitäten für die Interaktion mit dem Anwender über eine grafische Benutzerschnittstelle (GUI). Das OTF ist dabei in der Lage, sich an bestehende Windows-Forms oder WPF-Anwendungen zu binden. Die in den Anwendungen gefundenen Steuerelemente werden dabei über das so genannte Screen-Mapping an OTX-Variablen eines Ablaufs gemappt, siehe Abbildung.

- **EventHandling**
  Die EventHandling-Bibliothek bietet Aktivitäten für das Arbeiten mit Ereignissen, z. B. Mausklick des Benutzers, Änderung einer Variablen oder Ablauf eines Timers.

- **i18n**
  Zur sprachlichen Anpassung des Ablaufsystems enthält die I18n-Bibliothek Aktivitäten für den Zugriff auf eine mehrsprachige Textbaustein-Bibliothek.

- **DateTime**
  DateTime stellt Elemente für die Arbeit mit Datum und Uhrzeit zur Verfügung.

- **Logging**
  Über die Logging-Bibliothek können Nachrichten in eine Log-Datei geschrieben werden.

- **Math**
  Die Math-Bibliothek enthält eine Sammlung mathematischer Funktionen, die nicht durch den OTX Core abgedeckt werden, z. B. Power, Log, Ln, Sin, Cos, Tan.

- **Measure**
  Mit der Measure-Bibliothek stellt OTX Aktivitäten für grundlegende Mess- und Steueraufgaben bereit.

- **Quantities**
  Die Quantities-Bibliothek erweitert den Core um Aktivitäten zum Rechnen mit physikalischen Einheiten.

- **StringUtil**
  Die StringUtil-Bibliothek enthält Aktivitäten für das Arbeiten mit Strings.

2. Erweiterungen von OTX im ASAM

Innerhalb der Association for Standardization of Automation and Measuring Systems (ASAM) beschäftigen sich zurzeit die folgenden drei Arbeitsgruppen mit OTX, siehe Abbildung.

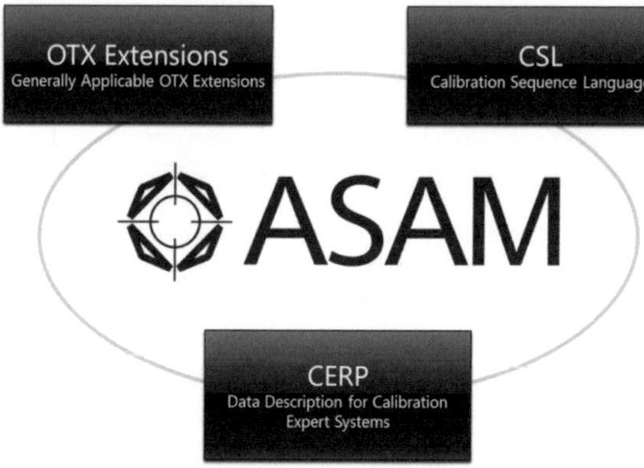

Bild 4: *ASAM Arbeitsgruppen welche auf OTX basieren*

Die Arbeitsgruppe OTX-Extensions erweitert OTX um dringend benötigte Funktionen, schließt Lücken und beseitigt Fehler. In der Arbeitsgruppe Calibration Sequence Language wird OTX neben neuen Aktivitäten und Datentypen für die Kalibrierung auch um die neuen Prozedurtypen State-Machine und Flow-Chart erweitert. Die Arbeitsgruppe CERP definiert basierend auf OTX ein Beschreibungsformat von Expertenwissen für die Kalibrierung.

2.1 Arbeitsgruppe OTX Extensions

Die Arbeitsgruppe OTX Extensions beschäftigt sich mit der Entwicklung dringend benötigter und allgemein verwendbarer OTX Extensions (z.B. File- und XML-Extension) sowie dem Schließen bekannter Lücken und Grenzen in OTX. Es werden keine Änderungen an den Schema der ISO 13209 vorgenommen. Die Ergebnisse werden nach Abschluss der Arbeiten in die ISO überführt.

Name	P2014-11 AE OTX - New Generally Applicable OTX Extensions, BS, V1.0.0
Zeitraum	Oktober 2014 bis Juni 2015
Mitglieder	Audi AG, Daimler AG, Porsche AG, Volkswagen AG, Robert Bosch GmbH AVL List GmbH, Cognitran Limited UK, DSA - Daten- und Systemtechnik GmbH, emotive GmbH & Co. KG, KPIT Infosystems GmbH, M&K Mess- und Kommunikationstechnik GmbH, RA Consulting GmbH, Siemens AG, Softing Automotive Electronics GmbH
Leiter	Jörg Supke, emotive GmbH & Co. KG

2.2 Arbeitsgruppe Calibration Sequence Language

Die Arbeitsgruppe Calibration Sequence Language (CSL) definiert ein neues Austauschformat für Sequenzen zum Kalibrieren von Steuergeräten auf Basis von OTX. Es erweitert OTX für die automatisierte Kalibrierung von Steuergeräten. Hierfür werden zwei neue Prozedurtypen eingeführt: Zustandsmaschine und Flussdiagramm, da sie der Denkweise der Anwender besser entsprechen als Sequenzen in OTX. Zusätzlich werden neue Aktivitäten, Datentypen und Checker-Regeln für die Kalibrierung auf hoher Abstraktionsebene (StartMeasurement, StopMeasurement, StartRecording, StopRecording etc.) definiert.

Name	P2014-03 ASAM CSL (Calibration Sequence Language), BS, V1.0.0
Zeitraum	Oktober 2014 bis Juni 2015
Mitglieder	ZF Friedrichshafen, Accurate Technologies Inc. (USA), emotive GmbH & Co. KG, ETAS GmbH, FEV Automatisierungssysteme GmbH, HORIBA Europe GmbH, M&K Mess- und Kommunikationstechnik GmbH, Vector Informatik GmbH, TH Aachen
Leiter	Jörg Supke, emotive GmbH & Co. KG

2.2.1 Zustandsmaschinen

Aktuell gibt es in OTX nur eine Art von Prozeduren, die Sequenzen. Eine Sequenz ermöglicht die serielle Ausführung einer Reihe von untergeordneten Aktivitäten. Die Sequenz wird abgeschlossen, wenn die letzte untergeordnete Aktivität abgeschlossen wird. Im Gegensatz zu einer Sequenz ist einer Zustandsmaschine (auch Endlicher Automat oder Finite State Machine) ereignisgetrieben und besteht aus Zuständen (States), Ereignissen (Triggers) und Zustandsübergängen (Transitions) sowie Aktivitäten.
Ein Zustand muss als Startzustand (InitialState) und ein anderer Zustand kann als Endzustand (CompletedState) definiert werden. Ein Zustandsübergang beschreibt

den Wechsel von einen Zustand in einen anderen Zustand, der nur dann erfolgt, wenn ein Ereignis auftritt und die zugeordneten logischen Bedingungen erfüllt sind.

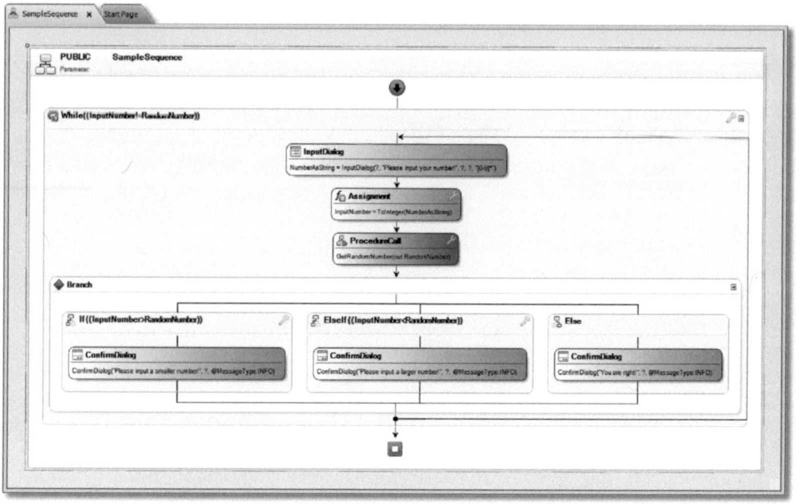

***Bild 5:** ASAM Arbeitsgruppe CSL – Sequenzen*

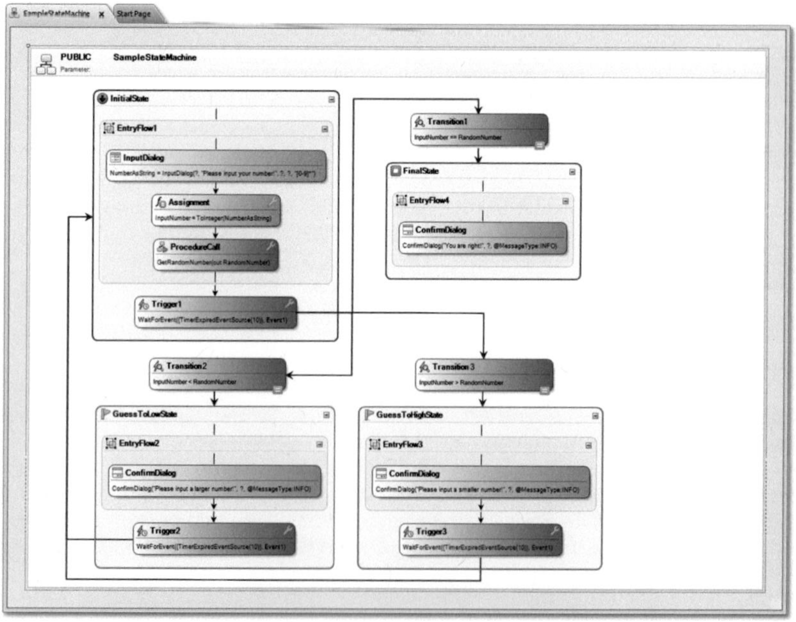

***Bild 6:** ASAM Arbeitsgruppe CSL – Zustandsmaschinen*

2.2.2 Flussdiagramme

Ein Flussdiagramm (Flowchart) ist einer Sequenz ähnlich. Bei Flussdiagrammen ist die Reihenfolge der Abarbeitung nicht sequenziell, sie erfolgt über implizite Sprünge. Jede Aktivität enthält ein Sprungziel (Target), welches festlegt, wohin nach Abarbeitung der Aktivität gesprungen wird. Somit hat jede Aktivität genau einen Ausgang sowie einen oder mehrere Eingänge. Ist kein Ziel angegeben wird die Prozedur verlassen.

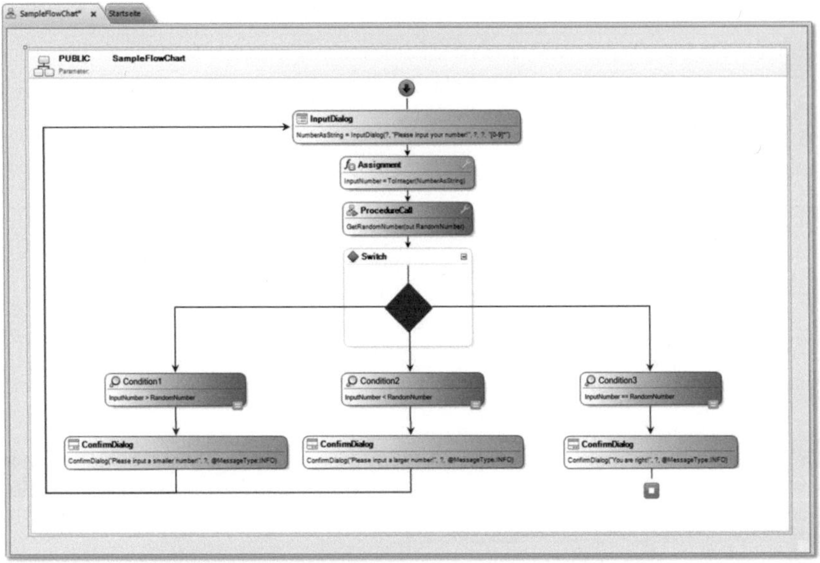

***Bild 7:** ASAM Arbeitsgruppe CSL – Flussdiagramme*

Ein neuer Verteiler-Knoten (Switch) wird eingeführt. Er erlaubt das Springen zu verschiedenen Zielen. Er besteht aus ein oder mehreren logischen Bedingungen (Conditions) mit zugeordneten Sprungzielen. Die Bedingungen werden nacheinander abgearbeitet. Die erste Bedingung, die erfüllt wird, verlässt den Switch und springt zur zugeordneten Zielaktivität. Wird keine Bedingung erfüllt, wird das nicht optionale Default-Ziel angesprungen.

2.3 Arbeitsgruppe CERP

Die Arbeitsgruppe CERP – Data Description for Calibration Expert System definiert, basierend auf OTX ein Austauschformat für Expertenwissen für die Kalibrierung von Steuergeräten. Es besteht aus einem Objekt-Modell (Inhalt einer Steuergerätebeschreibungsdatei (A2L/CDF), sgn. Characteristics oder Parameter und den Zugriff darauf), dem Feature-Modell (Rekursive Liste von Features) sowie den eigentlichen Funktionen (e.g. Monotonie, CurveEquals). Hierfür wird OTX um eine neue CERP-Extension erweitert.

Der Anwender formuliert dann in OTX Regeln, welche das Kalibrierwissen abbilden (bis ca. 5000 Regeln).

Beispiel:

```
Wenn PARAM_A zwischen 1000 und 1500 liegt und
PARAM_CHECK1 = 1, dann muss PARAM_PLAUS1
zwischen 5 und 10 liegen
Wenn PARAM_Y < 300 und FEATURE_INJECTOR_TYPE = abcd
dann muss PARAM_Z > 4 sein
```

Name	P2014-02 AE MCD-2 CERP (Data Description for Calibration Expert Systems) V1.0.0
Zeitraum	Anfang 2014 bis Ende 2015
Mitglieder	Continental Automotive Systems GmbH, Robert Bosch GmbH, ZF Friedrichshafen AG, AVL List GmbH, ETAS GmbH, RA Consulting GmbH, Vector Informatik GmbH
Leiter	André Steimel, Vector Informatik GmbH

3. OTL - Open Test sequence Language

Der OTX Standard 13209 beschreibt im Wesentlichen ein Datenmodell (Aufbau und inhaltliche Bedeutung). Aus diesem Datenmodell wird ein Schema generiert, welches dann die Grundlage für das eigentliche XML-Austauschformat bildet. XML ist somit eine Repräsentation des OTX-Datenmodells.

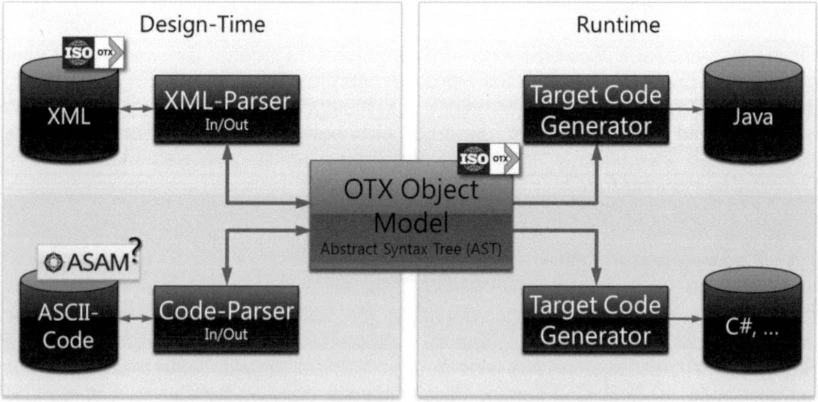

Bild 8: *Verschiedene Repräsentationen von OTX*

Es sind aber noch weitere Repräsentationen denkbar. Beispielsweise ist die grafische Darstellung von OTX auch eine Repräsentation desselben OTX-Objektmodels.

Es ist auch möglich, OTX in einer „normalen“ Programmiersprache als ASCII-Code abzubilden. Sowohl die grafische Darstellung als auch die ASCII-Code Repräsentation haben Vor- und Nachteile. Die grafische Darstellung ist in der Lage einem „Nicht-Entwickler“ einen fachlichen Überblick über den Ablauf zu bekommen. Ein Programmierer kommt jedoch mit dem ASCII-Code gewohnheitsmäßig viel besser zurecht, da der Code die Informationsinhalte viel kompakter abbilden kann.

```xml
<?xml version="1.0" encoding="utf-8"?>
<otx xmlns="http://iso.org/OTX/1.0.0" xmlns:hmi="http://iso.org/OTX/1.0.0/HMI" xmlns:xsi="http://www.w3.org/2001/XMLSchema-ins
  <metaData>
    <data key="MadeWith">Created by emotive Open Test Framework - www.emotive.de</data>
    <data key="OtfVersion">5.1.0.12363</data>
  </metaData>
  <procedures>
    <procedure id="id_9fd318a128cd4945aa7ed8d5cd57c0b8" name="main" visibility="PUBLIC">
      <realisation>
        <declarations>
          <variable id="VariableDeclaration_2910101b8c9948498f6a455735536c6e" name="MyString">
            <realisation>
              <dataType xsi:type="String" />
            </realisation>
          </variable>
        </declarations>
        <flow>
          <action id="Assignment_e8caf953d5724034af5a6bd1da8dffea">
            <realisation xsi:type="Assignment">
              <result xsi:type="StringVariable" name="MyString" />
              <term xsi:type="StringLiteral" value="Hello World" />
            </realisation>
          </action>
          <action id="ConfirmDialog_01cb5306f586443ca9abacb4604bdaa8">
            <realisation xsi:type="hmi:ConfirmDialog">
              <hmi:title xsi:type="StringLiteral" value="emotive Open Test Framework" />
              <hmi:message xsi:type="StringValue" valueOf="MyString" />
              <hmi:messageType xsi:type="hmi:MessageTypeLiteral" value="INFO" />
            </realisation>
          </action>
        </flow>
      </realisation>
    </procedure>
  </procedures>
</otx>
```

***Bild 9:** OTX „Hello World“ Sample als XML-Repräsentation*

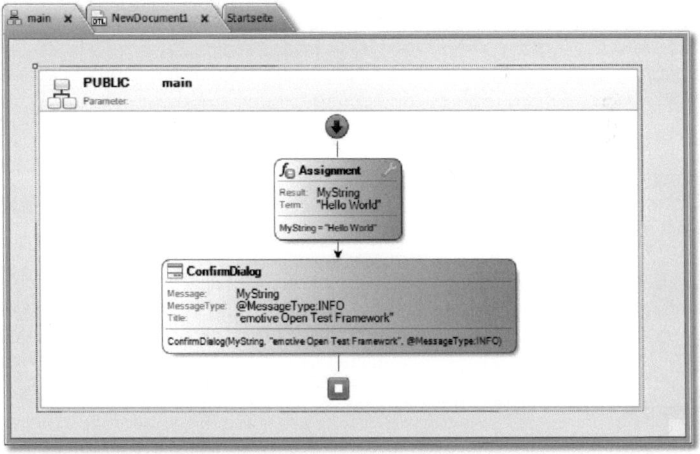

***Bild 10:** OTX „Hello World“ Sample als Designer-Repräsentation*

In allen Fällen sind XML, ASCII-Code oder die grafische Darstellung nur verschiedene Repräsentationen desselben OTX-Objektmodels (AST) nach ISO 13209.

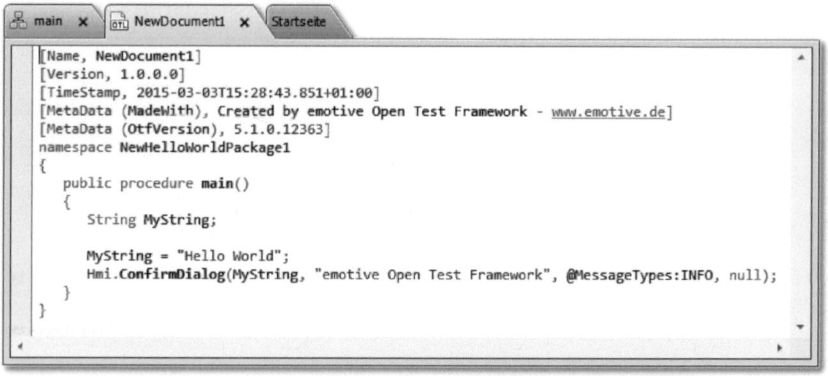

Bild 11: *OTX „Hello World" Sample als OTL-Repräsentation*

OTL (Open Test sequence Language) ist eine durch emotive entwickelte, an Java und C# angelehnte, neue Programmiersprache zur Repräsentation des OTX Datenmodells als ASCII-Code. Die Syntax liegt als ANTLR-4-Grammatik vor. Die Semantik wird durch das OTX-Datenmodell festgelegt. OTL ist zu 100 % OTX kompatibel (Lesen und Schreiben). OTL bildet OTX semantisch zu 100 % ab.

4. Praktische Anwendung am Beispiel einer OTX-Entwicklungsumgebung

Im Zuge des Standardisierungsprozesses und der sich daraus ergebenden Möglichkeiten wurde durch emotive das Open Test Framework (OTF) entwickelt. Das OTF ist eine komplette neu implementierte Entwicklungsumgebung für OTX basierte Anwendungen im Bereich der Fahrzeugdiagnose mit den Hauptaufgaben:

- Spezifikation,
- Realisierung,
- Dokumentation,
- Test und Ausführen von OTX Sequenzen.

Aufgrund der in der Praxis teilweise heterogenen Landschaften in den verschiedenen Bereichen (z.B. in Entwicklung und Service oder bei OEM 1 und OEM 2) und den daraus resultierenden unterschiedlichen Sichtweisen und Anforderungen an eine Autorenumgebung wurde bereits bei der Konzeptionierung des OTF besonderer Wert auf

- Offenheit,
- Adaptierbarkeit und
- Erweiterbarkeit

gelegt. Es soll so sichergestellt werden, dass benutzerspezifische Anpassungen oder Erweiterungen einfach und schnell umgesetzt werden können.

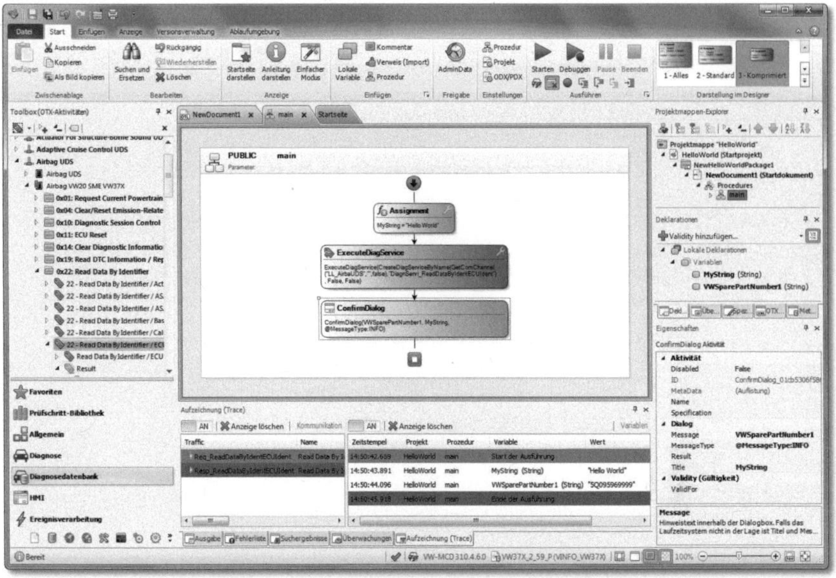

Bild 12: *emotive Open Test Framework*

4.1 Open Test Framework – Hauptfunktionen

Das Open Test Framework unterstützt den Anwender mit folgenden Hauptfunktionen:

Entwicklungsumgebung

- Komplette und native Unterstützung von OTX 1.0 nach ISO 13209
- Unterstützung von ODX 2.01, 2.1 und 2.2 nach ISO 22901-1
- Graphisches Erstellen von Testsequenzen durch einfaches *Drag & Drop von Aktivitäten ohne Programmierkenntnisse*
- Bearbeiten von OTX-Abläufen mit *OTL – Open Test sequence Language*. 100 % OTX kompatible Java/C# ähnliche Programmiersprache im Code-Editor
- Selbstdefinierbare *OTX-Vorlagen* (Template inkl. Platzhalter) für die schnelle und einfache Erstellung anwendungsspezifisch strukturierter OTX Dokumente inkl. das *Darstellen von Instruktionen*
- Umfangreiches *Projektmanagement* (Dateiablage); Export und Import von *PTX nach ISO 22901-1*
- *Bibliothekskonzept* inkl. *Easy-Mode* für die Erstellung und Bearbeitung von Sequenzen aus der fachlichen Sicht eines Technikers
- *Extension-Manager* zum Ein- und Ausschalten von OTX-Extensions

- *Meta-Daten Manager* zur strukturierten, Template gestützten Eingabe von OTX-Meta-Informationen
- Generierung von einfachen *generischen Testern* (Ausführbare Dateien *.exe)
- Undo, Redo beliebiger Tiefe
- Suche und Ersetzen auf Objektebene
- Referenzenanpassung mit Vorschau über die gesamte Projektmappe
- Native und direkte Verarbeitung der OTX-Daten (kein Im- oder Export)
- *Industriegeprüft* (Volkswagen, Porsche, Audi etc.)

Unabhängigkeit

- *Unabhängig vom Ablaufsystem.* Neue Laufzeitimplementierungen (z.B. Logging oder Textbaustein-Datenbank) können einfach hinzugefügt werden.
- *Unabhängig vom Diagnoselaufzeitsystem* (Aktuelle Implementierungen für DSA, VW, RAC und SIEMENS)

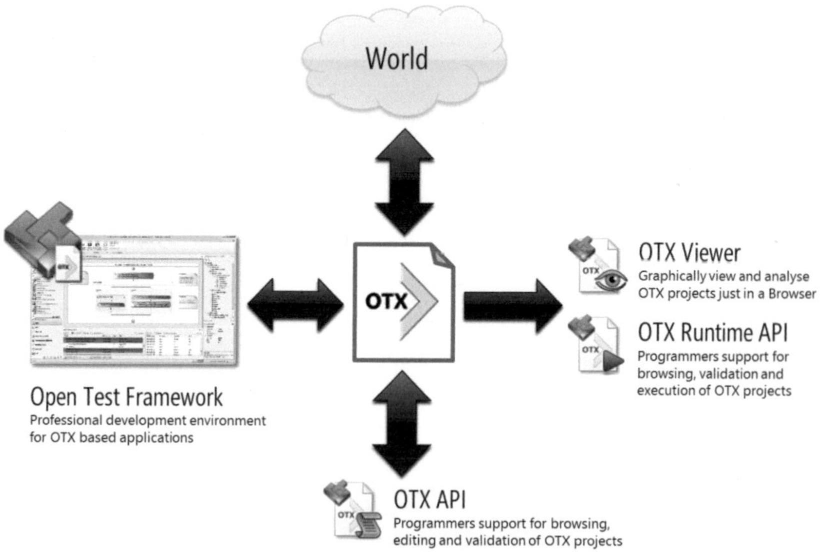

Bild 13: *emotive Produktfamilie*

Zusammenarbeit im Team

- Vollintegrierte *SVN Versionsverwaltung* (TortoiseSVN)
- Differ, Merger, Annotate etc.

Ausführen, Debuggen & Testen

- On-the-fly Erzeugung und Kompilierung von ablauffähigen Programm-Code (C#, kann um beliebige andere Sprachen erweitert werden)

- Integrierter visueller Debugger mit Überwachungsfenster zur Darstellung und Ändern von Deklarationen während der Ausführung
- Setzen von Haltepunkten, Optimieren der Abläufe und Lösen von Fehlern
- Offline-Betrieb zur Entwicklung von Abläufen ohne Zugang zum Fahrzeug
- Generic-Screen – Generische Erstellung von Fenstern zur Ausgabe (HMI)
- Screen-Mapping – Mapping von OTX-Variablen an Windows-Forms Anwendungen zur Ausgabe (HMI)
- Device-Mapping – Mapping von Device-Signaturen (Measure) an DLL's für die Interaktion mit beliebigen externen Geräten.
- Context-Mapping – Mapping von Context-Variablen an Identifikationsroutinen (Statische Methode in einer DLL)
- Integrierte Textbausteinbibliothek inkl. Editor (I18N)
- Komfortable Konfiguration und Erzeugung von Log-Dateien (Logging)
- Unterstützung von in ODX definierten Einheiten (UNIT-SPEC) für Quantity

Sicherstellung von Qualität

- On-the-fly *Überprüfung der Datenkonsistenz* und Anzeige von Fehlern und Warnungen
- *OTX-Checker* zur Entwurfszeitvalidierung der OTX-Abläufe

Release-Verwaltung

- Management von Freigabeinformationen (In ODX definierte *ADMIN-DATA*) im eingebauten Editor
- Erzeugung von *Setup-Installationsprojekten* (MSI) für die Verteilung lauffähiger OTX-Anwendungen (optional auch mit integrierter OTX-Laufzeitumgebung)
- *OTX-Viewer* zur graphischen Darstellung und Analyse von OTX Projekten im Internet-Browser (Firefox)

Erweiterbarkeit

- Unterstützung verschiedener neuer *OTX-Extensions* wie File, XML, DiagDataBrowsing+, Core+, EventHandling+, DataBase
- Erweiterung der standardisierten *Checker-Regeln* (z.B. zur Sicherstellung der ODX/OTX Datenkonsistenz)
- Stand-alone *OTX-API* und *OTX-Runtime-API* (beide inkl. OTX-Checker) für die Integration in eigene Umgebungen

Systemvoraussetzungen

- PC mit Windows XP SP2 oder höher (auch 64-Bit)
- .NET Framework 4.0

15 Automotive Diagnosestandards in Großdieselmotoren und Antriebssystemen

Dr.-Ing. Dipl.-Wirt.-Ing. **Andreas Pilz**, MTU Friedrichshafen GmbH, Friedrichshafen

Abstract

In recent years, the standardization process in the automotive industry accelerated. In particular, cross-company standards were developed and adopted in the not directly competitive areas. The basic idea is "cooperate on standards - compete on implementation" [1].
Particularly, the standardization is very advanced in the area of diagnostics. The Association for Standardization of Automation and Measuring Systems ASAM e.V. coordinates the activities in the german and international automotive industry [2].
The new diagnostics system for MTU heavy duty diesel engines is based on the following standards: ODX 2.2, OTX 1.0 and UDS protocol.
There are some significant differences in diagnostics of heavy duty diesel engines compared to automotive, which have to be taken into consideration.
The implementation of the first release of the diagnostics system "MTU DiaSys | New Generation" is scheduled for mid of 2015. The overall system test has been started. The pilot is planned for the middle of 2015. The transfer to series is scheduled for 2016.

Kurzfassung

In den letzten Jahren hat in der Automobilbranche ein sehr starker Standardisierungsprozess eingesetzt. Insbesondere in den nicht direkt wettbewerbsrelevanten Bereichen konnten firmenübergreifende Standards erarbeitet und verabschiedet werden. Der Grundgedanke hierbei ist „cooperate on standards - compete on implementation" [1].
Insbesondere im Bereich Diagnose ist die Standardisierung sehr weit vorangeschritten. Der Association for Standardisation of Automation and Measuring Systems ASAM e.V. hat hierbei maßgeblich in der deutschen und internationalen automotive Industrie die entsprechenden Aktivitäten gebündelt und koordiniert [2].
Das neue Diagnose System für MTU Großdieselmotoren basiert auf den folgenden Standards: ODX 2.2, OTX 1.0 und UDS-Protokoll.
Im Vergleich zum Automotive-Bereich gibt es bei der Diagnose von Großdieselmotoren einige Unterschiede, die entsprechend bei der Umsetzung zu berücksichtigen sind.
Die Entwicklung des ersten Release des Diagnosesystems „MTU DiaSys | NewGeneration" wird bis Mitte 2015 abgeschlossen sein. Der Gesamtsystemtest ist gestartet. Die Pilotierung beginnt ab Mitte 2015. Die Übergabe an die Serie erfolgt 2016.

1. Rolls-Royce Power Systems und MTU

MTU zählt zu den weltweit führenden Herstellern von Großdieselmotoren und kompletten Antriebssystemen. Gemeinsam mit MTU Onsite Energy, zählt sie zu den beiden Kernmarken der Rolls-Royce Power Systems AG, einer hundertprozentigen Tochtergesellschaft von Rolls-Royce. Das Produktprogramm ist das umfassendste und modernste der Branche. Bild 1 zeigt eine Übersicht des Produktportfolios.

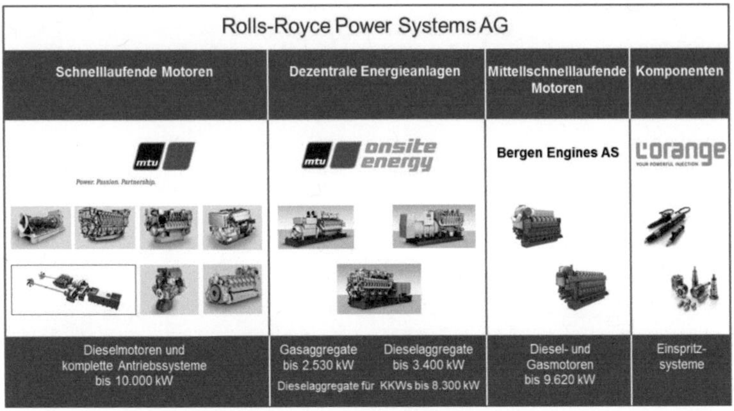

Bild 1: *Rolls-Royce Power Systems AG und MTU*

Es beinhaltet sowohl Dieselmotoren, als auch komplette Antriebssysteme für Schiffe, schwere Land- und Schienenfahrzeuge, sowie Industrieantriebe inkl. Automationstechnik.
Das Anwendungsspektrum ist dabei sehr breit gefächert, wie beispielhaft in Bild 2 dargestellt ist.
Jedes dieser Anwendungsgebiete hat spezifische Anforderungen an das MTU-Motor Management-System. Ein Beispiel hierfür sind die unterschiedlichen Safety-, Zertifizierungs-, Klassifikations-, Emissions- und Umweltanforderungen.
Die MTU-Motorregler, wie zum Beispiel die ECU9 (siehe Bild 3), werden daher als Plattformsteuergeräte entwickelt. Sie können in den unterschiedlichsten Baureihen und Anwendungen eingesetzt werden. Die ECU9 wird beispielsweise in den MTU-Motorbaureihen BR1600, BR2000, BR4000 und BR1163 verbaut. Das Steuergerät ist bahnzertifiziert und kann in klassifizierten Marine-Applikationen eingesetzt werden. Die funktionale Software unterstützt unterschiedliche Maßnahmen zur Reduktion von Emissionen. Dies sind innermotorische Maßnahmen, wie Abgasrückführung, aber auch komplexen Abgasnachbehandlungssysteme, wie z.B. Selective Catalytic Reduction Systeme (SCR).
Bzgl. Umweltanforderungen ist das Steuergerät so ausgelegt, dass es sowohl ohne zusätzlichen Schutz im Freien in sehr staubiger Umgebung im Bereich Mining, Unterflur in der Bahn, als auch in geschützten Maschinen- bzw. Motorräumen (Notstrom, Schiff) betrieben werden kann.
Die Temperaturanforderungen sind ebenfalls enorm. Die Extremfälle sind beispielhaft Applikationen in extrem kalten Regionen (Sibirien, Arktis) und sehr heißen Regionen (Wüsten).

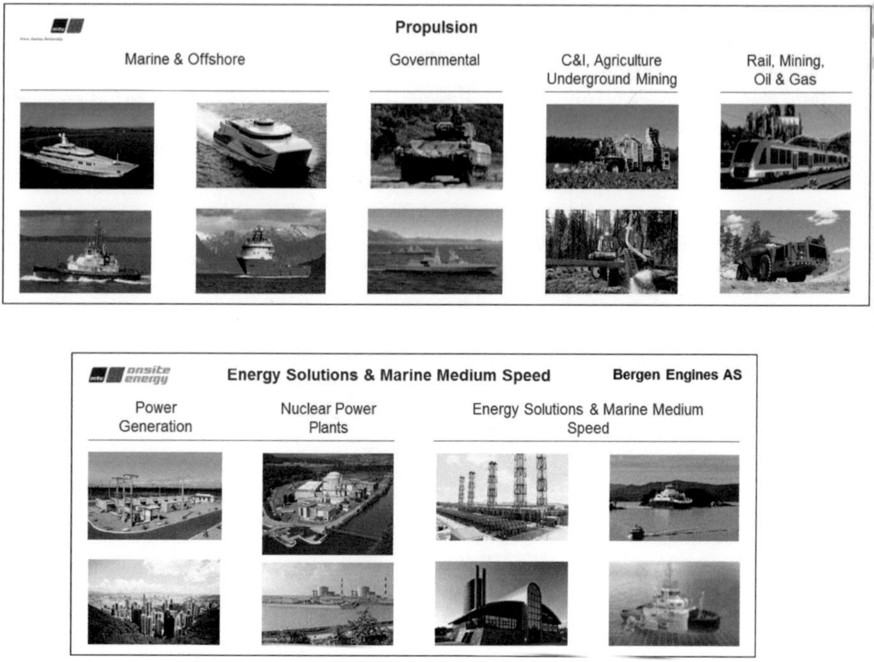

Bild 2: *Rolls-Royce Power Systems AG und MTU - Anwendungsspektrum*

Bild 3: *MTU Motorregler ECU9 (Engine Control Unit 9)*

2. Motivation für ein neues MTU-Diagnosesystem

2.1. DiaSys - das aktuelle MTU Diagnosesystem

Das aktuelle MTU Diagnosesystem ist das sog. „DiaSys". Es ist eine MTU-spezifische Diagnoselösung für nahezu alle bisherigen elektronischen Motorsteuergeräte von MTU. Die Diagnosekommunikation zwischen der DiaSys Applikation und dem Motorsteuergerät basiert auf einem sehr effizienten, proprietären Diagnoseprotokoll (siehe Bild 4). Das Format der Diagnosedatenbeschreibung ist ebenfalls proprietär.

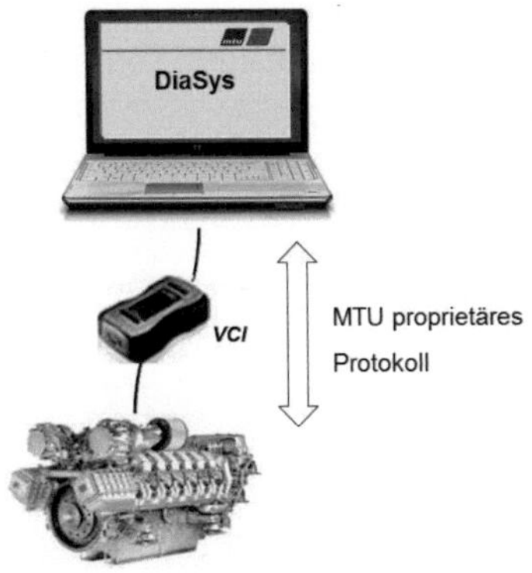

Bild 4: *DiaSys - aktuelles proprietäres MTU Diagnosesystem*

Folgende Diagnosefunktionen sind in DiaSys implementiert:

- Lesen und Löschen des Fehlerspeichers
- Auslesen und Aufzeichnen von Prozessvariablen (bis zu 2 Motoren parallel)
- Lesen und Schreiben von Parametern
- Software- und Datensatzupdate
- Rückdokumentation in die zentrale Datenbank
- Berechtigungskonzept mit Dongle
- Spezialfunktionen: Injektortest und -tausch

2.2. Spezielles Umfeld/Randbedingungen für Diagnose bei Großdieselmotoren

Im Vergleich zum Automotive-Bereich gibt es viele Gemeinsamkeiten aber auch einige Unterschiede bzgl. des Umfelds bzw. den Randbedingungen und damit den Anforderungen an ein Diagnosesystem für Großdieselmotoren.
Eine Gemeinsamkeit ist die steigende Systemkomplexität und die Anzahl der Varianten im Motor-Management auf Grund höherer Emissionsanforderungen und neuer Technologien - allerdings im Großdieselmotorenbereich zeitlich etwas verzögert im Vergleich zu Automotive.
Die Komplexität betrifft sowohl die Zunahme der Funktionalität im Motorsteuergerät (wie z.B. innermotorische Maßnahmen zur Emissionsreduktion), als auch zusätzliche Peripherie, wie z.B. Sensoren, Aktoren und ggf. weitere motornahe Steuergeräte.

Beispielsweise werden Systemkomponenten zur Abgasnachbehandlung AGN auf Basis von Technologien aus dem PKW- und LKW-Bereich soweit möglich übernommen (SCR-Dosiersysteme). Allerdings wird auf Grund der Abgasmenge eines Großdieselmotors das Abgas auf mehrere Fluten und damit auf mehrere AGN-Systeme verteilt. Auf Grund der Größe der AGN-Systeme werden die entsprechenden Automotive-Komponenten mehrfach verbaut, um die Emissionsziele einhalten zu können. Die Dosierleistung eines einzelnen LKW-SCR-Systems ist für die anfallende Abgasmenge nicht ausreichend.
Ebenfalls werden neue Technologien zur Effizienzsteigerung und Verbrauchsreduktion (wie z.B. Hybrid), sowie zum Betrieb eines Großdieselmotors mit alternativen Treibstoffen (Gas, Bifuel, ...) entwickelt. Hierfür werden ebenfalls Automotive-Komponenten eingesetzt, soweit möglich.
Neue Safety-Funktionen erfordern umfangreiche Erweiterungen des Motor Management Systems.
Wesentliche Unterschiede zum Automotive-Bereich gibt es bzgl. der nachfolgenden Punkte:

- **Wartung und Reparatur bei Großdieselmotoren immer vor Ort**
  Ein gravierender Unterschied im Vergleich zum PKW und LKW ist, dass im Wartungs- und Reparaturfall i.d.R. der Service Techniker die entsprechenden Arbeiten nur direkt vor Ort ausführen kann. **D.h. die Werkstatt kommt zum Motor und nicht der Motor kommt in die Werkstatt.**
  Es ist nicht möglich, die entsprechenden Anlagen (Genset-Farmen, Blockheizkraftwerke, Schiffe, Mining Trucks, usw.) in eine Werkstatt zu transportieren.
- **Motoren und Anlagen in abgelegenen Gebieten oder Offshore**
  Erschwerend ist, dass viele der Motoren in abgelegenen Bereichen der Welt oder Offshore betrieben werden, so dass ggf. auch keine oder nur eine sehr langsame Internetverbindung via Handy oder Satellit besteht.
  D.h. alle erforderlichen Informationen und Software-Updates, Anleitungen, usw. müssen lokal auf dem Kundendienstlaptop verfügbar sein. Ein Update der Daten erfolgt i.d.R. durch den Service Mitarbeiter wenn möglich Abends im Hotel oder zwischen 2 Aufträgen in der Home Base.
  Diagnosevorgänge und -Abläufe, die ausschließlich einen Online Verbindung erfordern würden, sind nicht geeignet.
- **Hohe Anforderungen bzgl. Verfügbarkeit und minimale Reparaturzeiten**
  Die Kunden und Betreiber von Anlagen mit Großdieselmotoren haben sehr hohe Anforderungen bzgl. Verfügbarkeit und minimalen Stillstandszeiten. Ersatzmotoren oder -anlagen sind nicht verfügbar.
  Selbst die sog. „Pleasure“ Anwendungen (typischerweise Pleasure Boats) sind sehr kritisch. Die Freizeit bzw. der Urlaub der Kunden ist meist sehr knapp bemessen. Lange Stillstandszeiten wegen Reparaturen werden nicht akzeptiert.
  Im kommerziellen Bereich bedeutet ein ungeplanter Stillstand wegen Reparatur immer finanzielle Verluste. „Time is Money“ gilt vor allem beispielsweise bei Mining Trucks. Diese Maschinen werden 24h und 7 Tage die Woche betrieben. Eine schnelle und effiziente Durchführung von Wartungs- und Reparaturmaßnahmen des Motors kann in diesem Bereich wettbewerbsentscheiden sein.
- **Besonders sicherheitskritische Anwendungen**
  Großdieselmotoren werden teilweise in besonders kritischen Anwendungen eingesetzt, wie z.B. Personenbeförderung (Bahn und Marine), Notstromag-

gregate, Krankenhäuser und Rechenzentren, Feuerlöschpumpe auf Bohrinseln. Ein Stillstand oder Ausfall eines Motor bedeutet i.d.R. trotz redundanter Motoren- und Anlagenauslegung eine Risikoerhöhung. Ineffiziente oder nicht zielführende Reparaturen sind in diesen Anwendungen völlig inakzeptabel. Eine ausgezeichnete Reparaturqualität ist erforderlich.

- **Anwendungsfall Notstrom Nuklear - extreme Safety-Anforderung**
  Der MTU Motorregler für Notstromaggregate in nuklearen Anwendungen erfüllt höchste Safety-Anforderungen. Modifikationen einzelner Parameter durch einen Service Mitarbeiter vor Ort sind nicht möglich, da die entsprechenden Diagnosefunktionen aus Safety-Gründen nicht im Steuergerät implementiert sein dürfen.
  Beim Motoreinlauf, Abstimmungslauf und Service Fall ist der eigentliche Motorregler durch einen speziellen Service-Motorregler auszutauschen. Nur mit diesem können die entsprechenden Arbeiten durchgeführt werden. Nach Abschluss der Arbeiten ist der ursprüngliche Safety-Motorregler wieder zu verbauen.
- **Sehr langfristige Ersatzteilgarantien, sowie Wartungs- und Reparaturvereinbarungen, sowie Remotorisierung**
  Die Lebensdauer bzw. Nutzungsdauer einer Anlage mit Großdieselmotoren ist i.d.R. deutlich länger als im Automotive-Bereich. Eine Garantie für Ersatzteile, sowie Wartung und Reparatur über deutlich mehr als 10 Jahre ist nicht selten. Eine Besonderheit ist die Remotorisierung von Anlagen. Dabei werden beispielsweise ältere Lokomotiven oder Schiffe auf die aktuellste Motorengeneration umgerüstet.
  Folglich ist auch die **Verfügbarkeit des Diagnosesystems über die gesamte Lebensdauer sicherzustellen**. Dies setzt u.a. die Verfügbarkeit der entsprechenden Programmierumgebung, Betriebssystem und vor allem Software-Spezialisten mit dem entsprechenden Know-How voraus. Auf Standard basierende Lösungen sind hierbei im Vergleich zu proprietären Lösungen auf lange Sicht meist im Vorteil.
- **Unterschiedliche Nutzergruppen eines Diagnosesystems und Berechtigungskonzept**
  Die Benutzergruppen eines Diagnosesystems im Großdieselmotorenbereich sind sehr heterogen z.B. bzgl. Motor-Know-How und Reparaturmöglichkeiten/-fähigkeiten. Nachfolgend einige Beispiele:

  1. Im einfachsten Fall möchte der Kunden/Betreiber **einige grundlegende Betriebs- und Motordaten** auslesen und erfassen. Für Wartungsarbeiten beauftragt er einen entsprechend geschulten, spezialisierten Service Mitarbeiter eines Distributors oder von MTU.
  2. In einigen Anwendungen fordert der Kunde sog. **Customer Self Service**. Ein Beispiel hierfür sind Schiffs-, Mining oder Behördenanwendungen. In diesem Fall lässt der Kunde sein eigenes Servicepersonal bei MTU qualifizieren, um grundlegende Wartungs- und Reparaturen eigenständig durchführen zu können, z.B. auf hoher See. Die Qualifikation beschränkt sich auf einfachere Wartungs- und Reparaturarbeiten, wie z.B. Teiletausch (Wasserpumpe, Filter, Turbolader, ...). Eine Schulung bzgl. Instandsetzung von Bauteilen ist nicht erforderlich, wie z.B. Turboladerüberholung.

3. Eine weitere Gruppe sind die regulären **Service-Mitarbeiter** eines Distributors oder der MTU. Diese werden intensiv geschult und erhalten entsprechende umfangreiche Rechte, Diagnosefunktionen auszuführen.
4. **MTU-Service-Spezialisten** sind Techniker, die Parametriermodifikationen eines Motors in der Kundenapplikation vornehmen können, wie sie beispielsweise bei einer Abstimmungsfahrt eines neuen Schiffes notwendig sind (Anpassung Umschaltpunkte der Turbolader an das Schiff...). Ein weiteres Aufgabengebiet der sog. Flying Doctors ist die Betreuung von sog. Außenerprobungsträgern. Dies sind Motoren mit neuen Funktionen, die in der Kundenapplikation erprobt werden. Der Service Spezialist kann hierbei im Auftrag der Entwicklung umfangreiche Informationen aus dem Steuergerät auslesen und Parameter modifizieren.
5. Ein **Motor-/Steuergeräte Entwickler** hat i.d.R. Vollzugriff auf alle Parameter eines Motors. Kritische Parameter kann er allerdings nur temporär für Versuchszwecke unter bestimmten Umständen an einem Kundenmotor umstellen. Eine dauerhafte Speicherung ist nicht möglich. Die entsprechenden temporären Änderungen werden durch die MTU-Entwicklung geprüft und mit der entsprechenden Klassegesellschaft bzw. Prüforganisation oder Behörden abgestimmt. Erst danach kann hieraus ein Datensatzupdate erstellt werden und auf den Kundenmotor dauerhaft aufgespielt werden.

- **Applikationsspezifisch und ggf. motorindividuelles Berechtigungskonzept**
  Auf Grund der Komplexität und des Gefährdungspotentials eines Großdieselmotors, sowie der Kritikalität der spezifischen Applikation ist es nicht möglich, allen Benutzern alle Diagnosefunktionen ohne vorherige Schulung und Unterweisung für die jeweilige Anwendung bzw. Motor zu ermöglichen.
  Im Vergleich zum Automotive-Bereich sind die Rechte bestimmte Diagnosefunktionen auszuführen deutlich feingranularer einzustellen. Diese Einstellungen können applikationsspezifisch und motorindividuell vorgenommen werden. D.h. das gleiche Benutzerlevel bei einem einfachen Genset-Motor entspricht vom Funktionsumfang nicht unbedingt dem eines Antriebsmotors einer Feuerlöschpumpe einer Bohrinsel.

2.3. MTU-Diagnosetool-Strategie

Die aktuelle MTU-Diagnosetool-Strategie ist in Bild 5 dargestellt. Die MTU DiaSys Applikation wurde ursprünglich sowohl für die Entwicklung, als auch für den Service entwickelt. Weitere Funktionalitäten wurden im Laufe der Jahre hinzugefügt.
Durch die Umsetzung des XCP-Protokolls in neueren Motorsteuergeräten konnte das Tool ETAS INCA für die Entwicklung und den Motorversuch eingesetzt werden. Hierdurch konnten neue Funktionen wie z.B. einfachere Anbindung von Sondermeßtechnik zur Verfügung gestellt werden. Zusätzlich wurde die AVL CRETA Datenbank zur Verwaltung von Kalibrierungsdaten eingeführt.
Neue Service Funktionen wie geführte Fehlersuche und Parametrierung werden im Tool „MTU DiaSys | NewGeneration“ implementiert.

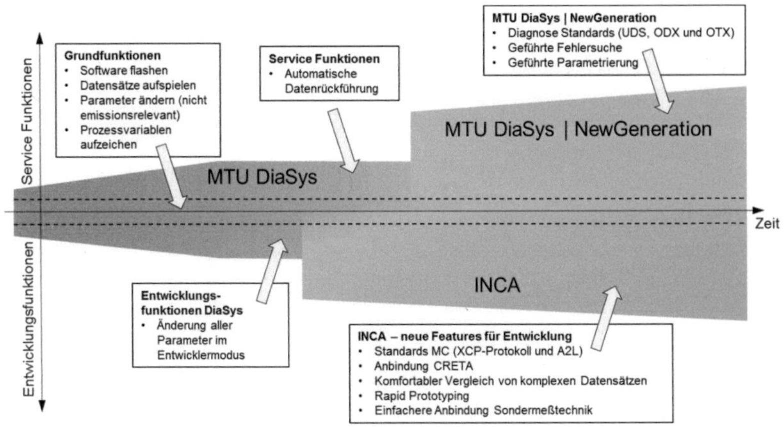

***Bild 5:** MTU Tool Strategie für Entwicklung und Service*

3. MTU DiaSys | NewGeneration

3.1. Anforderungen an das neue MTU Diagnosetool

Abgeleitet aus der MTU Diagnosetoolstrategie und dem Umfeld/Randbedingungen ergeben sich folgende Anforderungen an das neue MTU Diagnosesystem für Großdieselmotoren

- Automotive Diagnose Standards (ODX 2.2, OTX 1.0, UDS)
  Durch die Unterstützung der Automotive-Diagnose-Standards kann der Integrationsaufwand für automotive Komponenten von Dritt-Herstellern deutlich reduziert werden (Sensoren, Aktoren, ...).
  Auch können Components Of The Shelf (COTS) oder Modified Components Of The Shelf (MOTS) Komponenten für das Diagnosesystem verwendet werden. D.h. Kostenreduktion und Reduktion von Time to Market.
- Geführte Fehlersuche - integriert in das Diagnosesystem
  Eine effiziente Inbetriebnahme, Wartung und Reparatur eines hochkomplexen Motor Management Systems kann zukünftig nur durch eine in das Diagnosesystem integrierte Geführte Fehlersuche sichergestellt werden. Ziele sind u.a.:
  - Verbesserung der Service Qualität bei steigender Komplexität
  - Effiziente Verteilung des Expertenwissens an alle Service Mitarbeiter weltweit
- MTU-Berechtigungskonzept
  Das bisherige MTU-Berechtigungskonzept wird an die Mechanismen der Diagnosestandards angepasst und umgesetzt.
- Verteilung von Updates automatisch über Update Server (Applikation und Daten)
- Offline Fähigkeit
  Alle für eine Wartung oder Reparatur relevanten Informationen sollen Offline auf dem Kundendienstlaptop verfügbar sein.

3.2. Überblick System- und Softwarearchitektur

In Bild 6 ist die grundlegende System- und Softwarearchitektur des MTU DiaSys | NewGeneration Systems dargestellt.

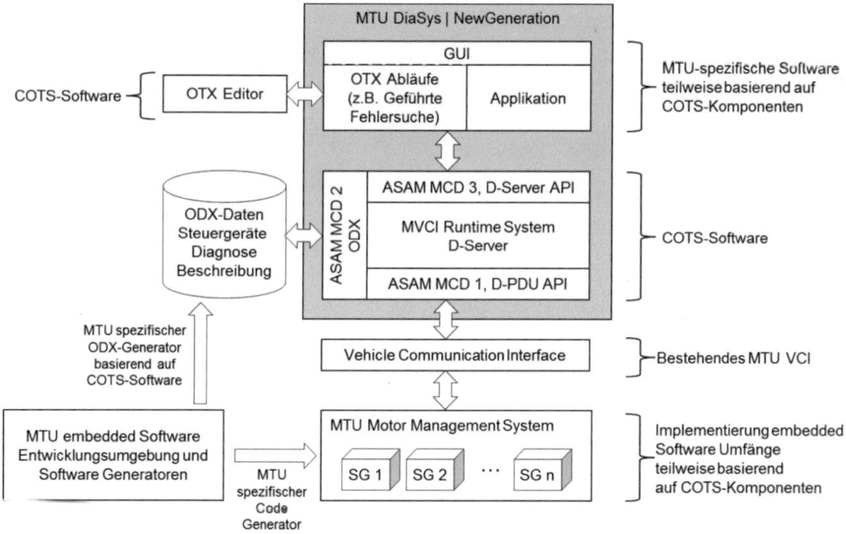

***Bild 6:** MTU DiaSys | NewGeneration - Übersicht*

Der Kern des Systems ist ein MCD-3D Kernel. Die Kommunikation mit dem Motor Management System erfolgt über das UDS-Protokoll. Als VCI wird das bereits vorhandene VCI der MTU eingesetzt (Rückwärtskompatibilität).
Die Geführte Fehlersuche (Traversierung und Prüfprogramme), Flash Ablauf, usw. sind in OTX implementiert und werden auf Applikationsschicht von einem OTX-Interpreter ausgeführt. Die Spezialfunktionen Injektortest und -tausch sind ebenfalls in OTX implementiert.
Die OTX-Abläufe werden mit einem OTX-Editor manuell programmiert.
Die ODX-Daten, sowie die Steuergeräte Software werden in der MTU embedded Software Entwicklungsumgebung automatisch über entsprechende Generatoren erzeugt.
Nicht dargestellt sind der Update und Lizenzserver, über die Updates (Daten und Applikationssoftware) und Lizenzen automatisch online verteilt werden.
Im Gegensatz zum bestehenden proprietären System konnten viele Software-Komponenten sowohl auf der PC-Seite, als auch im embedded Steuergerät zugekauft werden und ohne bzw. geringen Modifikationen verwendet werden.
Ein Prototyp konnte daher sehr schnell entwickelt werden und die technische Machbarkeit nachgewiesen werden. Bild 7 zeigt einen aktuellen Screenshot der Oberfläche zur Messdatenerfassung und -darstellung. Die Bilder 8, 9 und 10 zeigen Screenshots der geführten Fehlersuche basierend auf OTX.

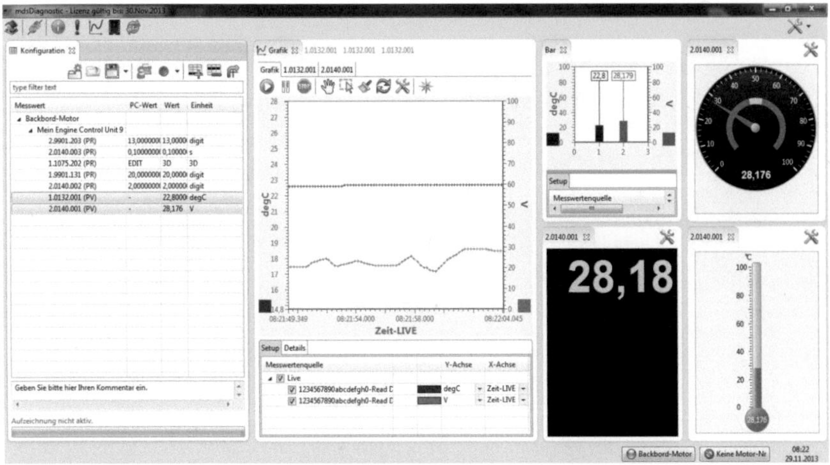

***Bild 7:** MTU DiaSys | NewGeneration - GUI Messdatenerfassung*

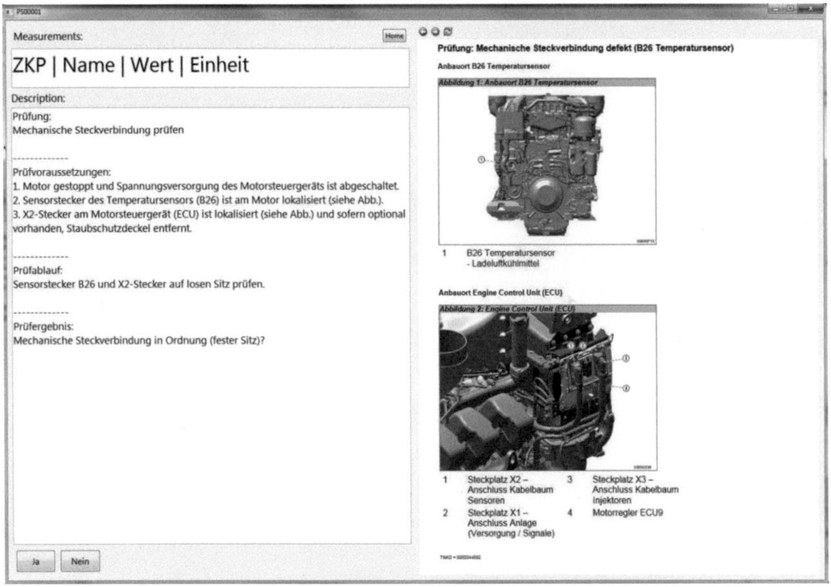

***Bild 8:** MTU DiaSys | NewGeneration - GUI Prototyp - geführte Fehlersuche*

1	M55 - Spenderzylinderklappe	6	B9 - Temperatur Ladeluft	11	F46 - Niveau Leckkraftstoff
2	B44.3 - Drehzahl Turbolader C	7	Y39.A1-A6 - Injektoren A1-A6	12	B5.3 - Druck Schmieröl vor Filter
3	B10.1 - Druck Ladeluft A-Seite	8	B34.3 - Kraftstoffdruck vor Zusatzfilter	13	B7 - Temperatur Schmieröl
4	M53 - AGR-Sperrklappe	9	B34.2 - Kraftstoffdruck vor Filter	14	B44.1 - Drehzahl Turbolader A
5	A19 - Anschluss EIL	10	B34.1 - Kraftstoffdruck nach Filter	15	B4 - Temperatur Abgas

Bild 9: *MTU DiaSys | NewGeneration - GUI Prototyp - Verbauorte von Sensoren*

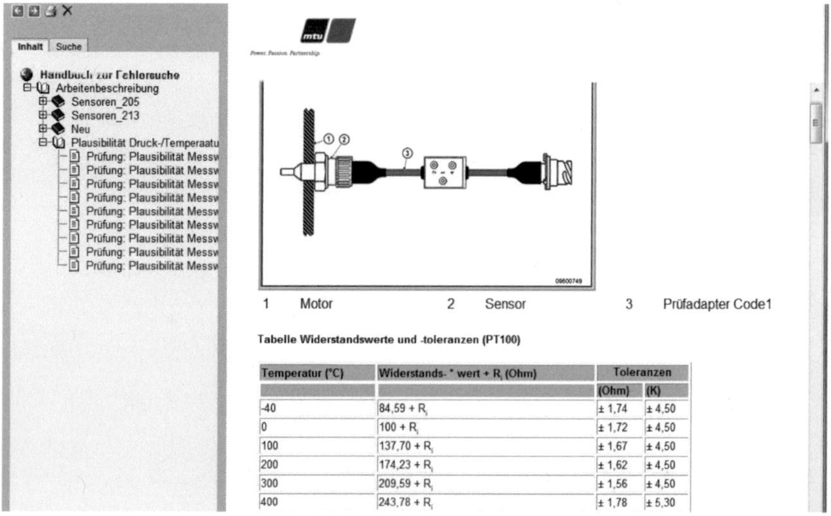

Tabelle Widerstandswerte und -toleranzen (PT100)

Temperatur (°C)	Widerstands- * wert + R_i (Ohm)	Toleranzen (Ohm)	Toleranzen (K)
-40	84,59 + R_i	± 1,74	± 4,50
0	100 + R_i	± 1,72	± 4,50
100	137,70 + R_i	± 1,67	± 4,50
200	174,23 + R_i	± 1,62	± 4,50
300	209,59 + R_i	± 1,56	± 4,50
400	243,78 + R_i	± 1,78	± 5,30

Bild 10: *MTU DiaSys | NewGeneration - GUI Prototyp*
Sensor mit Adapterkabel und Kennlinie

3.3 Erfahrungen und Herausforderungen mit Diagnosestandards

ODX-Daten

Das MTU-Motorsteuergerät ECU9 verfügt über mehr als 15.000 Parameter und Prozessvariablen, die in den ODX-Daten beschrieben werden.

In Bild 11 ist schematisch der Generierungsprozess einer sog. Funktionalen Software FSW eines MTU Motorsteuergeräts dargestellt. In einer zentralen Datebank EDW werden die entsprechenden Parameter und Prozessvariablen vom Entwickler definiert. Die entsprechende FSW, sowie die ODX- und A2L-Daten werden über Generatoren, Linker und Compiler erzeugt.

Eine Herausforderung ist die Strukturierung der ODX-Daten. I.d.R. werden pro Jahr mehrere FSW-Stände mit entsprechenden ECU-VARIANT (EV) released. Auch die Anzahl der Steuergeräte wird in den nächsten Jahren zunehmen. Hierfür wurde die ODX-Daten von Anfang an zukunftsfähig ausgelegt, insbesondere die Partitionierung der Diagnoseinformation auf die BASE-VARIANT, ECU-VARIANTs und LIBRARYs. Zusätzlich werden zu jedem FSW Release die entsprechenden Datenstände in der EDW gesichert, so dass im Nachgang die ODX-Daten beispielsweise über verbesserte Generatoren neu erzeugt werden können. Eine manuelle Anpassung der sehr umfangreichen ODX-Daten soll damit nicht notwendig sein.

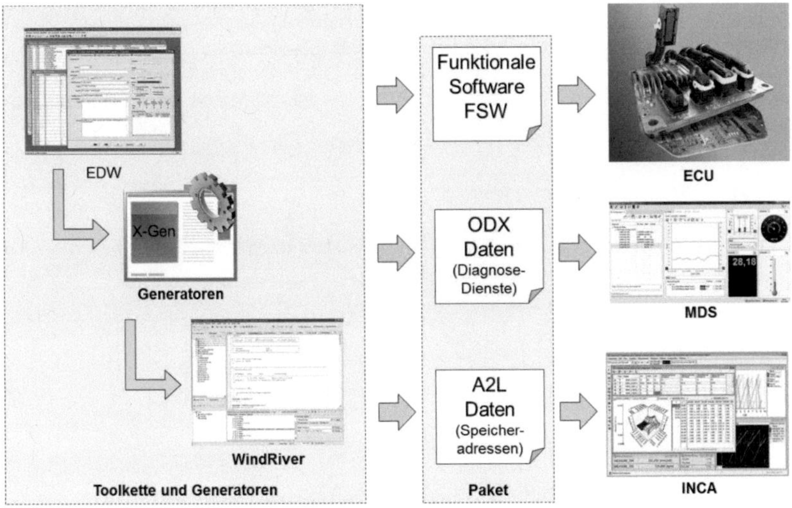

Bild 11: *Generierung von FSW, ODX und A2L*

OTX-Abläufe

Ein Hauptziel des Projekts MTU DiaSys | NewGeneration war die Entwicklung einer geführten Fehlersuche.

Zu Beginn des Projekts wurde OTX nur für die Traversierung der Prüfabläufe vorgesehen. Die eigentlichen Prüfschritte sollten in HTML umgesetzt werden. Komplexe Abläufe wie z.B. Injektortest und -tausch sollten fest programmiert werden. Während der Detailkonzeption des neuen Diagnosesystems wurde erkannt, dass für die Geführte Fehlersuche während eines Prüfschritts der Geführte Fehlersuche eine Kommunikation mit dem Steuergerät von Vorteil wäre (z.B. Auslesen von Prozessvariablen und automatisches Verzweigen im Prüfablauf entsprechend dem jeweiligen Wert).

Es konnte auch gezeigt werden, dass komplexe Abläufe wie Injektortest und -tausch grundsätzlich in OTX abgebildet werden können. Defizite des aktuellen OTX-Standards gibt es allerdings noch bzgl. Benutzerinteraktion und -oberfläche. Hier waren einige MTU-spezifische Erweiterungen notwendig. Die entsprechenden Erweiterungen werden von unserem Entwicklungspartner in die Standardisierung miteingebracht.

Um das Feature Geführte Fehlersuche auch für Bestandsmotoren nutzen zu können, wurde ein Konzept für einen HTML-Export der geführten Fehlersuche entwickelt. Allerdings ist in diesem Fall die Steuergeräte Interaktion im Verlauf der GFS nicht möglich. Im Export wird der entsprechende maschinelle Ablauf in einen manuell ausführbaren Prüfschritt umgewandelt. Diese Export-Funktion kann auch zukünftig genutzt werden, um unseren Kunden diese Diagnoseabläufe zur Verfügung zu stellen (Loose Engine) - siehe Bild 12. Letzteres ist allerdings noch nicht im Detail konzipiert, technisch aber grundsätzlich möglich.

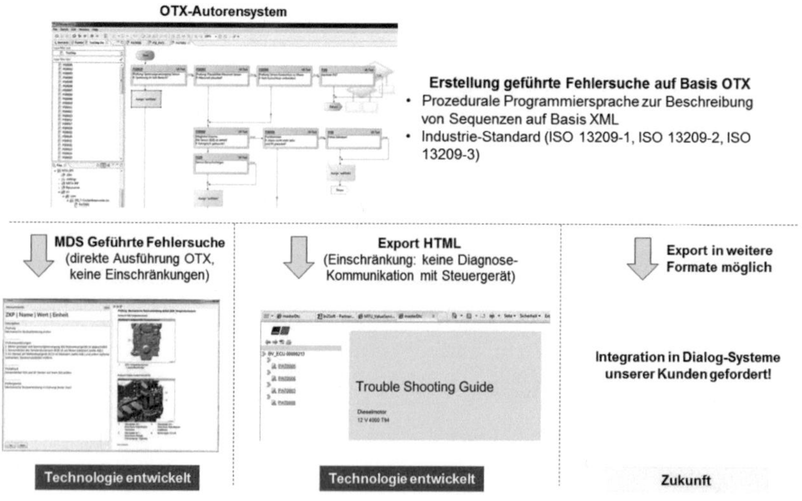

__Bild 12:__ MTU DiaSys | NewGeneration - OTX und Geführte Fehlersuche

Einführung UDS/ODX in bestehende Steuergeräte - weiche Migration

Eine Randbedingung dieses Entwicklungsprojekts ist es, die Diagnosestandards in der laufenden Serie der ECU9 zu integrieren. Eine Softwarebranch nur für die neue Diagnosefunktionalität ist wirtschaftlich und logistisch nicht darstellbar.

Ein Nachteil hierbei ist allerdings, dass die Rückwärtskompatibilität die Freiheitsgrade und Gestaltungsmöglichkeiten für die Entwickler deutlich einschränkt. Einige Klimmzüge waren notwendig, um die MTU proprietäre und die auf automotive Standards basierende Diagnose in einer gemeinsamen Software zu integrieren. Zusätzlich mussten Mechanismen implementiert werden, die einen möglicherweise gleichzeitige Zugriff über das alte und das neue Diagnosesystem auflösen bzw. gegenseitig sperren.

Ein Vorteil des aus Diagnosesicht hybriden Steuergeräts ist, dass ein weiches Einführungsszenario für das neue Diagnosesystem möglich ist. Insbesondere die Umstellung der Prüfstände in der Produktion auf UDS kann zu einem späteren Zeitpunkt sukzessive erfolgen.

4. Zusammenfassung und Ausblick

Das neue MTU-Diagnose-System „MTU DiaSys | NewGeneration“ basiert auf den State-of-the-Art automotive Diagnosestandards UDS, ODX und OTX. Die technische Machbarkeit konnte mit einem Prototypen bereits nachgewiesen werden. Die Implementierungsphase für die erste Ausbaustufe der Serienlösung ist kurz vor Abschluß. Der Gesamtsystemtest ist bereits gestartet und der Beginn der Pilotierungsphase im Feld ist für Mitte 2015 geplant. Die Übergabe an die Serie erfolgt 2016.

Im nächsten Schritt ist eine Erweiterung auf weitere motornahe Steuergeräte geplant. Darauffolgend ist zu prüfen, wie das MTU-Automationssystem zukünftig in das Diagnosesystem integriert werden könnte. Das Automationssystem umfaßt alle nicht motornahen Komponenten und Steuergeräte, wie z.B. Fahrstände, Displays und weitere Schiffs- und Bordelektronik.

Eine weitere Aufgabe ist die Konzeption einer zukünftigen Anbindung der Prüfstände für Serienmotoren für MTU-Produktionsstandorte und Lizenzfertiger auf Basis ODX, OTX und UDS.

Literatur

[1] AUTOSAR Webseite: www.autosar.org

[2] ASAM e.V. Webseite: www.asam.net

16 Erweiterte server- und datengestützte Diagnosekonzepte

Dipl.-Inf. **Michael Eberspächer**, Dr.-Ing. **Michael Grimm**, Prof. Dr.-Ing. **Hans-Christian Reuss**, Forschungsinstitut für Kraftfahrwesen und Fahrzeugmotoren (FKFS), Stuttgart

Abstract

Diagnosing, maintaining and updating of software as well as hardware components over an internet connection became substantial and indispensable in the modern IT world. Despite of being obligatory in nowadays IT environments the automotive industry started just recently to adopt this modus operandi in order to accompany and maintain vehicles during their life cycle. Increasing complexity of in-vehicle electronic control units and nationwide mobile network expansion will demand und favor the development of a remote diagnostic and a remote maintenance system within multiple areas of the automotive industry. Based on existing technologies and approaches this paper introduces a system which will go a first step towards full-scope diagnostics and parallel flashing of multiple vehicles at the same time using a mobile data connection. Furthermore it will pave the way for more sophisticated diagnostic concepts (pre-emptive, statistically, signal based, ...) as well as for a centralized off board diagnostic support system.

Kurzfassung

Diagnose, Wartung und Aktualisierung von Software und Hardware über das Internet sind wesentliche und nicht weg zu denkende Bestandteile in der heutigen IT-Welt. Während es in der IT-Welt jedoch selbstverständlich ist, Komponenten auf diesem Wege zu warten, so beschreitet die Automobilindustrie erst seit kurzem diesen Weg, um Fahrzeuge während deren Produktlebenszyklus zu begleiten. Durch die Zunahme elektronischer Komplexität im Fahrzeug gefordert und durch den Ausbau eines flächendeckenden Mobilfunknetzes begünstigt werden die Begriff Remote Diagnose und Remote Maintenance daher in Zukunft ein zentraler Begriff in verschiedenen Bereichen der Automobiltechnik sein. Basierend auf vorhandenen technischen Funktionen, Technologien und Ansätzen wird ein System vorgestellt, welches einen ersten Schritt in Richtung der vollumfänglichen Diagnose und des parallelen Flashens mehrerer Fahrzeuge über eine mobile Datenverbindung geht und den Weg für erweiterte (präventive, statistische, Signal basierte, ...) Diagnosekonzepte sowie für eine zentrale off-Board Diagnose Unterstützung (Backend Diagnose System) bereitet.

1. Motivation

Mit der Zunahme von Fahrerassistenz-, Diagnose-, und Infotainmentsystemen, als auch der elektronischen Steuerung von Motor und Getriebe wächst die Anzahl der hierfür notwendigen Steuergeräte, sowie deren Komplexität und Vernetzung. *Bild 1* beschreibt diesen Prozess und zeigt eine Vervielfachung von Steuergeräten. Neben Hubraum und Drehzahl ist heute ein komplexes Zusammenspiel verschiedener Steuergeräte für erhöhte Leistung, Zuverlässigkeit und Lebensdauer zuständig. Fehlerhaft programmierte Steuergeräte sind hierbei eine nicht zu unterschätzende Gefahr. Einmal in Umlauf gebracht ist es aktuell in den meisten Fällen nur durch großangelegte Rückrufaktionen möglich diese Steuergeräte zu reparieren. Ende 2014 mussten in einem Fall alleine in Deutschland 150000 und weltweit 850000 Fahrzeuge aufgrund eines Softwarefehlers in die Werkstätten zurück gerufen werden [1]. Ist ein Werkstattaufenthalt bei defekter Hardware unumgänglich, so kann fehlerhafte Software im Bereich der Computer bereits seit vielen Jahren über eine Verbindung mit dem Internet aktualisiert werden. Mit dem Einzug eines flächendeckenden Mobilfunknetzes und dessen Optimierung in den Bereichen Latenz und Bandbreite ist mittlerweile eine Infrastruktur geschaffen, die es nicht nur jedem ermöglicht mit dem eigenen Smartphone fast uneingeschränkt online zu sein, sondern auch eine Grundlage für Fahrzeuge mit preiswertem und leistungsfähigem Internetzugang bietet. Dieser Zugang zum Internet wird in Zukunft eine tragende Rolle in der Diagnose und Wartung von Fahrzeugen aus der Ferne sein. Doch nicht nur die softwareseitige Instandhaltung von Fahrzeugen ist zu betrachten. Erkenntnisse, die während des Betriebs gewonnen werden, können während der Entwicklung angewendet und in neuen Generationen umgesetzt werden. Desweiteren wird eine vorgezogene Auslieferung von Fahrzeugen und deren schrittweise Ausstattung mit den gewünschten Softwarekomponenten über das Internet eine Rolle in der Vermarktung von Fahrzeugen spielen [2]. Das Fahrzeug bekommt somit die Fähigkeit im Laufe der Zeit in Kundenhand zu reifen. Doch neben den Herstellern und den Zulieferern wird auch der Kunde von der Anwendung der Remote Diagnose profitieren. Das Fahrzeug wird zunehmend zu einem Merkmal der Identifizierung und im Falle eines Pendlers zu einem Ort, in dem viel Zeit verbracht wird. Anpassbare Komfortfunktionen und neue Features gestalten hierbei den Aufenthalt angenehmer.

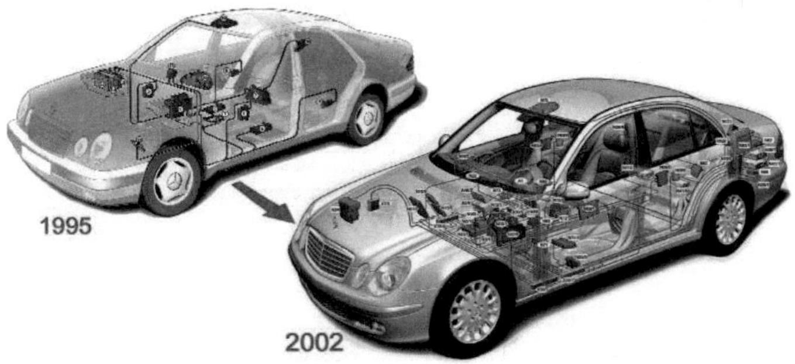

Bild 1: *Steuergeräte und deren Vernetzung im Fahrzeug [3]*

Weitere Schlagworte, wie beispielsweise Sensornetzwerk, Stau- und Wettervorhersage, optimierte Routenplanung, adaptive Versicherungssysteme, vorausschauendes Fahren, ... werden in der Zukunft entscheidende Rollen spielen und über den Markterfolg eines Produktes entscheiden. Ein leistungsfähiges, weit greifendes Remote Diagnosesystem wird hierfür und für weitere Entwicklungen die tragende Basis darstellen.

2. Grundlegende Aspekte

Dieses Kapitel zeigt grundlegende Aspekte und Fragestellungen in Bezug auf die Remote Diagnose auf. Hierunter fallen die Einordnung der Konnektivitätskomponente in das Fahrzeugnetz, der Einsatz und die Anordnung gängiger Komponenten wie der MVCI (Modular Vehicle Communication Interface) Struktur, die Kommunikationsschnittstelle zwischen Fahrzeug und Backend, sowie dadurch entstehende Probleme in den Bereichen Fahrzeug- und Datensicherheit.

2.1 Zugriff auf die Bustopologie

Im Folgenden wird davon ausgegangen, dass die Bustopologie eines Fahrzeugs der in *Bild 2* vereinfacht dargestellten Topologie entspricht. Stand der Technik ist ein Zugriff über die OBD (On-Board-Diagnose) Schnittstelle und den Diagnose-CAN (D-CAN). In kommenden Fahrzeuggenerationen wird der Zugang über die Ethernet Schnittstelle zunehmend von Bedeutung sein. Ein Routing Mechanismus im Gateway übernimmt die Weiterleitung der Botschaften vom D-CAN auf die entsprechenden Subsegmente.

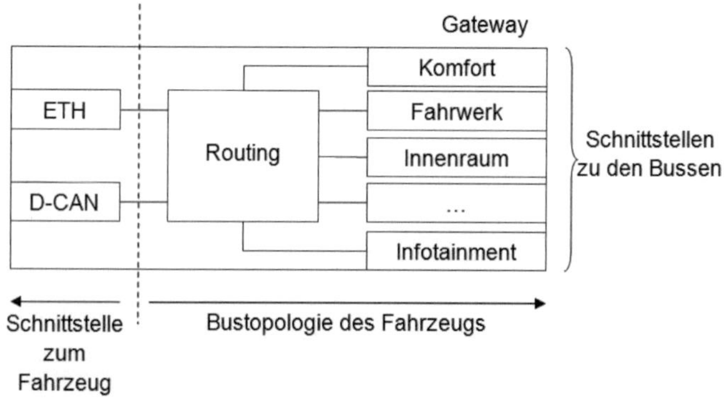

Bild 2: *Gateway mit Routing Komponente (vereinfacht)*

Im Sinne der Remote Diagnose bestehen im Wesentlichen drei Möglichkeiten, um auf das Fahrzeugnetz zuzugreifen. Naheliegend ist ein Zugriff über die Diagnoseschnittstelle und den dazugehörigen D-CAN. Hierfür existieren bereits Komponenten [4], die onboard CAN und offboard Ethernet sprechen. Diese sind mit Erweiterungen dazu in der Lage, über das Internet zu kommunizieren. Ein solcher Zugriff erlaubt vollständige Diagnose- und Flashvorgänge über das Internet. Das Nadelöhr D-CAN bleibt jedoch bestehen. Eine weitere Möglichkeit besteht darin, eine bereits in der Fahrzeugtopologie integrierte Sim-Karte zu verwenden. Diese Option gewährleistet aber keinen Zugriff auf das gesamte Bussystem. Dies gilt aber nicht bei der Integration der Zugriffskomponente in das Gateway, da hier alle Subsegmente angebunden sind. Eine solche Lösung wird angestrebt.

2.2 Diagnose Komponenten

In einem klassischen Diagnoseaufbau existieren zwei Komponenten, die miteinander kommunizieren. Diese sind zum einen das Fahrzeug und zum anderen das Testgerät. Bezogen auf den Fall der Remote Diagnose werden daraus die Komponenten Fahrzeug, Backend und Frontend. Ein Backend wird benötigt, um als Vermittlungsstelle zwischen Fahrzeug und Frontend zu dienen. Im weiteren Verlauf werden Funktionen der Komponenten Backend und Frontend im Begriff offboard und die Funktionen des Fahrzeugs im Begriff onboard zusammengefasst. Eine derartige Trennung begünstigt den Fokus auf die Schnittstelle zwischen Fahrzeug und der restlichen Infrastruktur.

2.3 Software Architektur

Die gebräuchliche Architektur für Diagnoseanwendungen besteht aus einem Kern, einer Schnittstelle für die Applikation, einer Schnittstelle für Diagnosebedatungen und einer Schnittstelle zum Fahrzeug. Veranschaulicht ist dies in *Bild 3*.

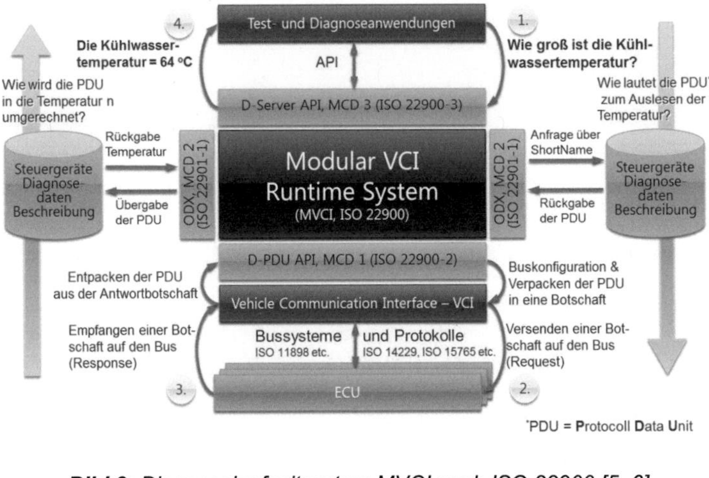

Bild 3: *Diagnoselaufzeitsystem MVCI nach ISO 22900 [5, 6]*

Mit dem Blick auf die Remote Diagnose sind hierbei weitere auf die Verteilung der Software bezogene Gedanken notwendig. Hauptsächlich sind vier Konfigurationen anwendbar (*Bild 4)*:

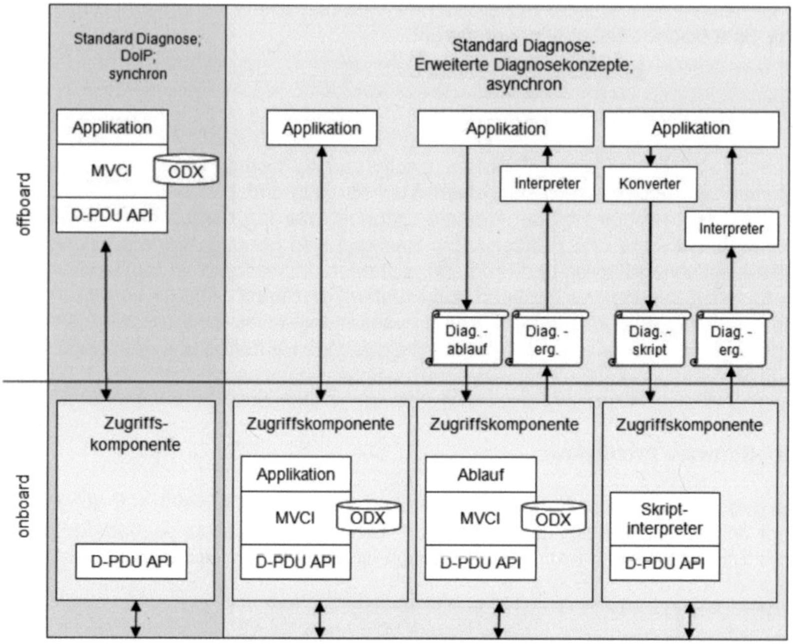

***Bild 4:** Verteilung der Diagnosekomponenten*

1. MVCI Server wird offboard betrieben
   Eine spezifische D-PDU API ist notwendig, um Diagnose über das Internet betreiben zu können. Die D-PDU API muss dazu in der Lage sein eine Verbindung mit dem Backend herzustellen, Latenzen im Netzwerk zu behandeln und eingehende Daten aufzubereiten. Des Weiteren ist ein darauf zugeschnittenes Gegenstück im Fahrzeug notwendig.
2. MVCI Server wird onboard betrieben
   Das Diagnosesystem bleibt unverändert. Die Ausführung von Diagnosediensten wird beispielsweise durch einen zusätzlichen Remote Desktop Mechanismus ausgelöst. Da das vollständige Diagnosesystem im Fahrzeug zu finden ist, sind auch die dazugehörigen ODX Daten im Fahrzeug. Diese sind umfangreich, sensibel und im Falle einer Aktualisierung pflegeaufwendig.
3. Hochladen von Diagnoseabläufen
   Diagnoseabläufe werden in das Fahrzeug übertragen. Ein reduzierter MVCI Server im Fahrzeug ist dazu in der Lage diese Abläufe mit den im Fahrzeug liegenden ODX Daten zu kombinieren und Diagnose zu betreiben. Da alle notwendigen Daten im Fahrzeug vorliegen, muss hierfür keine Internetverbindung vorhanden sein.

4. Hochladen von vollständigen Diagnoseskripten
   Diagnoseabläufe werden bereits im Backend mit den notwendigen ODX Daten gepaart. Das hieraus entstehende Skript wird in das Fahrzeug übertragen. Dadurch ist im Fahrzeug außer einem Skriptinterpreter keine Logik mehr notwendig. Selbst ohne bestehende Internetverbindung können somit Diagnosevorgänge im Fahrzeug betrieben werden.

2.4 Kommunikation

Die Kommunikation zwischen onboard und offboard Komponenten wird im Folgenden in synchron und asynchron unterteilt. Daraus entstehende Anwendungsfälle und Herausforderungen werden beschrieben. Des Weiteren findet eine Einordnung von DoIP (Diagnostics over Internet Protocol) [7] statt.

Definition synchron:
Analog zu einem traditionellen Diagnoseaufbau erfolgt auf jede Anfrage req_i unmittelbar eine Antwort $resp_i$. Die Verbindung zwischen Fahrzeug und Backend muss während des vollständigen Vorgangs aufrechterhalten werden. Ein Mechanismus zur Zwischenspeicherung von Daten ist vorhanden, um die bestehende Bandbreite nutzen zu können. DoIP ist mit Anpassungen, die im weiteren Verlauf dargelegt werden, in einer synchronen Diagnoseumgebung über das Internet umsetzbar.

Definition asynchron:
Auf eine Anfrage req_i erfolgt entweder sofort oder zu einem späteren Zeitpunkt eine Antwort $resp_i$. Die Verbindung zwischen Fahrzeug und Backend kann in der Zwischenzeit abbrechen. Ein dafür ausgelegtes Verbindungsmanagement und Mechanismen zum Puffern und Verwalten von ausstehenden Anfragen und Antworten müssen implementiert sein. Da während des Auslesevorgangs Testgerät und Fahrzeug nicht verbunden sein müssen, kann man hierbei auch von einem offline Vorgang sprechen.

- Vordefinierte Diagnoseabläufe und -skripte können ohne Vorhandensein des Backends im Fahrzeug ausgeführt werden.
- Über das Internet entstehende Latenzen müssen somit während eines Diagnosevorgangs nicht beachtet werden.
- Ein dafür konzipiertes Steuergerät im Fahrzeug muss Diagnoseabläufe verstehen und ausführen können.
- Verschiedene Fahrzeuge können den gleichen Diagnoseablauf zeitgleich durchführen (siehe *Bild 5*). Die Zuordnung der Ergebnisse erfolgt im Backend.

In der ISO 13400 [7] ist beschrieben, wie basierend auf dem TCP/IP Stack unter der Bezeichnung DoIP Diagnose betrieben werden kann. Durch den Standard DoIP werden die aus der herkömmlichen Diagnose bekannten Felder

1. Vordefinierte Diagnoseanfragen
2. Inspektion von Fahrzeugen
3. ECU Programmierung (Flashen) und
4. Datentransfer

abgedeckt. Durch einen Subnetz Broadcast wird das (werden die) jeweilige(n) Fahrzeuge erkannt. Diese identifizieren sich über ihre VIN, wodurch ein herkömmliches Diagnoselaufzeitsystem einzig die D-DPU API für die Verwendung mit DoIP implementieren muss. Alle anderen Komponenten bleiben in ihrem Funktionsumfang unverändert. Auf Seiten des Fahrzeugs muss wie in *Bild 7* vereinfacht gezeigt, eine Gateway Funktionalität implementiert werden, welche DoIP Nachrichten in für die Steuergeräte verständliche CAN Nachrichten übersetzt und auf dem Weg zurück wieder verpackt. Alternativ ist eine auf Ethernet basierende Netzwerkstruktur mit IP-fähigen Steuergeräten umsetzbar. Mit Fahrzeugen, die sich nicht in einem Subnetz des Testgerätes befinden, kann ohne weitere Ergänzungen nicht kommuniziert werden. Durch die Verwendung eines VPN Tunnels zwischen Fahrzeug und Testgerät sind beide Kommunikationspartner auf logischer Ebene im selben Netzwerk. Ein Subnetz Broadcast führt hierbei wieder dazu, dass das Fahrzeug angesprochen werden kann. Alternativ kann ein dedizierter Identifikationsmechanismus umgesetzt werden. Hierfür kann sich das Fahrzeug zum Beispiel auf einem Proxy Server registrieren und die dadurch entstehende Verbindung aufrecht halten. Das Testgerät meldet sich auf demselben Server an und sucht das gewünschte Fahrzeug. Wird dieses gefunden, so werden beide Verbindungen miteinander verknüpft, wodurch das Testgerät mit dem Fahrzeug kommunizieren kann. Beide Ansätze haben den Nachteil, dass eine vom Fahrzeug ausgehende Verbindung verfügbar sein muss. [8] Vorteilig ist jedoch, dass das Fahrzeug nicht direkt angreifbar ist, da es hinter der Infrastruktur des Mobilfunkanbieters verborgen ist. Trotz der beschriebenen Erweiterungen ist DoIP für eine synchrone Anwendung im Werkstattbereich konzipiert, womit das Fahrzeug eine dauerhafte Verbindung zum Testgerät haben muss. Dies ist für eine herkömmliche Testumgebung ausreichend. Die Abdeckung weiterer Anforderungen an die Remote Diagnose ist jedoch nicht oder nur eingeschränkt möglich. So ist zum Beispiel

- Die Konfiguration von onboard Mechanismen
- Rollenbasiertes Rechtemanagement
- Auswertung von im Feld erzeugten Daten ohne Werkstattaufenthalt

nur durch zusätzliche Mechanismen möglich, die im Fahrzeug implementiert werden müssen.

2.5 Gefahren und Probleme

Durch den Zugriff auf das Fahrzeug über das Internet entstehen Herausforderungen in den Bereichen Fahrzeug- und Datensicherheit. Verschlüsselte Kommunikationswege, Authentifizierung und Autorisierung von Fahrzeug und Tester sowie Prüfmechanismen im Fahrzeug [9, 10] sind eine Voraussetzung für die Einführung eines Remote Diagnose Systems. In einem klassischen Diagnoseaufbau sind diese Komponenten nicht oder nur rudimentär enthalten.
Weiterhin gilt es Vor- und Nachbedingungen zu definieren, bevor eine Diagnoseanfrage im Fahrzeug durchgeführt wird. So ist es beispielsweise sicherzustellen, dass das Fahrzeug sicher und für einen bestimmten Zeitraum in der Garage oder auf dem Hof des Besitzers steht, bevor ein Flashvorgang durchgeführt wird. Nach erfolgreicher Durchführung ist eine Interaktion mit dem Benutzer des Fahrzeugs vorstellbar, um die Funktionsfähigkeit der veränderten Komponenten des Fahrzeugs zu überprüfen.

3. Prototyp

Dieses Kapitel zeigt einen Ausschnitt aus den aktuellen Ergebnissen und Arbeitsinhalten sowie einen Ausblick auf den entstehenden Prototypen. Der Prototyp dient der Findung eines Gesamtkonzepts, welches die Bedürfnisse der Remote Diagnose und deren erweiterter Aspekte abdeckt. So sind zusätzlich zu den in Kapitel 2 beschriebenen Aspekten weitere Fragestellungen zu beantworten:

- Wie ist ein sicheres Verbindungsmanagement für Fahrzeuge zu konzipieren?
- Wie werden Fahrzeuge verwaltet, die nicht oder nur selten online sind?
- Wie werden Fahrzeuge adressiert, die eine private IP-Adresse besitzen?
- Welche Daten sind sensibel und müssen geschützt werden?
- Welche Sicherheitsmechanismen sind für das Aktualisieren von Software im Fahrzeug notwendig?
- Welche Standards können verwendet, welche müssen verändert werden?

Der entstehende Prototyp versucht angelehnt an bestehende Konzepte [11, 12] diese und andere Fragen schrittweise zu beantworten und auf eine funktionsfähige Plattform hinzuführen.
Erhebung und Auswertung von Daten aus dem Fahrzeug ist bereits Stand der Technik, aber stets mit einem Werkstattaufenthalt verbunden. Durch den Prototyp soll dieser Erhebungs- und Auswerteprozess von der Werkstatt in das Backend verlagert werden und in kürzeren Intervallen erfolgen. Eine kontinuierliche Überwachung und Auswertung der Fahrzeuggesundheit, Überprüfung von Kennlinien in großem Maßstab, Erstellung von (Verbrauchs-) Statistiken über eine Vielzahl von Fahrzeugen bis hin zur Öffnung für Drittanbieter und einen an das Smartphone angelehnten App-Store resultieren daraus.

3.1 Backend

Das Backend besteht aus einer Java Applikation, welche aktuell auf einem Server am FKFS in Stuttgart ausgeführt wird. Die Applikation ist dazu in der Lage mehrere Fahrzeuge und mehrere Benutzer parallel zu bearbeiten. Jeder aufgebauten autorisierten Verbindung werden ein Thread und ein Speichermanager zugewiesen. Alle ein- und ausgehenden Daten werden über diesen Speichermanager verarbeitet. Dies gewährleistet einen sicheren Datenfluss und asynchrone Diagnosevorgänge. Über einen Verbindungsmanager werden bestehende Verbindungen zu Fahrzeugen mit den Verbindungen zu Benutzern gepaart, wodurch synchrone Diagnosevorgänge durchgeführt werden können. Auf dem Server gespeicherte Daten sind nach erfolgreicher Autorisierung für den Benutzer einsehbar.
Das Backend beinhalt eine Datenbank, in welcher Fahrzeuge, Benutzer, Daten und Rechte verwaltet werden. Ein Tester kann Anfragen in das Backend hochladen. Diese Anfragen sind für ein einzelnes oder für eine Menge von Fahrzeugen bestimmt. Sobald ein betroffenes Fahrzeug eine Verbindung mit dem Backend herstellt, werden die dafür bestimmten Anfragen vom Fahrzeug ausgeführt. Im Backend gespeicherte Anfragen können mit einem Zeitgeber versehen werden, um die Ausführung einer Abfrage beispielsweise frühestens zu einem bestimmten Zeitpunkt durchzuführen.

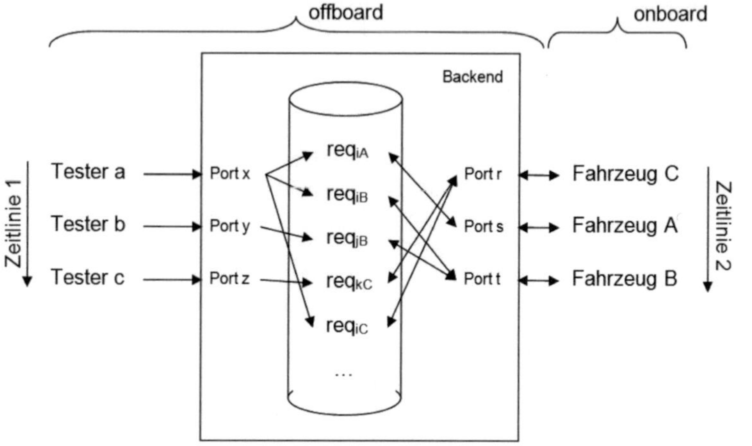

Bild 5: *Asynchrone Kommunikation (vereinfacht)*

Der Zugriff auf das Backend erfolgt über eine Sicherheitskomponente, welche die eingehende Verbindung auf deren Rechte und Ursprung untersucht. Nicht autorisierten Benutzern oder Fahrzeugen wird der Zugriff verweigert. Im nächsten Schritt pflegt das Verbindungsmanagement die Verbindungsdaten in der Datenbank ein und übergibt den eingehenden Datenstrom an das Funktionenmanagement. Dieses bestimmt das verwendete Protokoll und stellt die notwendigen Daten, Funktionen und Informationen zur Verfügung. Dieser Aufbau ist schematisch in *Bild 6* zu sehen.

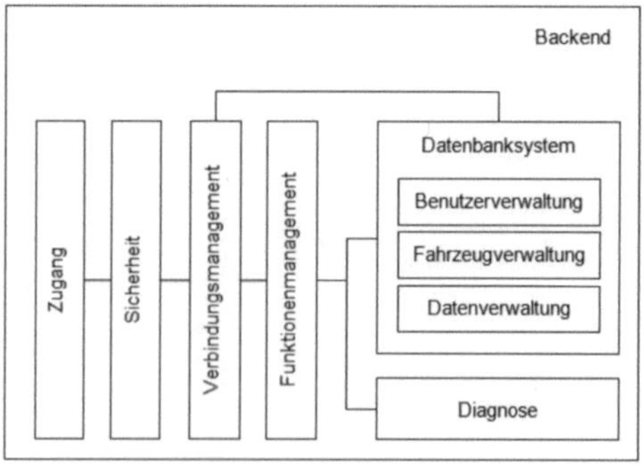

Bild 6: *Backend (vereinfacht)*

3.2 Fahrzeug

Der Zugriff auf das Fahrzeugnetzwerk erfolgt mittels eines Laptops, welcher über den D-CAN mit dem Fahrzeug verbunden ist. Eine darauf arbeitende Java Applikation stellt die Verbindung zum Backend her, lädt bereits erstellte Diagnoseanfragen herunter und wartet auf weitere. Ist das Fahrzeug online, kann synchrone Diagnose betrieben werden. Ein hierfür zuständiger Mechanismus innerhalb der Applikation speichert die Anfragen in einem Puffer, entpackt die Diagnosebotschaften wie in *Bild 7* dargestellt, leitet diese in das Fahrzeugnetzwerk weiter, versieht die Antwort mit einer ID und schickt die verpackte Antwort an das Backend.

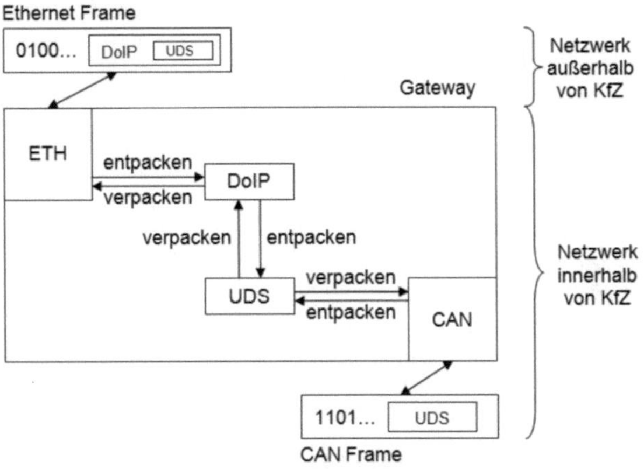

Bild 7: *Gateway mit Protokollwandler (vereinfacht)*

In weiteren Schritten wird die bestehende Applikation auf einen BeagleBone Black [13] portiert, welcher über eigenentwickelte Hardware auf den D-CAN und weitere Fahrzeugbusse zugreifen kann. Der BeagleBone Black wird parallel zu dem im Fahrzeug verbauten Gateway betrieben. Hierdurch agiert er als Schnittstelle zum Fahrzeug und ist zusätzlich dazu in der Lage den Informationsaustausch der Steuergeräte mitzuschneiden. Ein hierfür konzipierter Onboard Data Collector (OBDC) speichert ausgewählte Informationen und wertet diese aus. Dies ist ohne eine Verbindung zum Internet möglich. Das Steuern und Konfigurieren, sowie das Herunterladen von Daten des OBDC ist hingegen nur möglich, wenn eine Verbindung hergestellt werden kann.

3.3 Frontend

Die Umsetzung des Frontends erfolgt im aktuellen Prototyp über eine Java Applikation. Der Benutzer hat hierbei die Möglichkeit, sich beim Backend anzumelden und bekommt nach erfolgreicher Authentifizierung eine Rolle zugewiesen sowie Zugriff auf die im Backend hinterlegten Fahrzeuge und Funktionen. Die verwendeten Rollen sind aufgeteilt in Aftersales, Werkstatt und Besitzer und unterscheiden sich in den dazugehörigen Rechten. Diese sind exemplarisch in *Bild 8* zu finden.

	Aftersales	Werkstatt	Besitzer
Flashen	x	x	-
Herstellerspezifischer Diagnoseumfang	-	x	-
Gesetzlicher Diagnoseumfang	-	x	x
...			

Bild 8: *Rollenverteilung*

3.4 Protokoll

Das für den Prototypen entwickelte Protokoll dient der Funktionssteuerung und Datenübertragung zwischen Fahrzeug und Backend. Die Steuerung der Funktionen erfolgt kodiert in einzelnen Bytes. Die Übertragung von Diagnoseanfragen- und Antworten erfolgt im Payload-Feld des Protokolls und ist OBD beziehungsweise UDS konform.
Weitere Inhalte des Protokolls sind unter anderem folgende Felder:

1. ID
   Wird benötigt, um Anfrage und Antwort im asynchronen Fall zueinander zuordnen zu können. Die ID wird von der Anfragenden Komponente zufällig generiert.
2. Zeitstempel
   Ein Zeitstempel wird optional zu jedem erhobenem Datensatz hinzugefügt. So ist es zum Beispiel möglich einen Geschwindigkeitsverlauf auf der Zeitachse des Fahrzeugs zu plotten.
3. Protokollversion
   Dient der Auseinanderhaltung der verschiedenen Entwicklungsversionen des Protokolls.
4. Steuerungsinformationen
   Informationen für das Funktionenmanagement aus *Bild 6*. Hierdurch kann der OBDC konfiguriert und ausgelesen, sowie Daten hoch- und heruntergeladen werden.
5. Paketierungsinformationen
   Gibt den Paketierungsmodus der übertragenen Pakete an.

Das Funktionenmanagement aus *Bild 6* ist dazu in der Lage dieses Protokoll und DoIP zu erkennen sowie zu verarbeiten.

4. Zusammenfassung und Ausblick

Der vorgestellte Prototyp ist ein erster Entwurf einer Remote Diagnoseanwendung und bietet Raum für Ergänzung, Optimierung und Entwicklung. In weiteren Entwicklungsschritten werden die verschiedenen Ansätze validiert und darauf aufbauend die einzelnen Komponenten weiter entwickelt. Fokus wird auf dem Entwurf eines Protokolls liegen, welches sowohl asynchrone als auch synchrone Diagnosevorgänge unterstützt und in etablierten Systemen anwendbar ist.

Dieser Beitrag schafft somit die Grundlagen für ein Remote Diagnose und Wartungs System, welches über die gebräuchlichen Diagnoseumfänge hinausgeht. Ähnlich wie bei der Etablierung des Smartphones im Alltag entstehen durch die erweiterte Mobilisierung des Fahrzeugs zahlreiche neue Anwendungsfälle und Geschäftsfelder. Diese gilt es zu untersuchen und dem Anwender durch eine geeignete Implementierung zur Verfügung zu stellen.

Sei es durch optimierte Entwicklungszyklen, ausgereiftere Fehlersysteme im Fahrzeug oder intelligentere Fahrerassistenzsysteme. Die Grundlage hierfür wird eine Mobilfunkverbindung mit dem Fahrzeug sein, die einen tiefen Eingriff in das elektronische Innenleben ermöglicht und durch ein Backend gestützt wird. Zu jeder Zeit. An jedem Ort.

Danksagung

Dieser Artikel ist in enger Kooperation mit der Dr. Ing. h.c. F. Porsche AG Weissach sowie dem Lehrstuhl für Kraftfahrzeugmechatronik am Forschungsinstitut für Kraftfahrwesen und Fahrzeugmotoren Stuttgart (FKFS) entstanden.

Literatur

[1] *Spiegel Online Auto*. Abgerufen am 01.04.2015 von http://www.spiegel.de/auto/aktuell/audi-a4-rueckruf-softwarefehler-kann-fuer-probleme-bei-airbags-sorgen-a-998896.html

[2] *wired*. Abgerufen am 08.04.2015 von wired: http://www.wired.com/2014/02/teslas-air-fix-best-example-yet-internet-things/

[3] vector. Abgerufen am 06.04.2015 von vector: http://vector.com/portal/medien/cmc/press/PDG/Diagnose_Kongress_Elektronik Automotive_200703_PressArticle_DE.pdf

[4] samtec. Abgerufen am 06.04.2015 von samtec: http://www.samtec.de/en/hauptmenu/produkte/hardware/hsc/

[5] emotive. Abgerufen am 06.04.2015 von emotive: https://www.emotive.de/index.php/de/doc/car-diagnostic-systems/applications/mvci

[6] ISO 22900. International Organization for Standardization: http://www.iso.org

[7] ISO 13400. International Organization for Standardization: http://www.iso.org

[8] M. Johanson, P. Dahle, A. Söderberg (2011), "Remote Vehicle Diagnostics over the Internet using the DoIP Protocol", in: *ICSNC 2011, The Sixth International Conference on Systems and Networks Communications* , S. 226-231.

[9] D. K. Nilsson, L. Sun, T. Nakajima, "A framework for self-verification of firmware updates over the air in vehicle ECUs", in: *GLOBECOM Workshops, 2008 IEEE*. IEEE, 2008.

[10] D. K. Nilsson, U. E. Larson, "Secure firmware updates over the air in intelligent vehicles", in: *Communications Workshops, 2008. ICC Workshops' 08. IEEE International Conference on*. IEEE, 2008.

[11] M. Johanson, L. Karlsson, T. Risch, "Relaying controller area network frames over wireless internetworks for automotive testing applications", in: *Systems and Networks Communications, 2009. ICSNC'09. Fourth International Conference on*. IEEE, 2009.

[12] J. Munson et al, "A rule-based system for sense-and-respond telematics services", in: *Proceedings of the 2005 workshop on End-to-end, sense-and-respond systems, applications and services*. USENIX Association, 2005.

[13] beagleboard. Abgerufen am 12.04.2015 von beagleboard: http://beagleboard.org/BLACK

17 Diagnose in der Bahntechnik – Status quo und Perspektiven

Dipl.-Ing. **Jean-Pierre Pally**, TU Dresden, Dresden

Abstract

The railway technology is characterized by the long life cycle of the vehicles, their fixed maintenance intervals and complex approval processes. Diagnostic systems are from minor importance in the development process of railway vehicles. The introduction of new processes and technologies fails continually due to the lack of migration strategies.
A new holistic approach for a diagnosis architecture includes the definition of requirements, the design process of the diagnostic system, the performing of diagnostics, the transmission of diagnostic information to a control center and the preparation of the maintenance. It also considers approaches for a successful migration of the diagnostic system and the evaluation of diagnostic data.

Kurzfassung

Die Bahntechnik ist durch die Langlebigkeit der Fahrzeuge, deren feste Instandhaltungsintervalle und komplexe, langwierige Zulassungsprozesse geprägt. Diagnosesysteme sind im Entwicklungsprozess von Schienenfahrzeugen von untergeordneter Bedeutung. Das Einführen neuer Prozesse und Technologien scheitert immer wieder an fehlenden Migrationsstrategien.
Eine neue ganzheitliche Diagnosearchitektur umfasst die Definition der Anforderungen, das Projektieren des Diagnosesystems, das Durchführen des Diagnoseprozesses, das Übermitteln von Diagnoseinformationen an eine Leitstelle und die Vorbereitung der Instandhaltung. Darüber hinaus berücksichtigt sie Ansätze für eine erfolgreiche Migration von Diagnosesystemen und die Auswertung der Diagnosedaten.

1. Einleitung

In der Bahntechnik sind gegenüber der Kraftfahrzeugtechnik andere Betriebs-, Besitz- und Instandhaltungsszenarien prägend. Die Instandhaltung erfolgt häufig beim Betreiber (ehemalige Staatsbahnen), teilweise auch bei beauftragten Unternehmen oder beim Hersteller (kleine, private Flotten). Bei Neufahrzeugen ist die Verfügbarkeit der Fahrzeuge mit deren Herstellern vertraglich geregelt. Die Nachweisführung stellt hier momentan eine besondere Herausforderung dar.
Die für die Bahntechnik typischen kleinen Stückzahlen verteuern nicht nur die Fahrzeuge, sondern auch das Finden und Beseitigen systematischer Fehler. Beim Ausfall eines Zuges sind wesentlich mehr Personen betroffen als beim Ausfall eines Pkws oder Busses. Die Folgen sind hohe Kosten für Kundenentschädigungen und Infrastrukturblockierung. Die verteilten Antriebssysteme in Triebzügen und die Möglichkeit

der teilredundanten Antriebsausführung in Lokomotiven stellen im Hinblick auf die Verfügbarkeit einen Systemvorteil dar.
In der Bahntechnik sind viele Anforderungen an Fahrzeugsysteme und -komponenten normativ geregelt, an deren Einhaltung die Systeme gemessen werden. Für eine Diagnose auf Fahrzeugebene stehen nur zuvor definierte und zum Fahrzeugbus übertragene Werte zur Verfügung. Die veränderliche Zusammenstellung von Zügen und der häufige Verzicht auf Prototyp- und Nullserienfahrzeuge sind weitere Herausforderungen.
Die Migration von Innovationen in Schienenfahrzeugen gestaltet sich in der Regel aufgrund der langen Nutzungsdauer der Fahrzeuge, der vorhandenen Standards und der heutigen Zulassungsverfahren schwierig.

2. Spezielle Anforderungen an Schienenfahrzeuge und ihre Komponenten

Die Anforderungen an Schienenfahrzeuge und deren Komponenten lassen sich grob in die Cluster allgemeine, mechanische, elektrische, leit- und sicherungstechnische und betriebliche Anforderungen unterteilen.
Zu den allgemeinen Anforderungen gehört insbesondere die Kompatibilität zur Infrastruktur und zur Umwelt. Die Kompatibilität hat große Rückwirkungen auf die anderen Cluster, vor allem wenn das Fahrzeug interoperabel (theoretisch freizügig in Europa) oder wenigstens in Netzen mit verschiedenen Anforderungen (Vollbahn/Stadtbahn) einsetzbar sein soll. Hier ist neben den elektrischen und mechanischen Anforderungen die Spurweite ein wesentlicher Einflussfaktor. Zu den umweltrelevanten Aspekten zählen die Emissionen (Schadstoffe, Partikel, CO_2, Lärm) und die elektromagnetische Verträglichkeit, wobei sich letztere auch in den elektrischen sowie leit- und sicherungstechnischen Anforderungen wiederfindet. Dies wird von einer Fahrzeugnutzungsdauer von etwa 30 – 40 Jahren (Triebzüge, Wagen) bzw. 40 – 60 Jahren (Lokomotiven) begleitet, wobei einige Fahrzeugsysteme nach der Hälfte der Einsatzzeit ersetzt werden.
Die wichtigste mechanische Anforderung an Komponenten für Schienenfahrzeuge ist, dass sie bahnfest sein sollen. Der Begriff Bahnfestigkeit fasst alle Anforderungen zusammen, die sich aus der Längsdynamik im Zugverband und der Interaktion der Schienenfahrzeuge mit den Gleisen und dem Oberbau ergeben.
Zu den elektrischen Anforderungen gehören neben den aus der allgemeinen Elektrotechnik bekannten auch spezielle, wie die Versorgungsspannung der Fahrleitung bei elektrischen Bahnen und die zum Teil daraus resultierende Spannung in den Bordnetzen und Zugsammelschienen. Wesentliche Kenngrößen zeigen die Tabellen 1 und 2.

Tabelle 1: zulässige Fahrleitungsspannungen [1]

Stromver-sorgungs-system	niedrigste nichtper-manente Spannung	niedrigste Dauer-spannung	Nenn-spannung	höchste Dauer-spannung	höchste nichtper-manente Spannung
Gleich-spannung	400 V	400 V	600 V	720 V	800 V
	500 V	500 V	750 V	900 V	1000 V
	1000 V	1000 V	1500 V	1800 V	1950 V
	2000 V	2000 V	3000 V	3600 V	3900 V
Wechsel-spannung	11000 V	12000 V	15000 V[1]	17250 V	18000 V
	17500 V	1900 V	25000 V[2]	27500 V	29000 V

[1] Nennfrequenz 16,7 Hz, [2] Nennfrequenz 50 Hz

Tabelle 2: zulässige Spannungen in der Zugsammelschiene [2]

niedrigste kurzzeitig zulässige Spannung (10 Min.)	dauerhaft zulässige Mindest-spannung	Nominal-spannung und -frequenz	dauerhaft zulässige Höchst-spannung	höchste kurzzeitig zulässige Spannung (5 Min.)	Ab-schalt-span-nung
700 V	800 V	1000 V 16,7/22/50 Hz	1150 V	1200 V	1250 V
1050 V	1140 V	1500 V 50 Hz	1650 V	1740 V	1860 V
900 V	1000 V	1500 V 0 Hz	1800 V	1950 V	2050 V
1800 V	2000 V	3000 V 0 Hz	3600 V	3900 V	4050 V

Vor allem in internationalen Verkehren eingesetzte Reisezugwagen müssen mit den in Tabelle 2 genannten Spannungssystemen betreibbar sein. In Triebzügen ist dies weniger relevant, da die Bordnetzspannung in diesem Fall über Bordnetzumrichter bereitgestellt wird. Interoperable Triebfahrzeuge müssten unter den in Tabelle 1 aufgezählten Spannungen betreibbar sein (ausgenommen 600 V und 750 V, die nur bei Stadt-/S-/U-Bahnen eingesetzt werden). Antriebstechnisch ist dies möglich, wird aber durch Randbedingungen aus der Leit- und Sicherungstechnik erschwert.

Die streckenseitige Leit- und Sicherungstechnik ist weiterhin stark durch die Strukturen der ehemaligen Staatsbahnen geprägt. Vereinheitlichungsbestrebungen im Sinne eines europäischen Zugsicherungssystems werden langsam umgesetzt. Die Leittechnik auf den Schienenfahrzeugen ist durch die Hersteller geprägt, obwohl es hierfür seit längerer Zeit Lösungen für eine Vereinheitlichung gibt [3].

Betriebliche Anforderungen sind neben den flexibel anpassbaren Gefäßgrößen bei allen Bahnverkehren die zum Teil häufigen Fahrgastwechsel im Personenverkehr, ähnlich wie sie im Bus-/Fernbusverkehr auftreten.

3. Randbedingungen für Diagnosesysteme in Schienenfahrzeugen

Die Randbedingungen für den Einsatz von Diagnosesystemen in Schienenfahrzeugen variieren mit dem Einsatzzweck derselben. Einen Überblick hierzu gibt Abbildung 1.

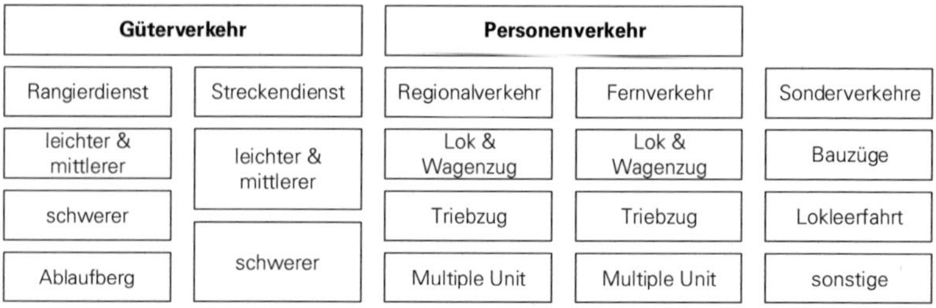

Bild 1: *Klassifizierung der Einsatzzwecke von Schienenfahrzeugen*

In Triebfahrzeugen, d. h. Lokomotiven und Triebzügen, ist seit Einführung des elektrischen Zugbetriebes bzw. der elektrischen Zugbeleuchtung und der induktiven Zugsicherung eine elektrische Energieversorgung vorhanden. Die Integration von Mikroprozessortechnik in die Fahrzeugsteuerung seit Ende der 1970er Jahre ermöglicht eine Diagnose, die über Leuchtmelder hinausgeht. In Personenwagen wurde eine leistungsfähige elektrische Energieversorgung erst nach 1966 flächendeckend in Form der Zugsammelschiene eingeführt (800 kVA, Spannungen vgl. Tabelle 2). Zuvor bestand die Elektroenergieversorgung aus einem Achsgenerator (5 kW pro Wagen) und einem Akkumulator. Ein durchgehender Fahrzeugbus ist für Wagen des Personenverkehrs weitestgehend eingeführt, folgt aber insbesondere bei Triebzügen bisher keinem einheitlichen Standard. Güterwagen haben bis heute bis auf einige Ausnahmen weder eine elektrische Energieversorgung noch einen Fahrzeugbus. Daher ist auf Triebfahrzeugen und Reisezugwagen eine Diagnose leicht möglich, in Güterwagen ist dies mit scheinbar unüberwindbaren Hindernissen verbunden. Im Güterverkehr stellt dies darüber hinaus einen Wettbewerbsnachteil dar.

Triebfahrzeuge verfügen neben dem Antriebssystem über zahlreiche Subsysteme, die durch ihre unterstützende Funktion den Fahrzeugbetrieb erst ermöglichen. Hierzu zählen die Hilfsbetriebe, die betriebsnotwendigen Verbraucher, die Komfortausrüstung sowie die Bordnetzenergieversorgung. Eine Übersicht gibt Abbildung 2. Sollte einer der Hilfsbetriebe, der betriebsnotwendigen Verbraucher oder die Bordnetzversorgung ausfallen, ist ein Weiterbetrieb nur eingeschränkt oder nicht möglich. In Reisezügen sind aufgrund der Wagenanzahl die Subsysteme aus Abbildung 2 vielfach vorhanden, was den Weiterbetrieb aus Sicht des Fahrgastes weniger stark einschränkt. Dies erhöht aber zugleich den Aufwand für die Instandhaltungsmaßnahmen. Auf die Instandhaltung entfallen etwa 20 % der Lebenszykluskosten für ein Schienenfahrzeug. Ein beispielhaftes Bordnetz eines elektrischen Triebzuges ist in Abbildung 3 dargestellt.

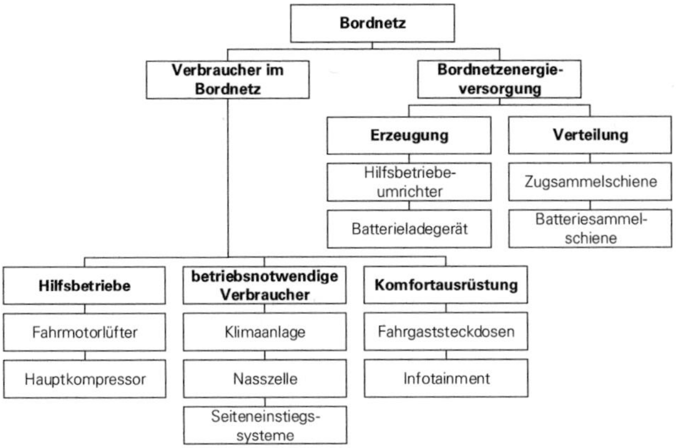

***Bild 2:** Verbraucher im Bordnetz von Schienenfahrzeugen nach [4]*

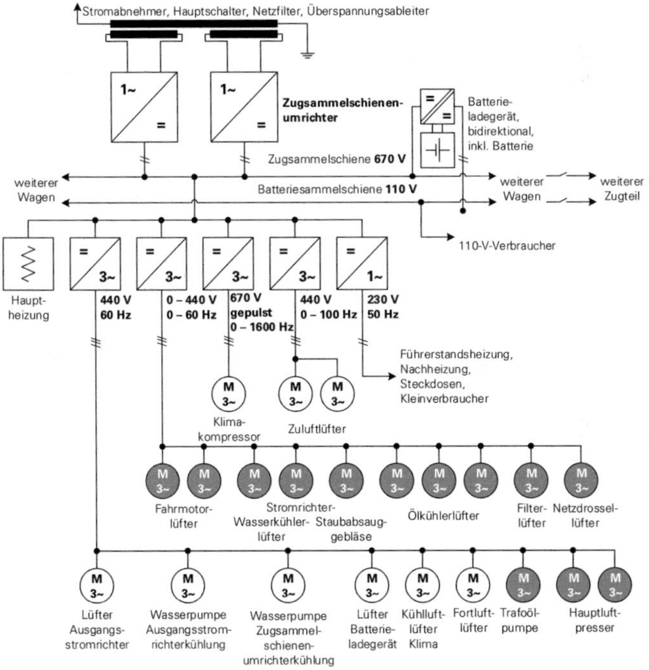

***Bild 3:** elektrisches Bordnetz eines elektrischen Triebzuges*

Die Zielgruppen für Diagnosemeldungen sind im Schienenverkehr zahlreicher als im Straßenverkehr. Der Instandhalter und der Fahrzeugentwickler benötigen Diagnosemeldungen mit einem hohen Detaillierungsgrad und bekommen diese in nachgelagerten

Prozessen. Für den Triebfahrzeugführer und den Zugbegleiter ist der Detaillierungsgrad der Diagnosemeldung weniger ausschlaggebend. Sie müssen jedoch umgehend in Kenntnis gesetzt werden, um den Betrieb des Fahrzeugs sicher und ggf. eingeschränkt aufrechterhalten zu können. Der Flottenmanager muss ebenfalls zeitnah über Diagnosemeldungen informiert werden, wenn sich daraus Konsequenzen für Fahrzeugumläufe ergeben. Die Weitergabe von Diagnosemeldungen an den Fahrgast ist hingegen nur relevant, wenn Komforteinbußen oder Verspätungen zu erwarten sind.

Eine weitere wesentliche Randbedingung für die Diagnose auf Schienenfahrzeugen ist der Betriebszustand, in welchem das Fahrzeug sich befindet. Die typischen Betriebszustände von Eisenbahnfahrzeugen zeigt Abbildung 4. Neben dem Fahrgastbetrieb, was der Regelbetriebszustand von Schienenfahrzeugen des Personenverkehrs ist, sind weitere Betriebszustände möglich, in denen sich die Randbedingungen für die Diagnose ändern, weil nun andere Parameter zulässig sind. Bei Personenwagen betrifft dies vor allem die Klimatisierung, die Seiteneinstiegs- und Wagenübergangssysteme sowie die Beleuchtung. Eine große Herausforderung stellt immer wieder der Werkstattmodus dar, der momentan noch manuell zu aktivieren ist. Er wurde eingeführt, um Diagnosemeldungen, die während der Instandhaltung oder Triebfahrzeugführerschulung auflaufen von solchen aus den normalen Betriebsmodi (aufgerüstet fahrbereit und Abstellbetrieb) unterscheiden zu können.

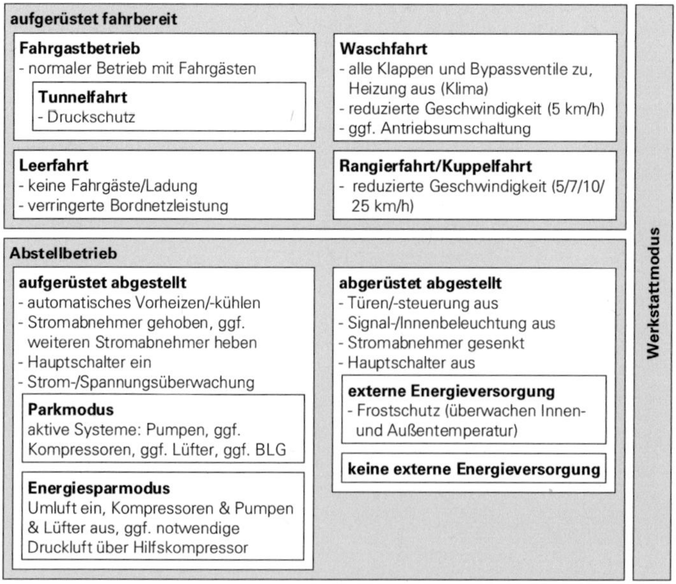

Bild 4: *Verbraucher im Bordnetz von Schienenfahrzeugen des Personenverkehrs*

Einerseits hat die Projektierung des Diagnosesystems bei Fahrzeugprojekten einen geringen Stellenwert und wird in der Regel nebenbei abgearbeitet. Andererseits sind in Schienenfahrzeugen viele Betriebsmittel verbaut, die gleiche oder ähnliche Funktionen bzw. Teilfunktionen aufweisen. Dies stellt ein großes Entwicklungspotential für eine ganzheitliche Diagnosearchitektur zum Einsatz in der Schienenfahrzeugtechnik dar.

4. Bisherige Diagnosesysteme in Schienenfahrzeugen

Die Instandhaltung von Schienenfahrzeugen war und ist nach wie vor stark an festen Intervallen ausgerichtet, die im Allgemeinen als Laufleistung in Kilometern angegeben werden. Bei dieser präventiven Instandhaltung ergeben sich aus dem Grundintervall der Laufwerkskontrolle (z. B. 3 000 km – 4 000 km) weitere, längere Intervalle wie Nachschauen und Fristen, bei denen die im Instandhaltungsplan der Baureihe festgelegten Arbeiten durchgeführt werden. Die Diagnose auf Schienenfahrzeugen soll momentan dazu dienen, im Falle eines Fehlereintritts die korrektive Instandhaltung schneller durchführen zu können, indem das gestörte Element weitestgehend eingegrenzt wird. Sie folgt in der Regel dem in Abbildung 5 gezeigtem Schema.

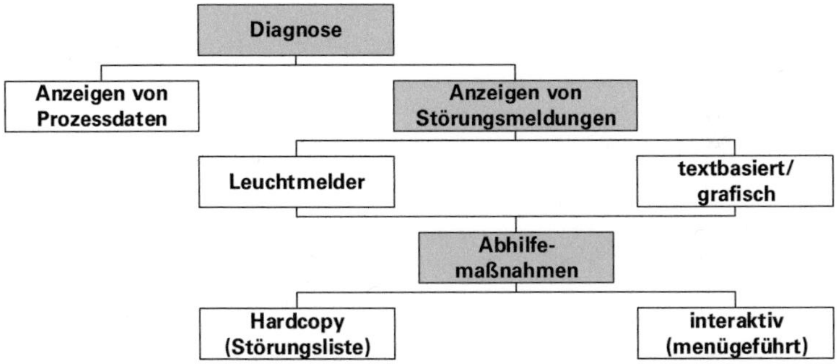

Bild 5: *Status quo der Diagnose in Schienenfahrzeugen*

Komplexe Subsysteme auf Schienenfahrzeugen, wie zum Beispiel Klimatisierungsanlagen und Seiteneinstiegssysteme, haben eigene Diagnosesysteme, welche unabhängig von anderen Fahrzeugsystemen arbeiten. Diese speziellen Diagnosesysteme übertragen nur die im Vorfeld der Integration definierten Meldungen an die Fahrzeugsteuerung und werden von deren Herstellern verantwortet. Eine Verknüpfung der Zustandsinformationen der Subsysteme im Rahmen der Diagnose ist in der Fahrzeugsteuerung bzw. im Diagnoserechner nicht hinterlegt.

Eine nachträgliche Integration von Diagnosesystemen, die aufgrund der langen Lebensdauer von Schienenfahrzeugen erwägenswert erscheint, wird durch die geringe Anzahl von Signalen erschwert, die die Subsysteme an den Fahrzeugbus übertragen. Da eine nachträgliche Änderung der Datenschnittstelle stets sehr aufwendig ist, verbleibt als Option die Ausstattung der Subsysteme mit jeweils separaten Diagnosesystemen.

Die Definition der Datenschnittstellen zwischen Fahrzeugbus und Subsystem erweist sich bereits bei der Fahrzeugprojektierung als Schlüsselfaktor für eine spätere Upgradefähigkeit einzelner Fahrzeugsysteme und damit als sehr schwierig. Dies ist vor allem bei Fragen der Zuverlässigkeit von Nachteil, wenn weder der Systemlieferant noch der Systemintegrator nachweisen können, auf welches Fahrzeugsystem auftretende Fehler zurückzuführen sind.

Das Vormelden von Diagnosemeldungen zur Vorbereitung der Instandsetzung ist in erster Linie bei Triebzügen bereits seit längerer Zeit Stand der Technik, da diese über eine zentrale Informationsinfrastruktur und ein zentrales Datenübertragungssystem verfügen. Für Lokomotiven selbst ist das Vormelden ebenfalls möglich.

Als Defizite der bisher eingesetzten Diagnosesysteme für Schienenfahrzeuge sind festzuhalten:

- Ein Werkstatt-Bit zum Markieren von Meldungen, die während eines Werkstattaufenthalts auflaufen, ist zwar in einigen Schienenfahrzeugen bereits vorhanden, muss aber von Hand gesetzt werden, was eine hohe Wahrscheinlichkeit birgt, dass dies bei Werkstattaufenthalten von Schienenfahrzeugen nicht geschieht.
- Die Diagnoseprojektierung ist ein beiläufiger Prozess in der Systementwicklung.
- Es sind keine standardisierten leittechnischen Schnittstellen für Subsysteme auf Schienenfahrzeuge definiert.
- Auf Schienenfahrzeugen werden verschiedentlich subsystemnahe Diagnosesysteme eingesetzt, die jedoch nicht mit den anderen Diagnosesystemen synchronisiert sind.
- Bereits umgesetzte Diagnosesysteme auf Basis von qualitativen Trendanalysen und Fuzzy-Regeln differenzieren die komplexen Systeme nicht stark genug, sodass die Ergebnisse der Diagnose nicht zufriedenstellend sind.
- Die Umsetzbarkeit von neuen Ansätzen für Diagnosesysteme auf den Fahrzeugen wird nicht in jedem Fall gewahrt.
- Die Diagnosedaten werden teilweise nicht auf dem Fahrzeug, sondern auf der Landseite ausgewertet, was den Zeitpunkt der Diagnosestellung verschiebt und das zu übertragende Datenvolumen erheblich vergrößert.
- In vielen Konzepten beinhaltet das Verständnis von Diagnose nicht das Finden und Benennen der Störungsursache.

5. Anforderungen an Diagnosesysteme in Schienenfahrzeugen

Eine große Anzahl von Subsystemen auf Schienenfahrzeugen ist bereits normativ als überwachungsbedürftig eingestuft. Die betreffenden Systeme sind in Tabelle 3 zusammengefasst.

Tabelle 3: *überwachungsbedürftige Subsysteme von Schienenfahrzeugen*

	Vollbahnen	**Straßen-/Stadt-/U-Bahnen**	
Subsystem	**UIC 557 [5]**	**VDV 164 [6]**	**VDV 166/2 [7]**
Beleuchtung		X	
Bordnetz		X	X
Bremsanlage	X	X	
Datenbusse		X	
Druckluftversorgung	X		
Energieversorgung	X	X	
Fahrausweisentwerter		X	
Fahrgastalarm		X	
Fahrgastinformationssystem	X	X	X
Klimatisierung (HKL)	X	X	X
Kommunikationseinrichtungen		X	X
Kücheneinrichtung	X		
Laufwerk	X		
Sandstreuanlage		X	
Sanitäreinrichtungen	X		
Sensorik		X	
Sicherung			X
Spurkranzschmierung		X	
Steuerung		X	X
Traktionsausrüstung		X	
Türen	X	X	X
Zug-/Stoßeinrichtung		X	

Die Überwachung der in Tabelle 3 genannten Subsysteme ist mit einer ganzheitlichen Diagnosearchitektur realisierbar. Diese muss den folgenden Anforderungen genügen:

- Störungen und deren Ursachen müssen rechtzeitig und eindeutig als solche identifiziert werden, bevor diese die Funktionsfähigkeit einer Komponente einschränken.
- Auftretende Störungen müssen so klassifiziert werden, dass nur tatsächliche Fehler in der Komponente eine entsprechende Diagnosemeldung auslösen.
- Die gestörte Teilkomponente muss der kleinsten wirtschaftlich tauschbaren Einheit zugeordnet werden.
- Standardfehlercodes müssen hinterlegt oder automatisch generiert werden.
- Ein Diagnosesystem muss die Zuverlässigkeit und Verfügbarkeit des Schienenfahrzeugs verbessern und Instandhaltungskosten minimieren.
- Ein Diagnosesystem muss mit einem Instandhaltungssystem koppelbar sein.
- Ein Diagnosesystem muss die Fehlersuchzeit minimieren, die Sicherheit der Anlage gewährleisten, die Produktivität sicherstellen, die Anlagenverfügbarkeit steigern und den Instandhaltungsaufwand senken.
- Eine Diagnosearchitektur muss übersichtlich, nachvollziehbar und abänderbar sein.
- Ein Diagnosesystem sollte automatische Reaktionen ausführen können.

- Die Datenbasis des Diagnosesystems muss als Grundlage für eine Differentialdiagnose dienen können.
- Ein Diagnosesystem muss darüber hinaus
  - einen entsprechenden Instandhaltungs- bzw. Instandsetzungsauftrag auslösen können,
  - an verschiedene Komponenten anpass- sowie erweiterbar sein und
  - den Werkstattmodus automatisch erkennen, sofern dieser nicht durch Fahrzeugleittechnik vorgegeben wird.

Die oben genannten Bedingungen sind erfüllbar, wenn der Definition des Diagnosesystems eine strukturierte Diagnosearchitektur zugrunde liegt.

6. Ganzheitliche Diagnosearchitektur zur Anwendung in der Schienenfahrzeugtechnik

Die Diagnosearchitektur gibt eine klare Struktur vor, die für alle zu betrachtenden Subsysteme gleich ist. Sie wird in Abbildung 6 veranschaulicht.

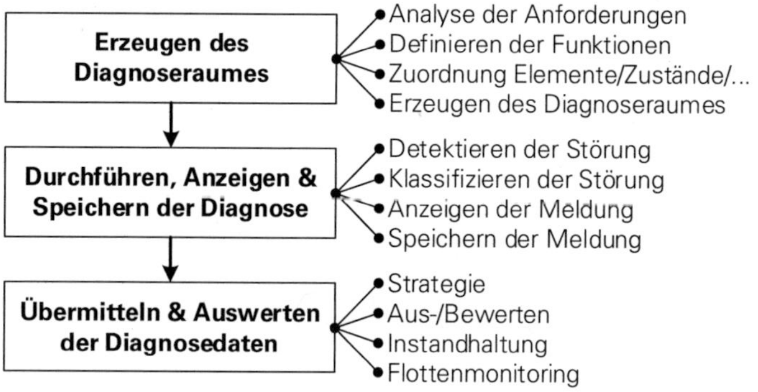

Bild 6: *Struktur der ganzheitlichen Diagnosearchitektur*

Die Struktur der ganzheitlichen Diagnosearchitektur beginnt im Gegensatz zu anderen Ansätzen bereits beim Design der Fahrzeugkomponenten und reicht vom Entwurf des Diagnosesystems über den Diagnoseprozess bis hin zur Instandhaltung. Im Einzelnen liegen der Diagnosearchitektur die folgenden Schritte zugrunde:

Schritt 1 – Definition der Anforderungen
Zunächst werden die Anforderungen aus den Normen und die Anforderungen des Betreibers zusammengetragen, um die funktionellen Anforderungen an das System zu formulieren. Neben den international und europaweit gültigen Normen sind nationale Vorschriften zu berücksichtigen. Sind die Subsysteme einmal umfänglich anhand der an sie gestellten Anforderungen beschrieben, reicht bei weiteren Projekten i. d. R. eine Differenzanalyse, um die Anforderungen aktuell zu halten. Komplexe Systeme wie Klimatisierungsanlagen und Seiteneinstiegssysteme können ihrerseits in Teilsysteme untergliedert werden, um eine effiziente Anforderungsanalyse durchzuführen. Darüber hinaus sind insbesondere die zu betrachtenden Verbraucher im

Bordnetz in den meisten Fällen in einen Versorgungs-, Antriebs- und Arbeitsteil differenzierbar, an die unterschiedliche Anforderungen gestellt werden. Abbildung 7 enthält Beispiele für diese Unterteilung. Da an die einzelnen Subsystemteile immer ähnliche Anforderungen gestellt werden, vereinfacht dies die Anforderungsdefinition für den Systementwurf und das Diagnosesystem.

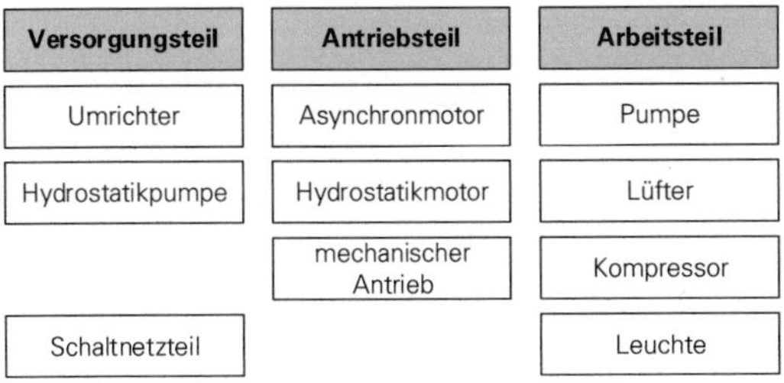

Bild 7: *Unterteilung eines Subsystems*

Schritt 2 – Definition der Funktionen

Entsprechend den Anforderungen werden die Funktionen definiert, die das System erfüllen muss. Daraus ergeben sich einerseits die Funktionselemente, die (Teil-) Funktionen ausführen müssen, und andererseits Überwachungselemente für bestimmte Systemzustände oder Funktionselemente.

Schritt 3 – Definition der Zustände und Störungsarten

Die Funktions- und Überwachungselemente sind dahingehend zu analysieren, wann sie aktiv sind, das heißt, eine Funktion erfüllen, und wie sie gestört sein können. Weiterhin werden Zuordnungen getroffen, die festlegen, welches der Überwachungselemente Hinweise zum Status bestimmter Funktionselemente geben kann. Hierbei werden auch komplexe Systemzusammenhänge und Umfelddaten berücksichtigt. Die möglichen Störungsarten sind so gewählt, dass möglichst wenige die auftretenden Störungen der betrachteten Systeme beschreiben können.

Schritt 4 – Berechnen des Diagnoseraums

Aus der bisher durchgeführten Beschreibung der Systeme kann durch geeignete Verknüpfung der Informationen der Diagnoseraum, das heißt die Gesamtzahl der möglichen Diagnosen, berechnetet werden. Der Diagnoseraum ist vollständig, wenn alle Teilfunktionen mit entsprechenden Sensoren überwacht werden. Für die Berechnung des Diagnoseraumes werden die Sensoren zunächst nur funktional beschrieben. Sollten bestimmte Sensorfunktionen nicht umsetzbar oder nicht gewünscht sein, wird der Diagnoseraum entsprechend eingeschränkt.

Schritt 5 – Überwachen der Funktionen

Dieser Teilschritt ist der Beginn des Diagnoseprozesses. Das Diagnosesystem überwacht die Funktionen des Systems auf einen störungsfreien Ablauf. Die Umsetzung des Diagnoseprozesses ist in hohem Maße von der Migrationsstrategie des Diagnosesystems und dem betrachteten Fahrzeugtyp abhängig. In Triebzügen sollte beispielsweise die zentrale Integration des Diagnosesystems mit ebenfalls zentraler Datenspeicherung angestrebt werden. Bei lokbespannten Zügen sollte das Diagnosesystem zentral im Fahrzeug integriert werden. Das Vormelden erfordert jedoch ein Übertragen der Diagnosemeldungen an das führende Triebfahrzeug oder einen speziell ausgerüsteten Wagen des Zugverbandes. Ein zeitgesteuertes Auslesen von Sensoren und Abfragen von Steuergeräten ist für zentral im Zug oder Fahrzeug angeordnete Diagnosesysteme die grundsätzliche Funktionsweise. Beim Einsatz von Smartsensoren und dezentralen Diagnosegeräten kann das Übermitteln von Diagnosedaten eventgesteuert erfolgen.

Schritt 6 – Detektion einer Störung
Tritt eine Störung auf, wird sie aufgrund der im Diagnosesystem hinterlegten Sollwerte und -zustände detektiert. Dabei können Daten des Umfeldes, das sind andere Fahrzeugsysteme sowie Umwelteinflüsse, dazu beitragen, die Ursache einer Störung auch außerhalb des Systems zu lokalisieren.

Schritt 7 – Klassifizieren einer Störung
Die detektierten Störungen werden entsprechend ihrem Einfluss auf den sicheren Betrieb des Systems priorisiert. Diese Einteilung erfolgt statisch oder dynamisch analog der Auftretenshäufigkeit einer Störung. Weiterhin wird berücksichtigt, ob die Störung innerhalb oder außerhalb des betrachteten Systems lag. Falls erforderlich, werden automatische Reaktionen ausgelöst, um einen sicheren Zustand herzustellen.

Schritt 8 – Anzeige
Die Diagnosemeldungen werden den relevanten Zielgruppen (Triebfahrzeugführer, Zugbegleiter, Instandhalter, Flottenmanager, Fahrgast, Fahrzeugentwickler) im Zug in angepasster Detaillierung angezeigt. Betriebliche Meldungen werden nicht unbedingt angezeigt.

Schritt 9 – Kodieren der Diagnosemeldung
Das Kodieren der Diagnosemeldungen dient dazu, den notwendigen Speicherplatz und die Größe des vom Fahrzeug an die Landseite zu übertragenden Datensatzes zu verringern, ohne den Informationsgehalt der kodierten Diagnosemeldung zu beeinträchtigen. Das Kodieren kann parallel zum Anzeigen der Diagnosemeldungen im Fahrzeug geschehen.

Schritt 10 – Speicherstrategie
Ausgehend von der Klassifikation der Störung wird die Störung im Historien-, Statistik- oder Protokollspeicher abgelegt. Der Protokollspeicher dient dazu, betriebliche Meldungen von Störungsmeldungen zu unterscheiden, indem diese in physisch getrennten Speichermedien abgespeichert werden.

Schritt 11 – Übermittlungsstrategie
Die Übermittlungsstrategie für die Diagnosemeldungen ist entsprechend den Betreiberanforderungen anpassbar. Dies ist notwendig, um keine unnötigen Kosten durch Übertragungsentgelte zu erzeugen. Für den interoperablen Fernverkehr verbleiben als Übertragungswege GSM-R (Bahnmobilfunk) und LTE. Für Betreiber regionaler Netze oder von Stadtbahnen kann die Übertragung via WLAN eine Alternative sein, bei der keine Übertagungsentgelte zu entrichten sind.

Schritt 12 – Aus-/Bewerten der Daten
Die übermittelten Daten werden im zentralen oder nächstgelegenen dezentralen Server analysiert. Die Ergebnisse der Analyse werden an die Instandhaltung und das Flottenmonitoring weitergeleitet.

Schritt 13 – Instandhaltung/Flottenmonitoring
Anhand der ausgewerteten Daten wird zum einen die Instandhaltung oder Instandsetzung durchgeführt und zum anderen dienen sie zum Flottenmonitoring, um einen Überblick über die Zuverlässigkeit der Fahrzeuge und einzelner Fahrzeugsysteme zu bekommen und eventuelle systematische Fehler zu entdecken.

Um die in Abschnitt 4 genannten Defizite zu beseitigen, beinhaltet die ganzheitliche Diagnosearchitektur einen eigenen Prozess zum Ermitteln der Anforderungen an die Subsysteme und Berechnen des Diagnoseraumes. Dieser Prozess ist für alle Subsysteme gleich. In das Erstellen der Diagnosemeldungen werden Umfelddaten einbezogen, die ein Erkennen von Störungen ermöglichen, deren Ursachen außerhalb des betrachteten Subsystems liegen. Die für alle Subsysteme einheitlichen Diagnosemeldungen benennen neben der Art der Störung auch die Störungsursache.

Die einheitlichen Meldungen, das Klassifizieren derselben und die Übermittlungsstrategien berücksichtigen beispielhaft die Anforderungen aus Abschnitt 5.

7. Zusammenfassung

Die Diagnosetechnik in Schienenfahrzeugen orientiert sich nach wie vor an den festen Instandhaltungsintervallen für diese. Die Langlebigkeit der Fahrzeuge und komplexe Zulassungsverfahren und -bedingungen erschweren die Integration innovativer Prozesse und Technologien. Mit der ganzheitlichen Diagnosearchitektur soll das schrittweise Einführen von und ein besseres Verständnis für leistungsfähige Diagnosesysteme im Bereich der Schienenfahrzeugtechnik ermöglicht werden.

Literatur

[1] DIN EN 50163 – Bahnanwendungen – Speisespannungen von Bahnnetzen. Juli 2005.

[2] UIC-Kodex 550 – Elektrische Energieversorgungseinrichtungen für Wagen der Reisezugwagenbauart. April 2005.

[3] DIN EN 61375-1 – Elektrische Betriebsmittel für Bahnen – Zug-Kommunikations-Netzwerk (TCN) – Teil 1: Allgemeiner Aufbau.

[4] S. Giebel und T. Frenzke, „Strategien zur intelligenten Steuerung der Bordnetzverbraucher elektrischer Schienenfahrzeuge am Beispiel der Rückspeisung“, In: *24. Verkehrswissenschaftliche Tage. 20.-21. März 2014*, Dresden.

[5] UIC-Kodex 557 – Diagnosetechnik in Reisezugwagen. Januar 1998.

[6] VDV 164 – System zur Fehlererfassung, -registrierung und -meldung (FERM) auf schienengebundenen Fahrzeugen des ÖPNV. April 1995.

[7] VDV 166/2 – Anforderungen an die Fahrzeugsteuerung von Stadt- und U-Bahn-Fahrzeugen – Teil 2: Diagnosesystem. April 2005.

18 Einstellbare Verkopplungsregelung für ein Duplex-Aktorsystem einer achsparallelen elektrischen Servolenkung (EPS)

M.Sc. **Philipp Keßler**, TU Darmstadt, Darmstadt

Abstract

An electrification of vehicles for fuel reduction and installation effort reduction happens. In the course of this hydraulic power steering is replaced by electrical power steering. Designing the actuator redundant is a straightforward way to get such a system fault tolerant and to increase the safety of a car. Because of the mechanically rigidly coupling of the actuators an ascending oscillation of the forces, with high amplitudes, can appear. To prevent such an ascending oscillation a coupling control can be used. The presented coupling control should also be used for the distribution of the actuating power. So the System can be reconfigured, if a fault is detected by model based fault detection. The reconfiguration should be bumpless, because a wrong reaction of the drive could be evoked, if we have a bump in the steering. The load torques of the wheels shouldn't be controlled. This means no higher actuating power should be added, than desired. The goal is that the actuators act predetermined in the fault-free case as well as in faulty (reconfigured) case, such that the changes can be considered by the overlaying controls.

Kurzfassung

Im Rahmen der Elektrifizierung von Fahrzeugen werden zur Reduktion von Kraftstoffverbrauch und Montageaufwand anstelle von hydraulischen elektrisch angetriebene Servolenkungen eingesetzt. Ferner sind sie eine Voraussetzung für bestimmte Fahrerassistenzsysteme. Um diese Systeme fehlertolerant zu gestalten und somit die Sicherheit eines Fahrzeuges zu erhöhen, liegt es nahe, die Aktorik redundant auszulegen. Dies führt bei Duplex-Strukturen jedoch dazu, dass sich mechanisch starr miteinander gekoppelte Aktoren gegenseitig aufschwingen können, was zu hohen Belastungen der Komponenten führt. Es wird im Folgenden eine Verkopplungsregelung vorgestellt die dies verhindert. Gleichzeitig soll sie genutzt werden um die Stellenergie der beiden Aktoren beliebig aufzuteilen, um im Fehlerfall, nach einer modellgestützten Fehlerdiagnose, das System rekonfigurieren zu können. Die Rekonfiguration soll hierbei möglichst ruck-frei erfolgen, da ein Ruck in der Lenkung zu einer falschen Reaktion des Fahrers führen kann. Eine weitere Schwierigkeit besteht darin, dass die von den Rädern kommenden Lastmomente nicht vollständig ausgeregelt werden dürfen und dem System somit nicht mehr Stellenergie hinzugefügt wird als gewünscht. Ziel ist es, dass sich die Aktorik sowohl im fehlerfreien als auch im fehlerbehafteten (rekonfigurierten) Zustand nach außen hin vorbestimmt verhält. Somit können für die überlagerten Regelungen und Steuerungen entstehende Änderungen berücksichtigt werden.

1. Einführung

Bei den mechatronischen Systemen im Fahrwerk eines Fahrzeuges handelt es sich um sicherheitskritische Systeme, so auch bei der Lenkung. Systeme dieser Art benötigen eine hohe Zuverlässigkeit. Um diese zu erreichen sind für mechanische Komponenten Werkstoffauswahl, Fertigungsverfahren und Überdimensionierung das Mittel der Wahl [1]. Durch die Elektrifizierung kommt es zu immer mehr elektronischen Bauteilen im Fahrzeug, deren Ausfälle nicht verschleißbedingt sondern eher zufälliger Natur sind, somit hilft eine Überdimensionierung dieser Bauteile nur bedingt. Um eine Zuverlässigkeitssteigerung zu erlangen müssen Teilsysteme somit redundant ausgelegt werden.

Beim Ausfall der Lenkung kann ein Fahrzeug nicht direkt in einen sicheren Zustand überführt werden, weshalb sie Fail-Operational ausgelegt werden muss. Dies wird bei heutigen Fahrzeugen durch eine mechanische Rückfallebene erreicht. Werden größere Fahrzeugklassen betrachtet, so ist der Fahrer nur noch bedingt bis gar nicht mehr in der Lage das Fahrzeug zu steuern, falls die Hilfskraftunterstützung ausfällt, aufgrund der Lenkkräfte. Somit ist eine Redundanz der Aktorik der Servolenkung (im speziellen der EPS) erforderlich. Bei steer-by-wire Systemen ist eine Redundanz der Aktorik unabdingbar, da die mechanische Rückfallebene wegfällt.

Die Hinzunahme eines zusätzlichen Aktors führt dazu, dass das System im Fehlerfall rekonfiguriert werden muss, um einen sicheren Betrieb zu gewährleisten. Einer solchen Rekonfiguration, muss eine schnelle und zuverlässige Fehlererkennung und Diagnose vorangehen. Dies kann z.B. durch eine modellbasierte Fehlererkennung und -diagnose erfolgen [2]. In den folgenden Ausführungen wird davon ausgegangen, dass eine solche Fehlererkennung und Diagnose existiert.

Ein weiterer Aspekt, der bei der Hinzunahme eines zweiten Aktors beachtet werden muss, ist, dass eine Synchronisation der Antriebsdrehzahlen durch eine Verkopplungsregelung durchgeführt werden muss, um unerwünschtes Aufschwingen der Antriebe, durch die Elastizität von mechanischen Bauteilen, zu vermeiden [3].

Daher wird im Folgenden eine Verkopplungsregelung entwickelt, die sowohl ein Aufschwingen vermeidet [4] als auch eine Aufteilung der Momente der Aktoren ermöglicht. Dies hat zum einen den Vorteil, dass die Momentenaufteilung zur Rekonfiguration im Fehlerfall eingesetzt werden kann und zum anderen, dass eine ungleiche Momentenverteilung im fehlerfreien Zustand ebenfalls möglich ist, wodurch z.B. der Verschleiß einer der beiden Aktoren gemindert werden kann.

In den folgenden Abschnitten findet zunächst eine Modellbildung des vorhanden Duplex-Aktor Systems statt. Daraufhin wird auf die Anforderungen an die Verkopplungsregelung eingegangen. Anschließend wird sich mit der Theorie der Verkopplungsregelung durch Dreiecksentkopplung sowie mit der Verkopplung mit Offset befasst. Es wird aufgezeigt wie diese Methoden zur Aufteilung der Stellmomente der beiden Aktoren verwendet werden können. Die Methodik wird danach mit Hilfe des Modells sowie Simulationen und Prüfstandsmessungen veranschaulicht und analysiert. Abschließend werden die Ergebnisse zusammengefasst und ein Ausblick gegeben.

2. Modellbildung

2.1 Aufbau des Prüfstandes

Bei dem vorhandenen Prüfstand handelt es sich um zwei achsparallele EPS Systeme, welche über eine Kraftmessdose (für Versuchszwecke) an der Zahnstange mechanisch verkoppelt sind. Bild 1 zeigt den schematischen Aufbau des Duplex-Aktor Systems. Hierbei besteht ein EPS-Aktor aus einem permanent erregten Synchronmotor, einem Zahnriementrieb sowie einem Kugelumlaufgetriebe. Die Radlasten werden über zwei Stoßdämpfer simuliert. Die beiden EPS-Systeme wurden von ZF-Lenksysteme zur Verfügung gestellt.

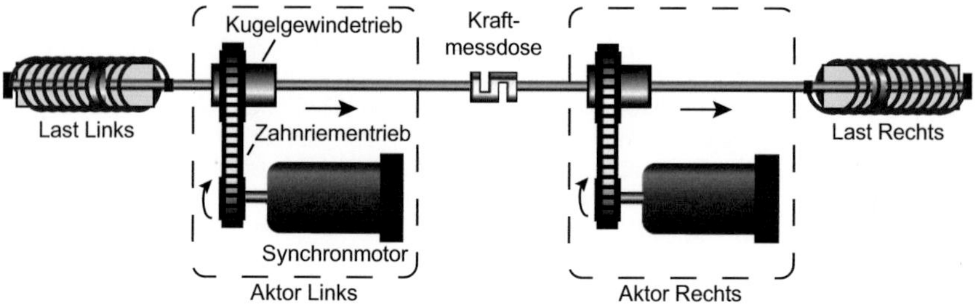

Bild 1: *Schematischer Aufbau des Duplex-Aktor Systems*

Als verfügbare Messgrößen sind für die spätere Regelung die Rotorlagewinkel φ_l und φ_r sowie die Winkelgeschwindigkeiten ω_l und ω_r relevant, für die Validierung wird die Kraftmessung der Zahnstangenkraft F_Z verwendet. Weitere Messgrößen sind die Zahnstangenpositionen y_l und y_r sowie die Phasenspannungen der Motoren.

2.2 Modellierung eines EPS-Aktors

Da die beiden verwendeten EPS Systeme identisch sind kann zunächst das einfache EPS System modelliert werden und anschließend die Modelle des linken und rechten Aktors gekoppelt werden. Im Folgenden wird daher nur die Modellierung des linken EPS-Aktor dargestellt, siehe Bild 2.

Durch Identifikation wurde in [5] festgestellt, dass der Zahnriementrieb, im Gegensatz zum Kugelumlaufgetriebe, als starr angenommen werden kann. Daher kann dieser als reines Übersetzungsgetriebe

$$i_{ZR} = \frac{\varphi}{\varphi_{KU}} = \frac{r_{KU}}{r_{PM}} \tag{2.1}$$

modelliert werden. Hierbei ist φ_{ku} der Lagewinkel des Kugelumlaufgetriebes und r_{KU} der Radius des Zahnrades seitens des Kugelumlaufgetriebes sowie r_{PM} der Radius des Zahnrades seitens des Motors. Das Übersetzungsverhältnis des Kugelumlaufgetriebes ergibt sich zu

$$i_{\mathrm{KU}} = \frac{\varphi_{\mathrm{KU}}}{y} = \frac{1}{r_{\mathrm{Z}} \tan(\alpha)}, \tag{2.2}$$

mit der Zahnstangenposition y, dem Zahnstangenradius r_{Z} und dem Steigungswinkel des Gewindes der Zahnstange α.
Durch die Annahme des starren Zahnriementriebs ergeben sich die Gesamtgrößen

$$J_{\mathrm{A}} = J_{\mathrm{PM}} + J_{\mathrm{KU}} i_{\mathrm{ZR}}^2 \tag{2.3}$$

und

$$d_{\mathrm{R}} = d_{\mathrm{R,PM}} + d_{\mathrm{R,KU}} i_{\mathrm{ZR}}^2, \tag{2.4}$$

wobei J_{A} das Gesamtträgheitsmoment darstellt, J_{PM} und J_{KU} die Trägheitsmomente des Motors und des Kugelumlaufgetriebes. Die viskosen Lagerreibungskoeffizienten $d_{\mathrm{R,PM}}$ und $d_{\mathrm{R,KU}}$ des rotatorischen Teilsystems werden zu d_{R} zusammengefasst. Die Reibung wurde konzentriert im rotatorischen Teilsystem angenommen, da eine getrennte Identifizierung der rotatorischen und der translatorischen Reibung nicht möglich ist.

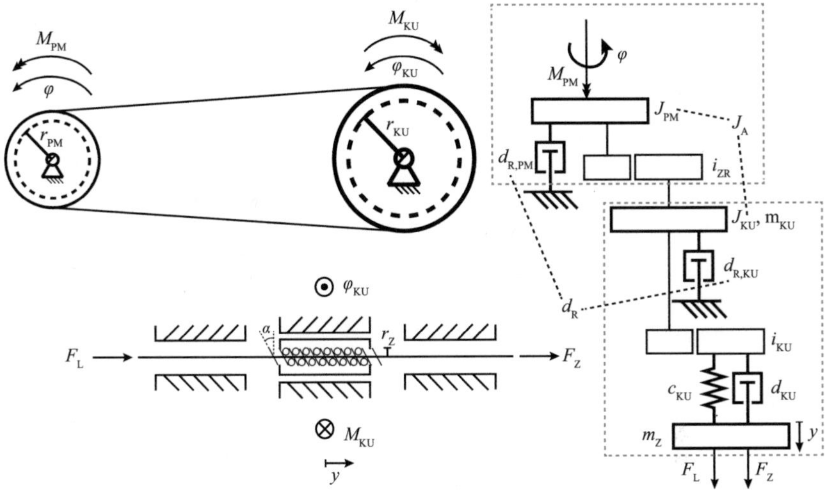

Bild 2: *Modellierung des EPS-Aktors (aufgeteilt in Zahnriementrieb und Kugelumlaufgetriebe)*

Es ergibt sich somit die rotatorische Bewegungsgleichung des Getriebes

$$J_{\mathrm{A}} \ddot{\varphi} = M_{\mathrm{PM}} - M_{\mathrm{KU}} - d_{\mathrm{R}} \dot{\varphi} \tag{2.5}$$

und im translatorischen die zwei Bewegungsgleichungen des Getriebes und der Zahnstange

$$m_{\mathrm{KU}} \ddot{y}_{\mathrm{KU}} = M_{\mathrm{KU}} i_{\mathrm{KU}} - F_{\mathrm{d_{KU}}} + F_{\mathrm{c_{KU}}} \tag{2.6}$$

$$m_Z \ddot{y} = F_{d_{KU}} + F_{c_{KU}} + \frac{M_L}{i_{ZR} i_{KU}} - F_Z, \tag{2.7}$$

wobei y_{KU} die absolute Position des Kugelumlaufgetriebes ist und m_{KU} als vernachlässigbar klein angesehen werden kann. m_Z beschreibt die Zahnstangenmasse und M_L das Lastmoment das sich aus der Last F_L ergibt. $F_{c_{KU}}$ und $F_{d_{KU}}$ sind die Feder- und Dämpferkräfte, die durch die Elastizität des Kugelgewindetriebs als Schnittkräfte auftreten. Sie ergeben sich zu

$$F_{c_{KU}} = c_{KU} \left(\frac{\varphi_{KU}}{i_{KU}} - y \right) \tag{2.8}$$

und

$$F_{d_{KU}} = d_{KU} \left(\frac{\dot{\varphi}_{KU}}{i_{KU}} - \dot{y} \right). \tag{2.9}$$

Die Gleichungen (2.5) bis (2.9) lassen sich mit (2.1) somit zu

$$J_A \ddot{\varphi} = M_{PM} - d_R \dot{\varphi} - \frac{d_{KU} \dot{\varphi} + c_{KU} \varphi}{i_{ZR}^2 i_{KU}^2} + \frac{d_{KU} \dot{y} + c_{KU} y}{i_{ZR} i_{KU}} \tag{2.10}$$

$$m_Z \ddot{y} = \frac{d_{KU} \dot{\varphi} + c_{KU} \varphi}{i_{ZR} i_{KU}} - d_{KU} \dot{y} - c_{KU} y + \frac{M_L}{i_{ZR} i_{KU}} - F_Z \tag{2.11}$$

zusammenfassen.

2.3 Modellierung des Duplex-Systems

Für die Modellierung des Duplex-Systems werden die Gleichungen (2.10) und (2.11) verwendet. Es ergeben sich die gleichen Gleichungen für den rechten Motor mit dem Unterschied, dass sich das Vorzeichen der Zahnstangenkraft umdreht. Die Indizes l und r beschreiben nun den linken und den rechten Aktor. Wird von einer starren Zahnstange ausgegangen, so kann

$$y_l = y_r = y \tag{2.12}$$

gesetzt werden. Weiter können die Zahnstangenmassen m_Z als vernachlässigbar klein angesehen werden. Hiermit lässt sich der neue Zustand y eliminieren und es kommt zu einer Parallelschaltung der Steifigkeiten und Dämpfungen des linken und rechten Aktors. Es ergeben sich die neue Steifigkeit und die Dämpfung zu

$$c_g = \frac{c_{KU_l} c_{KU_r}}{i_{ZR}^2 i_{KU}^2 \left(c_{KU_l} + c_{KU_r} \right)} \tag{2.13}$$

$$d_g = \frac{d_{KU_l} d_{KU_r}}{i_{ZR}^2 i_{KU}^2 \left(d_{KU_l} + d_{KU_r} \right)}. \tag{2.14}$$

Mit (2.13) und (2.14) ergibt sich die Zustandsraumdarstellung

$$
\begin{bmatrix}\dot{\varphi}_{\mathrm{l}}\\ \ddot{\varphi}_{\mathrm{l}}\\ \dot{\varphi}_{\mathrm{r}}\\ \ddot{\varphi}_{\mathrm{r}}\end{bmatrix}=\begin{bmatrix}0 & 1 & 0 & 0\\ -\dfrac{c_{\mathrm{g}}}{J_{\mathrm{A_l}}} & -\dfrac{d_{\mathrm{R_l}}+d_{\mathrm{g}}}{J_{\mathrm{A_l}}} & \dfrac{c_{\mathrm{g}}}{J_{\mathrm{A_l}}} & \dfrac{d_{\mathrm{g}}}{J_{\mathrm{A_l}}}\\ 0 & 0 & 0 & 1\\ \dfrac{c_{\mathrm{g}}}{J_{\mathrm{A_r}}} & \dfrac{d_{\mathrm{g}}}{J_{\mathrm{A_r}}} & -\dfrac{c_{\mathrm{g}}}{J_{\mathrm{A_r}}} & -\dfrac{d_{\mathrm{R_r}}+d_{\mathrm{g}}}{J_{\mathrm{A_r}}}\end{bmatrix}\begin{bmatrix}\varphi_{\mathrm{l}}\\ \dot{\varphi}_{\mathrm{l}}\\ \varphi_{\mathrm{r}}\\ \dot{\varphi}_{\mathrm{r}}\end{bmatrix}+\begin{bmatrix}0 & 0\\ \dfrac{1}{J_{\mathrm{A_l}}} & 0\\ 0 & 0\\ 0 & \dfrac{1}{J_{\mathrm{A_r}}}\end{bmatrix}\left(\begin{bmatrix}M_{\mathrm{PM_l}}\\ M_{\mathrm{PM_r}}\end{bmatrix}+\begin{bmatrix}M_{\mathrm{L_l}}\\ M_{\mathrm{L_r}}\end{bmatrix}\right). \quad (2.15)
$$

3. Verkopplungsregelung

3.1 Anforderungen

Die Aktoren sind über die Zahnstange mechanisch verkoppelt, Bild 3 zeigt diese Verkopplung in einem Signalflussbild. Hier ist zu erkennen, dass die Zahnstangenposition y_{l} einen Störeinfluss auf y_r hervorruft und umgekehrt. Diese gegenseitigen Störeinflüsse können zum Aufschwingen des Systems führen. Die Hauptaufgabe der Verkopplungsregelung soll somit zunächst die Vermeidung von unerwünschten Schwingungen sein. Hierfür müssen die Differenzdrehzahlen stationär genau ausgeregelt werden. Das Duplex-System soll dabei das Übertragungsverhalten eines einfachen EPS-Aktors haben und die Lastkräfte sollen unverändert an den Fahrer weitergeben werden. Diese Anforderungen sind mit einer klassischen Verkopplungsregelung nach [4] nicht erfüllbar, weshalb im Folgenden eine neue Reglerstruktur beschrieben wird. Diese wird anschließend zu einer Verkopplungsregelung mit Offset erweitert um eine Aufteilung der beiden Stellmomente zu ermöglichen. So soll die Anforderung der Rekonfigurierbarkeit im Fehlerfall ermöglicht werden.

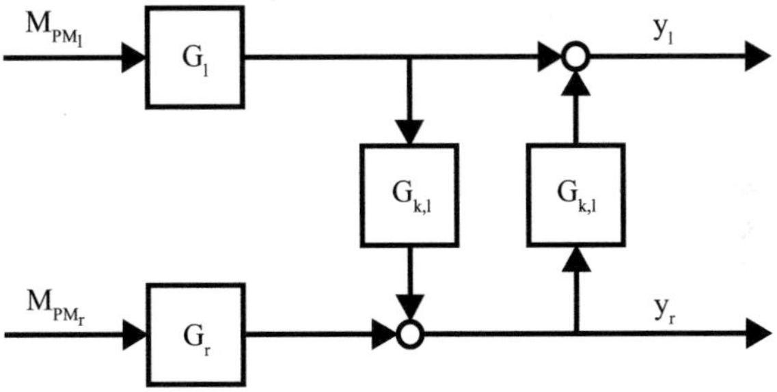

Bild 3: *Signalflussbild der mechanischen Verkopplung (mit Übertragungsfunktionen des linken und rechten EPS-Aktors G_{l} und G_{r} und den Koppelübertragungsfunktionen $G_{\mathrm{k,l}}$ und $G_{\mathrm{k,r}}$)*

3.2 Verkopplungsregelung durch Dreiecksentkopplung und Vollständige Modale Synthese

Es wird von einem vollständig steuer- und beobachtbaren System

$$\dot{\mathbf{x}}(t) = \mathbf{A}\mathbf{x}(t) + \mathbf{B}\mathbf{u}(t) \tag{3.1}$$

$$\mathbf{y}(t) = \mathbf{C}\mathbf{x}(t) \tag{3.2}$$

und einer Zustandsrückführung

$$\mathbf{u}(t) = -\mathbf{R}\mathbf{x}(t) + \mathbf{F}\mathbf{w}(t) \tag{3.3}$$

ausgegangen. Das Einbinden der Verkopplungsbedingung wie beispielsweise, dass

$$\mathbf{y}_1(t) = \mathbf{y}_2(t)$$

sein soll, ist über eine Transformation der Ausgangsgröße $\mathbf{y}(t)$ in die neue Ausgangsgröße

$$\tilde{\mathbf{y}}(t) = \mathbf{T}\mathbf{y}(t) = \mathbf{T}\mathbf{C}\mathbf{x}(t) = \begin{bmatrix} \tilde{\mathbf{C}}_1 \\ \tilde{\mathbf{C}}_2 \end{bmatrix} x(t) = \begin{bmatrix} \mathbf{I} & 0 \\ \mathbf{T}_{21} & \mathbf{T}_{22} \end{bmatrix} \mathbf{y}(t) = \begin{bmatrix} \tilde{\mathbf{y}}_1(t) \\ \tilde{\mathbf{y}}_2(t) \end{bmatrix} = \begin{bmatrix} \mathbf{y}_1(t) \\ 0 \end{bmatrix} \tag{3.4}$$

möglich. Die durch die Verkopplungsbedingung entstehende Strukturanforderung wird durch die Laplace-transformierte Übertragungsfunktion des geschlossenen Regelkreises

$$\begin{bmatrix} \tilde{\mathbf{y}}_1(s) \\ \tilde{\mathbf{y}}_2(s) \end{bmatrix} = \begin{bmatrix} \mathbf{y}_1(s) \\ 0 \end{bmatrix} = \begin{bmatrix} \tilde{\mathbf{C}}_1 \\ \tilde{\mathbf{C}}_2 \end{bmatrix} (s\mathbf{I} - \mathbf{A} + \mathbf{B}\mathbf{R})^{-1} [\mathbf{F}_1 \quad \mathbf{F}_2] \begin{bmatrix} \mathbf{w}_1(s) \\ \mathbf{w}_2(s) \end{bmatrix} = \begin{bmatrix} \tilde{\mathbf{G}}_{11}(s) & \tilde{\mathbf{G}}_{12}(s) \\ \tilde{\mathbf{G}}_{21}(s) & \tilde{\mathbf{G}}_{22}(s) \end{bmatrix} \begin{bmatrix} \mathbf{w}_1(s) \\ \mathbf{w}_2(s) \end{bmatrix} \tag{3.5}$$

ersichtlich. Die Anforderung $\tilde{\mathbf{y}}_2(s) = 0$ lässt sich offensichtlich durch die Bedingungen

$$\mathbf{w}_2(s) = \mathbf{0} \tag{3.6}$$

und

$$\tilde{\mathbf{G}}_{21}(s) = \sum_{k=1}^{n} \frac{\tilde{\mathbf{C}}_2 \mathbf{v}_{\mathrm{R}k} \cdot \mathbf{w}_{\mathrm{R}k}^T \mathbf{B}\mathbf{F}_1}{s - \lambda_{\mathrm{R}k}} = \mathbf{0} \tag{3.7}$$

erfüllen, wobei (2.22) die Partialbruchzerlegung von $\tilde{\mathbf{G}}_{21}(s)$ darstellt, mit $\mathbf{v}_{\mathrm{R}k}$ und $\mathbf{w}_{\mathrm{R}k}^T$ als Rechts- und Linkseigenvektoren sowie $\lambda_{\mathrm{R}k}$ als Eigenwerte der geregelten Strecke. Für die Erfüllung von (2.22) muss entweder die ausgangsseitige Verkopplungsbedingung

$$\tilde{\mathbf{C}}_2 \mathbf{v}_{\mathrm{R}k} = \tilde{\mathbf{C}}_2 (\lambda_{\mathrm{R}k} \mathbf{I} - \mathbf{A})^{-1} \mathbf{B}\mathbf{p}_k = 0, \tag{3.8}$$

mit den Parametervektoren $\mathbf{p}_k$, oder die eingangsseitige Verkopplungsbedingung

$$\mathbf{w}_{\mathrm{R}k}^T \mathbf{B}\mathbf{F}_1 = 0^T \tag{3.9}$$

erfüllt sein.

Mit der Vollständigen Modalen Synthese und der sukzessiven Auswertung von (3.10) lässt sich die Reglermatrix zu

$$\mathbf{R} = -\mathbf{P}\mathbf{V}_{\mathrm{R}}^{-1} \tag{3.11}$$

bestimmen, wobei $\mathbf{P}$ die Parametervektormatrix ist und $\mathbf{V}_{\mathrm{R}}$ die Rechteigenvektormatrix. Hierbei ist zu beachten, dass alle Eigenvektoren $\mathbf{v}_{\mathrm{R}k}$ linear unabhängig sein müssen. Die Vorfiltermatrix $\mathbf{F}_1$ wird über (2.24) bestimmt, $\mathbf{F}_2$ ist zunächst beliebig.

Für eine ausführliche Beschreibung der obigen Bestimmungsgleichungen wird auf [6] verwiesen.

3.3 Verkopplungsregelung mit Offset

Bei einer Verkopplungsregelung mit Offset geht die homogene Verkopplungsbedingung aus (2.19) in die inhomogene

$$\tilde{\mathbf{y}}_2(s) = \mathbf{c} \tag{3.12}$$

über, mit dem konstanten Offset c. Wird weiter der in Abschnitt 3.2 beschriebene Verkopplungsansatz verfolgt, so ist $\tilde{\mathbf{G}}_{21}(s) = \mathbf{0}$ und im Gegensatz zum homogenen Fall müssen $\tilde{\mathbf{G}}_{22}(s)$ und $\mathbf{w}_2(s)$ so gewählt werden, dass

$$\mathbf{w}_2(s) = \tilde{\mathbf{G}}_{22}^{-1}(s) \cdot \mathbf{c} \tag{3.13}$$

erfüllt ist. Um diese Steuerfunktion zu realisieren muss die Inverse von $\tilde{\mathbf{G}}_{22}(s)$ realisierbar bzw. kausal sein. Da dies meistens nicht gegeben ist kann über die richtige Wahl von $\mathbf{F}_2$ zumindest die stationäre Erfüllung der inhomogenen Verkopplungsbedingung

$$\tilde{\mathbf{y}}_2(0) = \tilde{\mathbf{G}}_{22}(0)\mathbf{w}_2(0) = \mathbf{c} \tag{3.14}$$

gewährleistet werden [7]. Alternativ dazu kann $\tilde{\mathbf{G}}_{22}^{-1}(s)$ mit einer Filterübertragungsfunktion erweitert werden, so dass die erweiterte Übertragungsfunktion

$$\mathbf{G}_{22}^{*}(s) = \tilde{\mathbf{G}}_{22}^{-1}(s) \cdot \mathbf{G}_F(s) \tag{3.15}$$

kausal ist.

3.4 Reglerauslegung

Mit Hilfe der Bestimmungsgleichungen aus Abschnitt 3.2 und 3.3 soll eine Verkopplungsregelung aufgebaut werden, welche die Anforderungen aus Abschnitt 3.1 erfüllt. Die Rotorlagewinkel werden als Ausgang $\mathbf{y}$ des Zustandsraummodells (2.15) verwendet und als Verkopplungsbedingung wird

$$\varphi_1 = \varphi_r \tag{3.16}$$

gewählt, hieraus ergibt sich zusammen mit (3.4) und (2.15)

$$\tilde{\mathbf{y}} = \mathbf{T}\mathbf{y} = \mathbf{T}\mathbf{C}\mathbf{x} = \begin{bmatrix} 1 & 0 \\ 1 & -1 \end{bmatrix} \begin{bmatrix} 1 & 0 & 0 & 0 \\ 0 & 0 & 1 & 0 \end{bmatrix} \begin{bmatrix} \varphi_1 \\ \dot{\varphi}_1 \\ \varphi_r \\ \dot{\varphi}_r \end{bmatrix} = \begin{bmatrix} 1 & 0 & 0 & 0 \\ 1 & 0 & -1 & 0 \end{bmatrix} \begin{bmatrix} \varphi_1 \\ \dot{\varphi}_1 \\ \varphi_r \\ \dot{\varphi}_r \end{bmatrix} = \begin{bmatrix} \varphi_1 \\ 0 \end{bmatrix}. \tag{3.17}$$

Durch die Verkopplung der Rotorlagewinkel wird die erste Anforderung aus Abschnitt 3.1 erfüllt. Durch den integrierenden Anteil der Strecke werden die Drehzahldifferenzen stationär genau ausgeregelt.

Das System (2.15) besitzt vier Eigenwerte welche sich mit Hilfe der Parameteridentifikation aus [5] zu

$$\lambda_1 = 0 \qquad \lambda_2 = -3{,}3817 \qquad \lambda_{3/4} = -7{,}094 \pm 77{,}515j$$

ergeben haben. Die beiden Eigenwerte λ_1 und λ_2 sind die dominanten Eigenwerte und ebenfalls Eigenwerte eines einfachen EPS-Aktors. Aus diesen beiden Gründen sollen diese beiden Eigenwerte durch den Regler nicht verändert werden, um die zweite Anforderung, dass das Übertragungsverhalten gleich bleiben soll, zu erfüllen. Gleichung (3.8) kann hier nicht wie in [6] beschrieben direkt eingesetzt werden da

$$\det(\lambda_{Rk}\mathbf{I}-\mathbf{A})=0 \tag{3.18}$$

ist für gleich bleibende Eigenwerte und somit keine Inversion möglich ist. Daher muss (3.8) zunächst in

$$\begin{bmatrix} \lambda_{Rk}\mathbf{I}-\mathbf{A} & -\mathbf{B} \\ \tilde{\mathbf{C}}_2 & \mathbf{0} \end{bmatrix} \begin{bmatrix} \mathbf{v}_{Rk} \\ \mathbf{p}_k \end{bmatrix} = \mathbf{0} \tag{3.19}$$

umgeformt werden, wobei es sich bei der ersten Matrix in (3.19) um die Rosenbrock'sche Systemmatrix des verkoppelten Teilsystems handelt. Durch Bestimmung des Kerns der Rosenbrock'schen Systemmatrix

$$\ker\left(\begin{bmatrix} \lambda_{Rk}\mathbf{I}-\mathbf{A} & -\mathbf{B} \\ \tilde{\mathbf{C}}_2 & \mathbf{0} \end{bmatrix}\right) = \mathbf{N}(\lambda_{Rk}) \tag{3.20}$$

ergibt sich der Nullraum $\mathbf{N}(\lambda_{Rk})$ mit dem gesuchten Parametervektor $\mathbf{p}_k$ als Nullstellenrichtung im Eingangsraum und dem zugehörigen Rechtseigenvektor $\mathbf{v}_{Rk}$ als Nullstellenrichtung im Zustandsraum. Auf diese Weise lässt sich die Matrixinversion vermeiden und die Parametervektoren und Rechtseigenvektoren sind bestimmbar.

Das konjugiert komplexe Polstellenpaar $\lambda_{3/4}$ ist für die Schwingungsfähigkeit des Duplex-Systems verantwortlich. Um ein Aufschwingen zu vermeiden, werden die Eigenwerte der geregelten Strecke $\lambda_{R3} = -85$ und $\lambda_{R4} = 90$ zu reellen Eigenwerten gewählt. Da sie zusätzlich Einfluss auf das Störgrößenverhalten der Strecke haben, werden sie möglichst weit links von der Imaginär Achse gewählt. Weiter ist die korrekte Weitergabe der Lastmomente abhängig von der Wahl der zugehörigen Parametervektoren $\mathbf{p}_3$ und $\mathbf{p}_4$. Diese werden für einen symmetrischen Eingriff des Reglers zu

$$\mathbf{p}_{3/4} = \begin{bmatrix} 1 \\ -1 \end{bmatrix} \tag{3.21}$$

gewählt. Die ausgangsseitige Verkopplungsbedingung (3.8) ist mit diesen Parametervektoren nicht erfüllt, die Verkopplung muss somit über die eingangsseitige Verkopplungsbedingung (3.9) erfolgen. (3.9) lässt sich nach kurzer Zwischenrechnung zu

$$[\mathbf{B} \quad \mathbf{V}_{R1}] \begin{bmatrix} \mathbf{F}_1 \\ -\mathbf{M} \end{bmatrix} = [\mathbf{B} \quad \mathbf{V}_{R1}]\mathbf{N}_{BV} = \mathbf{0} \tag{3.22}$$

umformen, wobei $\mathbf{V}_{R1}$ dem Teil der Rechtseigenvektormatrix entspricht, der die ausgangsseitige Verkopplungsbedingung erfüllt und $\mathbf{M}$ ist eine beliebige Matrix. Der erste Teil des Vorfilters $\mathbf{F}_1$ bestimmt sich somit aus den ersten p Zeilen des Nullraums $\mathbf{N}_{BV}$, wobei p die Anzahl der Eingänge des Systems angibt.

$\mathbf{F}_1$ ist bis auf seine Länge durch die eingangsseitige Verkopplungsbedingung festgelegt. Ziel ist es, dass die beiden Aktoren wie ein Aktor arbeiten. Daher müssen die beiden Stellmomente M_{PM_l} und M_{PM_r} in der Summe das Stellmoment

$$M_{\mathrm{PM}} = M_{\mathrm{PM_l}} + M_{\mathrm{PM_r}} \tag{3.23}$$

einer einzelnen Maschine ergeben. Über das modifizierte Vorfilter

$$\widetilde{\mathbf{F}}_1 = \mathbf{F}_1 \cdot q \tag{3.24}$$

wird das gewünschte Gesamtmoment mit

$$\widetilde{\mathbf{F}}_1 \cdot w_1 = \widetilde{\mathbf{w}} = \begin{bmatrix} \widetilde{w}_1 \\ \widetilde{w}_2 \end{bmatrix} = \begin{bmatrix} \widetilde{F}_{1_1} \\ \widetilde{F}_{1_2} \end{bmatrix} w_1 \tag{3.25}$$

aufgeteilt. Die Sollgröße $\mathbf{w}_1$ aus (3.5) reduziert sich somit zu einem Skalar w_1 und entspricht dem Sollmoment $\mathrm{M_{PM_s}}$. Aus (3.23) ergibt sich die Bedingung für das Sollmoment

$$w_1 = \sum_{i=1}^{2} \widetilde{w}_i \,. \tag{3.26}$$

Durch einsetzen von (3.25) in (3.26) ergibt sich

$$w_1 = \left(\sum_{i=1}^{2} \widetilde{F}_{1_i} \right) w_1 = \left(\sum_{i=1}^{2} F_{1_i} \right) q w_1 \,. \tag{3.27}$$

Umformen von (3.27) nach q liefert

$$q = \frac{1}{\sum_{i=1}^{2} F_{1_i}} \,. \tag{3.28}$$

Das modifizierte Vorfilter $\widetilde{\mathbf{F}}_1$ ist in der Länge bestimmt und führt dazu, dass das gewünschte Gesamtmoment M_{PM} als Sollmoment vorgeben werden kann.
Mit (3.11) lässt sich die Verkopplungsreglermatrix $\mathbf{R}$ bestimmen und das Duplex-System lässt sich unter den Anforderungen aus Abschnitt 3.1 verkoppelt geregelt betreiben. Um eine Momentenaufteilung zu ermöglichen muss zusätzlich eine Verkopplungsregelung mit Offset nach Abschnitt 3.3 erfolgen. Hierzu muss das bis jetzt beliebige $\mathbf{F}_2$ bestimmt werden. Es gilt weiterhin die Bedingung (3.23), das bedeutet, dass sich durch den Offset das Gesamtmoment nicht verändern darf. Werden sich die ergebenden Eingangsgrößen nach dem Vorfilter

$$\mathbf{F} \cdot \mathbf{w} = \begin{bmatrix} \widetilde{\mathbf{F}}_1 & \mathbf{F}_2 \end{bmatrix} \cdot \begin{bmatrix} w_1 \\ w_2 \end{bmatrix} = \begin{bmatrix} \widetilde{w}_1 + F_{2_1} w_2 \\ \widetilde{w}_2 + F_{2_2} w_2 \end{bmatrix} \tag{3.29}$$

betrachtet, zeigt sich, dass

$$F_{2_1} = -F_{2_2} \tag{3.30}$$

sein muss, damit (3.23) weiterhin erfüllt ist. Hieraus folgt die Struktur von $\mathbf{F}_2$ zu

$$\mathbf{F}_2 = \begin{bmatrix} c_F \\ -c_F \end{bmatrix}, \tag{3.31}$$

wobei c_F zunächst beliebig ist und daher zu $c_F = 1$ gesetzt wird.
Für den Fall, dass das Stellmoment $\mathrm{M_{PM_l}} \neq \mathrm{M_{PM_r}}$ ist, ergibt sich eine Momentendifferenz

$$\Delta M = M_{\mathrm{PM_l}} - M_{\mathrm{PM_r}} \,, \tag{3.32}$$

wie in Bild 4 vereinfacht grafisch dargestellt.

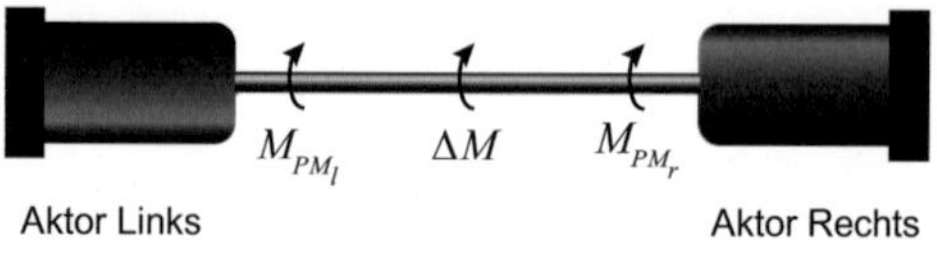

Bild 4: *Vereinfachte Darstellung des entstehenden Differenzmomentes (Offsets)*

Unter Vernachlässigung der Reibmomente lässt sich die Momentendifferenz ΔM auch durch

$$\Delta M = 2c_g \cdot \Delta\varphi \tag{3.33}$$

ausdrücken, wobei $\Delta\varphi$ die Winkeldifferenz zwischen den Rotorlagewinkeln darstellt. Diese entspricht ebenfalls dem sich ergebenden Offset in (3.14) für das Duplex-System. Wird (3.14) mit $2c_g$ durchmultipliziert

$$2c_g \cdot \tilde{y}_2(0) = 2c_g \cdot \tilde{G}_{22}(0) w_2(0) = 2c_g \cdot \Delta\varphi, \tag{3.34}$$

zeigt ein Vergleich mit (3.33), dass bei der richtigen stationären Verstärkung von $\tilde{G}_{22}(0)$, $w_2(0)$ der Momentendifferenz ΔM entspricht und ΔM führt nach (3.32) zu einer Aufteilung der Stellmomente.
Damit $\tilde{G}_{22}(0)$ die richtige stationäre Verstärkung besitzt muss

$$2c_g \cdot \tilde{G}_{22}(0) = 2c_g \cdot \tilde{\mathbf{C}}_2(-\mathbf{A} + \mathbf{BR})^{-1} \tilde{\mathbf{F}}_2 = \mathbf{I} \tag{3.35}$$

sein. Dabei ist $\tilde{\mathbf{F}}_2$, das durch die quadratisch reguläre Matrix $\mathbf{Q}_2$ modifizierte Vorfilter

$$\tilde{\mathbf{F}}_2 = \mathbf{F}_2 \mathbf{Q}_2. \tag{3.36}$$

Zur Erfüllung von (3.35) muss

$$\mathbf{Q}_2 = \left(2c_g \cdot \tilde{\mathbf{C}}_2(-\mathbf{A} + \mathbf{BR})^{-1} \mathbf{F}_2\right)^{-1} \tag{3.35}$$

sein. Das gesamte Vorfilter ist hiermit vollständig zu

$$\tilde{\mathbf{F}} = \begin{bmatrix} \tilde{\mathbf{F}}_1 & \tilde{\mathbf{F}}_2 \end{bmatrix} \tag{3.37}$$

bestimmt.
Über $w_1(s)$ lässt sich das gewünschte Gesamtmoment einstellen, welches über $\tilde{\mathbf{F}}_1$ auf die beiden Aktoren gleichmäßig aufgeteilt wird. Mit $w_2(s)$ kann die Aufteilung, über $\tilde{\mathbf{F}}_2$, verschoben werden.
Damit das gewünschte Aufteilungsverhältnis der Momente konstant bleibt, muss $w_2(s)$ in Abhängigkeit von $w_1(s)$ gewählt werden. Es ergibt sich der Zusammenhang der Momentensollwerte

$$w_2(s) = \kappa \cdot w_1(s), \tag{3.38}$$

wobei

$$-1 \le \kappa \le 1 \tag{3.39}$$

ist. Für $d = 0$ teilt sich das Gesamtmoment gleichmäßig auf die Aktoren auf, für $d = 1$ übernimmt der linke Motor das Gesamtmoment und für $d = -1$ der rechte.

Soll das Verhalten der Offsetregelung weiter verbesset werden muss $w_2(s)$ nach (3.13) und (3.15) ermittelt werden. Mit dem analogen Vorgehen zu der Herleitung von $\widetilde{\mathbf{F}}_2$ ergibt sich

$$G_{22}^*(s) = \left(2c_{\mathrm{g}} \cdot \widetilde{\mathbf{C}}_2(s\mathbf{I} - \mathbf{A} + \mathbf{BR})^{-1}\widetilde{\mathbf{F}}_2\right)^{-1} G_{\mathrm{F}}(s). \tag{3.40}$$

Die Filterfunktion wird zu

$$G_{\mathrm{F}}(s) = \frac{\lambda_{\mathrm{F}}^2}{(s+\lambda_{\mathrm{F}})^2} \tag{3.41}$$

gewählt, um eine kausale Übertragungsfunktion zu erhalten. Es ergibt sich somit die Steuerfunktion

$$w_2(s) = \left(2c_{\mathrm{g}} \cdot \widetilde{\mathbf{C}}_2(s\mathbf{I} - \mathbf{A} + \mathbf{BR})^{-1}\widetilde{\mathbf{F}}_2\right)^{-1} \frac{\lambda_{\mathrm{F}}^2}{(s+\lambda_{\mathrm{F}})^2} \cdot \kappa w_1(s) \tag{3.42}$$

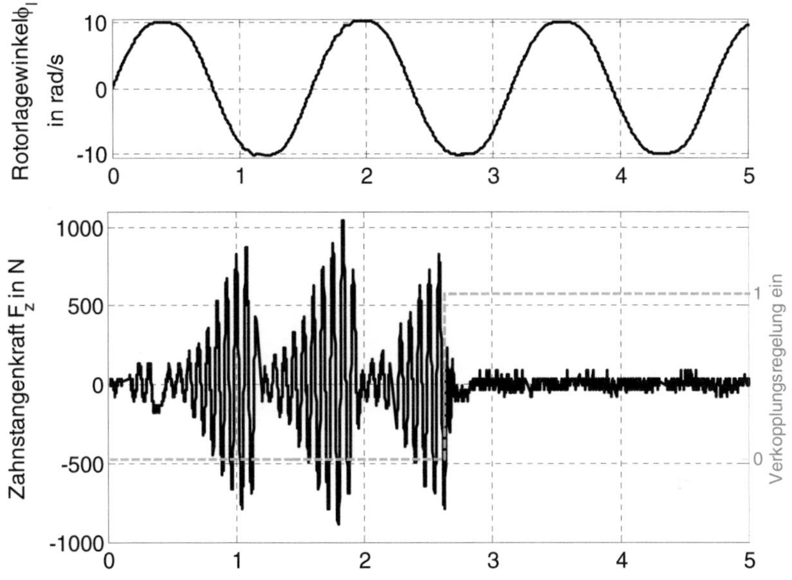

Bild 5: *Entstehende Zahnstangenkräfte mit und ohne Verkopplungsregelung*

4. Systemanalyse

Die Grundfunktionalität, die Vermeidung des Aufschwingens des Systems, ist in Bild 5 dargestellt. Hier wird die Position des Rotorlagewinkels als Sinusschwingung vorgegeben, im ersten Abschnitt ist die unterlagerte Verkopplungsregelung deaktiviert, dies heißt, dass das erforderliche Gesamtmoment einfach nur halb-halb auf die Aktoren aufgeteilt wird. Im zweiten Abschnitt wird die Verkopplungsregelung eingeschaltet. Die gemessene Zahnstangenkraft F_Z zeigt den starken Einfluss der Verkopplungsregelung.

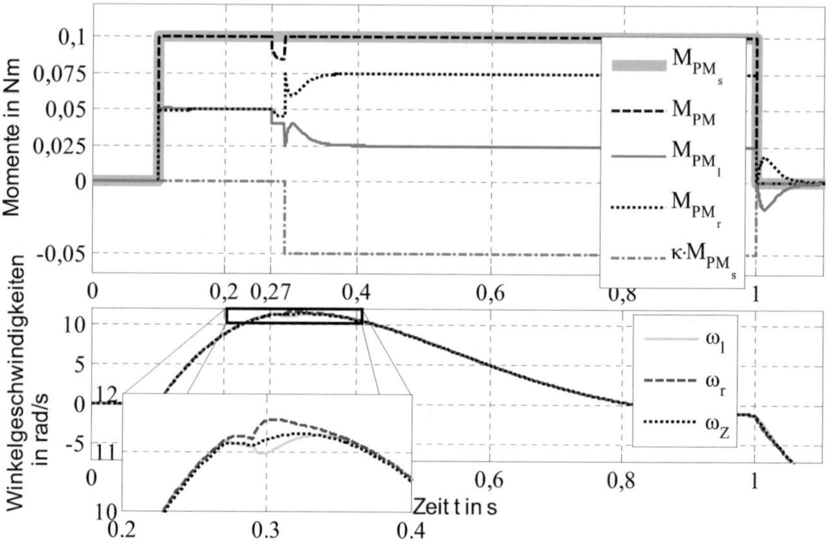

Bild 6: *Momenten- und Winkelgeschwindigkeitsverlauf bei Leistungsverlust des linken Motors (bei 0,27 s) und anschließender Rekonfiguration durch Aufteilung der Momente*

Ziel der zusätzlichen Verwendung der Verkopplungsregelung mit Offset ist die Möglichkeit das geforderte Gesamtmoment variabel auf die beiden Aktoren zu verteilen, um einen der Aktoren während des regulären Betriebs zu entlasten und somit dessen Ausfallwahrscheinlichkeit zu verringern, um bei ersten Anzeichen eines möglichen Leistungsverlustes den funktionierenden Aktor frühzeitig mehr Stellmoment übernehmen zu lassen sowie um im Fehlerfall die Momente so aufzuteilen, dass der eingeschränkte Aktor nur noch das Moment bereitstellen muss was er noch kann. Bild 6 zeigt zur Darstellung der Funktionsweise der Rekonfiguration die Simulation eines Führungsgrößensprungs auf $M_{PM_s} = 0{,}1$, einen abrupten Leistungsabfall des linken Aktors nach 0,27 Sekunden mit daraufhin sich ändernder Momentenaufteilung sowie einem Führungsgrößensprung zurück auf $M_{PM_s} = 0$. Zunächst ist zu erkennen wie dem Sollmoment M_{PM_s} das Gesamtmoment M_{PM} folgt und die Aktoren für $\kappa = 0$ jeweils die Hälfte des Gesamtmoments übernehmen. Bei 0,27 Sekunden kommt es zum Leistungsverlust des linken Motors und somit zu einem Momenteneinbruch des Gesamtmoments. Durch eine Aufteilung der Momente mit $\kappa = 0{,}5$ kann das Gesamtmoment wieder hergestellt werden. Hierbei ist beim Verlauf der Winkelgeschwindigkeiten zu erkennen, dass der Verlauf der Zahnstangengeschwindigkeit nur leicht einknickt, wobei diese zum besseren Vergleich in eine Winkelgeschwindigkeit umgerechnet wurde. Das heißt, dass trotz der der sprungförmigen Änderung der Momentenverteilung kein großer Ruck vom Fahrer zu verspüren sein sollte. Wird die Aufteilung κ rampenförmig anstatt Sprungförmig geändert wird der auftretende Ruck noch weiter vermindert auf Kosten einer längeren Dauer der Aufteilung. So kann verhältnismäßig einfach situationsbedingt eine Momentenaufteilung bzw. Rekonfiguration erfolgen.

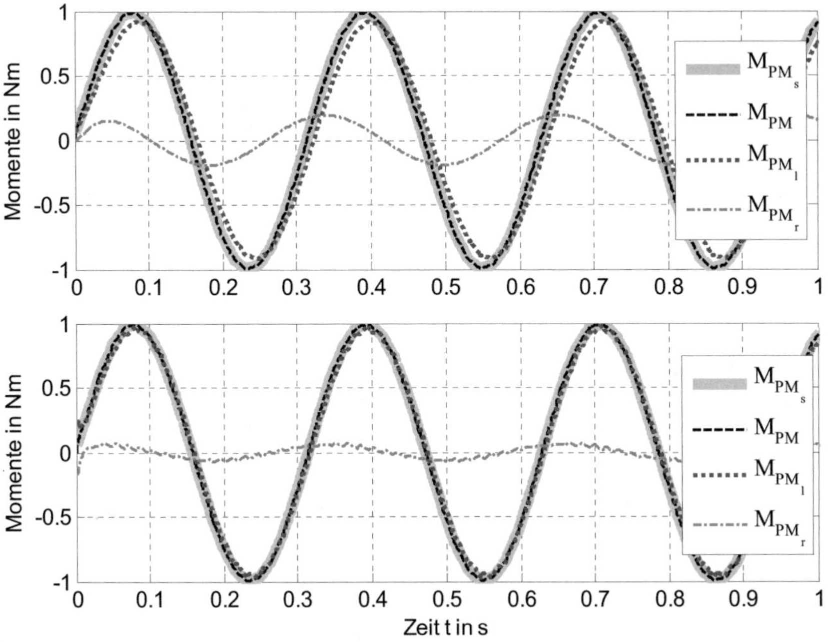

Bild 7: *Sinusförmige Momentenverläufe mit der Aufteilung $d = 1$. Im oberen Plot kommt das stationär genaue Vorfilter $\widetilde{\mathbf{F}}_2$ zum Einsatz, im unteren wird zusätzlich $G_{22}^*(s)$ verwendet.*

Um die Auswirkungen der inversen Übertragungsfunktion plus Filterfunktion $G_{22}^*(s)$ zu verdeutlichen, zeigt Bild 7 im oberen Plot einen sinusförmigen Momentenverlauf ohne $G_{22}^*(s)$ und im unteren Plot mit $G_{22}^*(s)$. Hierbei wurde die Aufteilung $\kappa = 1$ gewählt um die Auswirkungen deutlicher darstellen zu können. Es ist zu erkennen, dass ab einer bestimmten Änderungsrate des Sollmoments M_{PM_s} nur die stationäre Genauigkeit nicht ausreicht um das vorgegebene Aufteilungsverhältnis zu erfüllen. Mit der richtigen Wahl der Filterfunktion $G_F(s)$ lässt sich hier ein besseres Ergebnis erzielen.

5. Zusammenfassung und Ausblick

Es wurde eine Regelung vorgestellt, die es ermöglicht bei einem Duplex-Aktorsystem für eine achsparallele elektrische Servolenkung zum einen ein mögliches Aufschwingen zu vermeiden und zum anderen eine Aufteilung des geforderten Gesamtmomentes auf die einzelnen Aktoren aufzuteilen. Hierfür wurde zunächst das Duplex-System vorgestellt und eine Modellbildung dafür durchgeführt, wobei sich ein Zustandsraummodell mit vier Zuständen ergeben hat. Weiter wurde mit diesem Modell eine Dreiecksverkopplung vollzogen nach den Prinzipen aus [4]. Die so entstandene geregelte Strecke verhält sich dynamisch wie ein einfacher Aktor, was eine Rekonfiguration überlagerter Regelungen erleichtert. Die entstandene Regelung wurde anschließend zu einer Verkopplungsregelung mit Offset erweitert. Dies bietet den Vorteil, dass hierdurch das Gesamtmoment auf die beiden Aktoren aufteilbar ist. Hierbei wird die mechanische Verkopplung des Systems beim Reglerentwurf ausgenutzt um die gewünschte Momentenaufteilung zu erreichen. Es wurde gezeigt, wie das System sich beim Leistungsverlust eines Aktors und anschließender sprunghafter Rekonfiguration verhält. Ebenfalls wurde der Einfluss der inversen Übertragungsfunktion auf den gewünschten Offset bei sich schneller ändernden Sollwerten dargestellt.

In den nächsten Schritten wird eine modellbasierte Fehlerdiagnose des Systems realisiert die eine möglichst schnelle Fehlererkennung ermöglicht. Denn je langsamer die Fehlererkennung ist, desto schwerer ist eine ruckfreie Rekonfiguration.

Literatur

[1] R. Isermann, Fehlertolerante mechatronische Systeme, Teil 1. Fault-tolerant Mechatronic Systems, Part 1. at – Automatisierungstechnik 55 (2007) 4.

[2] R. Isermann, Fault-Diagnosis Systems. Berlin, Heidelberg: Springer, 2006.

[3] U. Konigorski, Antriebssynchronisation mittels einer Verkopplungsregelung. Tagungsband SPS/IPC/DRIVES 98. 1998, S. 664–673.

[4] M. Beck, Modelling of a Duplex Electric Power Steering Prototype. IQPC - Steering Systems. 2010.

[5] P. Keßler u. M. Beck, Modelling and Identification of an axial parallel EPS System. IQPC - Steering Systems. Düsseldorf 2014.

[6] U. Konigorski, Ausgangsgrößenverkopplung bei linearen Mehrgrößensystemen. at - Automatisierungstechnik 47 (1999) 4.

[7] A. López Pamplona, Entwurf von Verkopplungsregelungen mittels dynamischer Ausgangsrückführung. Zugl.: Darmstadt, Techn. Univ., Diss., 2007. Fortschritt-Berichte, Bd. 1136. Düsseldorf: VDI-Verlag 2008.

[8] R. Isermann, Fault-Diagnosis Applications: Model-Based Condition Monitoring Actuators, Drives, Machinery, Plants, Sensors, and Fault-tolerant Systems. Berlin, Heidelberg: Springer, 2011.

Die Autoren – the Authors

Prof. Dr.-Ing. Bernard Bäker
Lehrstuhl Fahrzeugmechatronik
Technische Universität Dresden
Institut für Automobiltechnik Dresden -
IAD, Dresden

Dipl.-Ing. Andreas Unger
Lehrstuhl Fahrzeugmechatronik
Technische Universität Dresden
IAM GmbH, Dresden

Jan Bartel
GIGATRONIK Stuttgart GmbH
Stuttgart

Dr. Stephanie Bayer
ESCRYPT GmbH
München

Dr. Peter Biermann
Softing Automotive Electronics GmbH
Haar bei München

B.Sc. Philippe Brousse
KPIT Technologies GmbH
München

Hakan Cankaya
ESCRYPT GmbH
München

Dipl.-Ing. (FH) Alexander Ditte
Vector Informatik GmbH
Stuttgart

Dipl.-Inf. Michael Eberspächer
Forschungsinstitut für Kraftfahrwesen
und Fahrzeugmotoren (FKFS)
Stuttgart

M.Sc. Ronny Giera
Semantis Information Builders GmbH
Oberursel

Dipl.-Ing. Tom Gothan
Technische Universität Dresden
Dresden

Prof. Dr. Stefan Goß
Hochschule Ostfalia
Wolfsburg

Dr.-Ing. Michael Grimm
Forschungsinstitut für Kraftfahrwesen
und Fahrzeugmotoren (FKFS)
Stuttgart

Dipl.-Ing. Marko Gustke
VDA
Berlin

Dipl.-Ing. Tim Häberlein
Technische Universität Dresden
Dresden

Dipl.-Ing. Lars Hörnchen
Vaillant Group
Remscheid

M.Sc. Philipp Keßler
TU Darmstadt
Darmstadt

Dr. rer. nat. Markus Koch
Dr. Ing. h.c. F. Porsche AG
Weissach

Dipl.-Inform. Thomas Kotschenreuther
RA-Consulting GmbH
Bruchsal

Lena Meier
ESCRYPT GmbH
München

Dipl.-Ing. Georg Menzel
Technische Universität Dresden
Dresden

Dr.-Ing. Thomas Necker
Vector Informatik GmbH
Stuttgart

Dipl.-Ing. Jean-Pierre Pally
Technische Universität Dresden
Dresden

Dr.-Ing. Dipl.-Wirt.-Ing. Andreas Pilz
MTU Friedrichshafen GmbH
Friedrichshafen

Prof. Dr.-Ing. Hans-Christian Reuss
Forschungsinstitut für Kraftfahrwesen
und Fahrzeugmotoren (FKFS)
Stuttgart

Dipl.-Inform. Marcel Revfi
Dr. Ing. h.c. F. Porsche AG
Weissach

Jens Rieger
MBtech Group
Sindelfingen

Armin Rupalla
RA-Consulting GmbH
Bruchsal

Dipl.-Ing. Carsten Schnier
Volkswagen AG
Wolfsburg

Dr. Jürgen Schwarz
GIGATRONIK Stuttgart GmbH
Stuttgart

Dr.-Ing. Will Specks
Volkswagen AG
Wolfsburg

Markus Steffelbauer
Softing Automotive Electronics GmbH
Haar bei München

B.Sc. Matthias Steigenberger
KPIT Technologies GmbH
München

Dr.-Ing. Jörg Supke
emotive GmbH & Co. KG
Ostfildern-Stuttgart

Dr.-Ing. Robert Tappe
AUDI AG
Ingolstadt

Dr. Norbert Waleschkowski
Semantis Information Builders GmbH
Oberursel

M.Sc. Stefan Zeppetzauer
KPIT Technologies GmbH
München

Dipl.-Ing. Rüdiger Zölch
BMW Group
München